自然资源部浙江地质灾害野外科学观测研究站柯城基地研究成果

浙江省衢州市柯城区九华流域地质灾害风险预警与管控研究

ZHEJIANG SHENG QUZHOU SHI KECHENG QU JIUHUA LIUYU DIZHI ZAIHAI FENGXIAN YUJING YU GUANKONG YANJIU

陈丽霞　肖常贵　严亮轩　龚新法　王　飞　张义顺
刘正华　朱浩濛　肖　飞　吴　玮　陈远景　殷坤龙　等著

图书在版编目(CIP)数据

浙江省衢州市柯城区九华流域地质灾害风险预警与管控研究/陈丽霞等著.—武汉:中国地质大学出版社,2023.9

ISBN 978-7-5625-5654-1

Ⅰ.①浙… Ⅱ.①陈… Ⅲ.①地质灾害-风险管理-研究-浙江 Ⅳ.①P694

中国国家版本馆CIP数据核字(2023)第144690号

浙江省衢州市柯城区九华流域地质灾害风险预警与管控研究

陈丽霞 肖常贵 严亮轩 龚新法 王飞 张义顺 刘正华 朱浩濛 肖飞 吴玮 陈远景 殷坤龙 等著

责任编辑:谢媛华 选题策划:谢媛华 责任校对:张咏梅

出版发行:中国地质大学出版社(武汉市洪山区鲁磨路388号) 邮编:430074

电 话:(027)67883511 传真:(027)67883580 E-mail:cbb@cug.edu.cn

经 销:全国新华书店 http://cugp.cug.edu.cn

开本:787毫米×960毫米 16开 字数:285千字 印张:14.5

版次:2023年9月第1版 印次:2023年9月第1次印刷

印刷:武汉中远印务有限公司

ISBN 978-7-5625-5654-1 定价:86.00元

前 言

全球气候变化造成灾害性天气明显增多，容易诱发新生的地质灾害，尤其以局地极端强降雨诱发的小流域地质灾害现象最为突出。近年来，我国南方、北方、中西部地区均发生过因局地强降雨而集中诱发的小流域坡面泥石流、滑坡、崩塌等灾害事件，也发生过集中性的人员伤亡事件。政府管理部门主导的监测预警工作，因避灾需求而采取的人员临时搬迁措施中涉及的人员数量往往很多，给灾害管理工作带来了极大的压力。如何以小流域为研究单元，将地质灾害(致灾体)与人类工程活动(承灾体)结合在一起，系统研究地质灾害成因机理、风险识别方法、预警阈值模型和风险防控体系，既是需要研究的前沿科学课题，也是管理工作中迫切需要解决的实际难题。

在浙江省自然资源厅的总体部署下，中国地质大学(武汉)、浙江省地质研究院和浙江省衢州市自然资源和规划局柯城分局，于2021年开始在衢州市柯城区九华流域开展小流域地质灾害综合风险预警与管控示范科学研究。柯城区九华山区地形起伏大，植被覆盖密度高，野外露头少，历史地质灾害隐蔽性强，梅汛和台汛期强降雨引发的泥石流、滑坡、崩塌是该地区地质灾害的主要特征，地质灾害隐患与风险识别的难度大，风险评估与预警的准确性亟待提升。示范性研究历时3年，通过理论创新、技术创新、方法创新，在小流域地质灾害风险防控研究方面形成了新思路，取得了一系列新的研究成果，为柯城区地质灾害风险预警与管控提供了重要的理论支撑与新的技术手段。

本专著共分9章，重点内容包括针对高植被覆盖区地质灾害，提出了一套地质灾害风险综合识别方法；针对切坡建房地质灾害风险，建立了"一屋一卡"调查与评价体系和防控对策应用场景；针对小流域沟谷泥石流，建立了"一沟一卡"调查与评价体系，实现了小流域泥石流灾害风险的精细化评价；考虑多日连续的有效降雨，建立了适合柯城区梅雨特征的地质灾害风险预警阈值模型；考虑滑坡灾害链风险，提出了精细化的滑坡灾害风险量化评价方法。这些研究内容体现了以小流域范围为单元的灾害体致灾强度与承灾体抗灾能力之间的协同研究思路。

由于这是一项新的研究与实践，著者认为还有很多科学规律需要深入研究，一些管理的难点与痛点需要在实践中重视与探索。因此，专著中的不足在所难免，期待读者提出宝贵意见与建议。

著者

2023年6月

目　录

第1章 绪 论

“十四五”时期，随着社会经济飞速发展，交通建设、城镇化发展进程加快，人类工程活动如切坡建房、道路切坡等逐步加剧，在亚热带季风带来的强降雨作用下，浙江省衢州市受到地质灾害的严重影响。浙江省人民政府高度重视，提出了《浙江省地质灾害治理工程质量和安全生产管理办法》〔浙江省人民政府令第373号〕、《浙江省地质灾害“整体智治”三年行动方案(2020—2022年)》和《浙江省地质灾害防治“十四五”规划》等专项规划与方案，从地质灾害工程治理、风险防控、管理体系等方面多角度进行地质灾害防治工作，率先开启地质灾害全面风险防控，建立地质灾害风险管控新机制，构建分区、分类、分级的地质灾害风险管理新体系。然而，地质灾害风险研究是国际研究的最前沿课题，现有理论与实践工作成果多集中在区域尺度地质灾害风险研究层面，针对流域尺度的精细化地质灾害风险管控与理论研究工作还处于初步阶段，地质灾害风险精准防控还有很大的提升空间。

2003年9月，衢州市对柯城区的地质灾害进行了调查与区划，并完成了《衢州市柯城区地质灾害调查与区划报告》；2008—2015年，对地质灾害提出了防治规划、每年制订年度地质灾害防治方案，并对地质灾害应急工作进行了研究，完成了《衢州市柯城区地质灾害防治规划(2008—2015)》《衢州市柯城区年度地质灾害防治方案》以及《衢州市柯城区地质灾害应急调查报告》。为进一步查明柯城区地质灾害分布，查明柯城区地质灾害隐患的分布与形成条件，为科学开展地质灾害防治工作提供依据，柯城区修编了《柯城区乡镇地质灾害易发区图(1∶10 000)》。近年来，衢州市由梅汛期强降雨引发的洪涝、山洪、泥石流、滑坡等地质灾害较为严重。山区地形起伏大，植被覆盖密度大，野外露头少，历史地质灾害隐蔽性强。

为了响应浙江省地质灾害防控规划方案，推进衢州市地质灾害风险评价的科学性和实用性研究，在浙江省自然资源厅的总体部署下，衢州市柯城区政府和中国地质大学(武汉)于2021年开始在柯城区开展小流域地质灾害综合风险预警与管控示范科学研究,取得了一系列新的研究成果,为柯城区地质灾害风险预警与风险管控提供了新的理论依据与技术手段。

“风险”的概念最早被引入地质灾害领域是在20世纪70年代。此后,各国对滑坡风险理论开展了广泛的研究。美国是最早提出滑坡风险的国家。1982年,联合国减灾组织(United Nations Disaster Relief Organization,UNDRO)采用的滑坡灾害风险定义为hazard×elements at risk×vulnerability。1984年,美国滑坡专家Varnes在联合国教科文组织的一项研究计划中提出了滑坡灾害风险评价的定义和基本术语。这些研究从早期的以滑坡敏感性制图、危险性区划、易损性研究、风险区划发展到风险估算、地理信息系统(GIS)技术的应用。由于充分认识到自然灾害所造成的影响,联合国于1989年提出一项决议,宣布1990—2000年开展“国际减灾十年计划行动”,以便“调动各国的政治决心、经验和专业知识,用以减少自然灾害造成的生命和财产损失”。Evans对加拿大1840—1996年的历史滑坡灾害进行总结和分析,得出加拿大全国因滑坡灾害造成的人口年均死亡率、$F-N$曲线(N为因灾害造成的死亡人数;F为相应死亡人数时的累积发生频率)、人口风险可接受水平标准,并将其应用于加拿大滑坡风险管理工作中。1997年,美国地质调查局制订了一个5年滑坡计划,计划对全美主要中心城市、交通干线进行滑坡灾害调查与分析,通过GIS技术开展滑坡灾害危险性评估,更新并数字化全国滑坡灾害分布图,完成重灾地区区域滑坡灾害风险评价工作。同时,1997年由国际地质科学联合会(International Union of Geological Sciences,IUGS)举办,美国地质调查局水资源中心Fell教授和加拿大学者Cruden教授主持的滑坡风险评估国际会议在美国夏威夷召开,并最终由这两位教授编写了会议论文集*Landslide Risk Assessment*。此次会议的主要议题是为斜坡与滑坡风险定量评估提出一个总体框架与思路,其中的主要内容包括滑坡发生概率的定量与半定量评估、滑坡风险制图中存在的问题及发展趋势、加拿大滑坡风险研究现状、美国地质调查局滑坡计划的发展趋势、滑坡风险评估在实际工作中的应用、滑坡风险管理研究及在实际工作中存在的问题等。1998年,第一届中日风险评估和管理学术研讨会在我国首都北京召开,参加会议的有来自中国、日本、美国和瑞士的学者,与其他国家学者相比,我国学者讨论最多的是自然灾害风险研究,有关于灾害的风险性已经开始受到国内灾害领域学者们的关注。

此后,国际学者对滑坡灾害风险定量评价或预测的研究在世界各国以各种形式展开。2000年，在国家灾害基金资助计划（the National Disaster Funding Program，NDMP）的支持下，澳大利亚地质力学学会（the Australian Geomechanics Society，AGS）针对滑坡风险管理和边坡管理或维护提出了一系列标准，并期望能成为澳大利亚全国进行土地利用时的法律依据。该标准包括的内容有滑坡灾害发生可能性研究，滑坡危险性区划研究，斜坡管理与治理研究以及实践、应用研究等。2005年在加拿大温哥华地区召开的滑坡灾害风险管理国际会议上，对滑坡风险管理的基本理论、方法、经验等进行了研究讨论。2006年5月，在加拿大萨斯喀彻温省（Saskatchewan）举办了滑坡灾害风险管理与遥测系统会议，会议的两个主题分别是加拿大滑坡灾害风险管理的应用及斜坡灾害实时监测系统的应用。奥地利教授 Thomas Glade 和美国教授 Michael J. Crozier 等在2005年出版书籍 *Landslide Hazard and Risk：Issues，Concepts and Approach* 详细介绍了世界各国的滑坡风险案例：滑坡风险认知、知识和相关风险管理；美国蒙大拿州冰川国家公园的案例研究和一般经验教训；美国地质调查局对于减少美国的滑坡灾害和风险的贡献；意大利中部翁布里亚地区滑坡风险地貌测绘的概念、方法和应用；尼泊尔农村道路滑坡风险评估的发展；澳大利亚凯恩斯的定量滑坡风险评估等。2005年，意大利教授 Cascini、瑞士教授 Bonnard、西班牙教授 Corominas 等从几个国家获得的宝贵经验出发，讨论了通过灾害和风险分区来改进城市规划与发展，认为目前使用的滑坡清单是危险评估和验证的关键输入参数，仅靠自动数据捕获技术无法可靠地进行编制。2008年，澳大利亚教授 Robin Fell 联合由国际土力学与岩土工程学会（International Society for Soil Mechanics and Geotechnical Engineering）、国际岩石力学学会（International Society for Rock Mechanics）与国际工程地质与环境协会（International Association of Engineering Geology and the Environment）组成的滑坡和工程边坡技术委员会（Joint Technical Committee on Landslides and Engineered Slopes）制定了滑坡风险国际通用指南，包括：滑坡分区的类型和级别；滑坡分区和土地使用规划；分区级别的定义和分区地图的建议比例尺；考虑不同类型的滑坡对不同级别分区所需信息的指导；关于方法的可靠性、有效性和局限性的指南；关于实施滑坡区划人员所需资格的建议；关于为相关部门进行土地使用规划的滑坡区划准备概要的建议。2014年，Corominas 教授提出了在不同空间尺度[场地（site-specific）、局部（local）、区域（regional）和国家（national）]上定量分析滑坡危险性、易发性和风险的推荐方法，以及结果的验证和确认方法。

我国对于自然灾害风险评估的研究兴起于国内政府响应联合国关于开展国

际减灾的十年计划，当时陆续开展了许多关于自然灾害风险评估的学术会议。如1991年召开了全国灾害经济损失评估学术讨论会；1991年和1992年两次召开云南省灾害经济损失评估座谈会；1992年和1996年召开了全国灾害风险评估研讨会；1997年召开了全国滑坡灾害经济学术研讨会；以及近年来连续由中国地质调查局在中国地质大学（武汉）组织举办地质灾害培训班。21世纪初，吴益平等（2001）、彭满华等（2001）、朱良峰等（2001，2002）、胡新丽等（2002）、殷坤龙等（2001，2002，2007）提出地质灾害风险评价和管理的体系与框架。此后，随着研究的不断深入，学者们开始了细节问题的探索和研究。例如殷坤龙等（2012）采用室内大型物理模拟试验手段，对三峡库区滑坡涌浪灾害开展了深入研究，提出了三峡库区滑坡涌浪计算公式，用以计算单体滑坡危险性。王佳佳等（2014）在三峡库区开展的地质灾害稳定性评价、危险性区划、风险分析以及滑坡灾害预测预报所获成果的基础上，利用三期灾害地质图编绘、专业监测中崩塌滑坡预报模型和预报判据等资料，根据气象、库水位变化、人类工程活动、滑坡监测等信息，开发基于WEBGIS和四库一体技术的滑坡灾害预测预报系统。刘磊等（2016）基于ArcGIS软件开发出区域滑坡危险性动态评价工具。王芳等（2017）针对性地从区域和单体两个尺度，提出了滑坡灾害风险管理的对策与建议。刘谢攀等（2022）以浙江省金华市磐安县降雨型滑坡为研究对象，首先基于平均有效降雨强度-历时（I-D）阈值模型，采用普通最小二乘回归和分位数回归划分临界阈值曲线；其次引入当日降雨量（R），进一步优化 I-D 阈值模型，建立 I-D-R 阈值；最后基于降雨分布的差异性，在划分地形单元的基础上利用泰森多边形建立了乡镇级别的“网格化”预警单元。殷坤龙等（2022）综合了前人近几十年来的研究成果，从危险性、易损性以及风险3个方面出发，对国内外的滑坡涌浪风险研究现状和常用的研究方法进行了概述，并对重点代表性研究成果进行了述评分析，基于多年的研究经验提出了滑坡涌浪灾害链风险研究的新方向和新思路。同时，国内学者也将风险理论的实践与创新推广至国外交流。Du等（2014）提出了单个滑坡结构的定量脆弱性估计，应用于意大利的San Salvador、El Salvado地区。Liu等（2016）针对滑坡易发区开展了一系列减灾项目，以提高社区抵御灾害的能力，包括风险调查、教育培训、滑坡监测、信息分析、预警系统和应急响应等。Yin等（2016）从监测数据分析、预警和应急处理等方面对风险缓解过程中考虑次生灾害的5次滑坡进行了说明和研究。Sui等（2020）通过对1995—2018年中国滑坡损失的分析，结合ALARP方法，研究了中国滑坡风险可接受模型。Du等（2020）提出了一种将遥感数据解释与启发式和统计易发性模型相结合的系统滑坡易发性评价方法，以克服滑坡数据空间覆盖范围有限和滑坡判识不确定性的问题。Guo等(2020)以藕塘滑坡为例，提出了滑坡对建筑和生命风险的定量分析与评估方法。Li等(2020)以三峡库区凉水井滑坡为例，提出了滑坡次生灾害链的风险分析框架，包括灾害与风险识别、危险性分析、后果分析和风险估计。Luo等(2020)从触发关系和时间关系的角度阐述了灾害相互作用对建筑物物理损伤的影响，并且提出了一个易发性分析框架，用于为连续发生和同时发生的灾害生成物理易损性模型。Zhou(2022)利用多时相干涉SAR (multi-temporal interferometric SAR, MT-InSAR)提取典型汛期和非汛期的地表变形速度，结合初步滑坡危险性图和变形速度，利用经验评价矩阵确定滑坡危险性图。

当前，国内学者致力于开发滑坡风险评价和管理的新方法，并且提出了许多创新性的研究框架。谢剑明(2004)采用统计分析方法，分析了浙江省降雨量、降雨强度与区域性滑坡的相关性，确定了临界降雨量和降雨阈值。张桂荣(2006)将滑坡灾害空间预测成果与降雨量危险性分析结果相结合，开展滑坡灾害时空耦合预警预报模型研究，并基于WEBGIS技术，研制了以减灾防灾决策支持为核心的浙江省滑坡灾害实时预警预报系统。陈丽霞(2008)全面讨论了水库库岸单体滑坡灾害危险性各项指标的确定方法，包括滑坡失稳概率、可靠度指标、滑速、入水体积、初始涌浪高度、传播浪距离及高度、爬坡高程等内容，并以三峡库区巴东县新城区赵树岭滑坡为例，对上述各指标进行了分析计算，此外，创新性地开展了承灾体易损性研究，主要内容包括承灾体野外调查方法、经济价值评估方法、依据滑坡发生强度确定滑体上承灾体在滑坡变形和失稳阶段的易损性方法、涌浪影响范围内承载体易损性确定方法等。杜娟(2012)在目前已被广泛接受的滑坡灾害风险分析定义的基础上，对灾害危险性评价及易损性分析模型进行深入细致的研究，并以三峡库区的赵树岭滑坡和意大利萨尔瓦多的EI Picacho滑坡为例，分别对变形阶段及失稳滑动阶段的滑坡灾害风险评价模型进行实例分析，完成了单体滑坡灾害风险评价体系与模型的研究和实践。桂蕾(2014)重点研究了滑坡规模发育规律、区域滑坡易发性分析和单体滑坡局部破坏概率。王佳佳(2015)考虑滑坡风险评估的时间尺度问题，开展了基于诱发因素重现期分析的滑坡危险性和动态风险评估研究。曹颖(2016)开展了生命风险和经济风险评价，并基于我国滑坡灾害的生命风险接受标准，确定塘角1号滑坡灾害的生命风险接受水平。王芳(2017)总结了我国地质灾害风险管理主要手段，继而从区域和单体滑坡灾害两个尺度提出万州区滑坡灾害风险管理对策的建议。周超(2018)利用时间序列InSAR技术反演了研究区的地表变形速率，结合工程地质原理和机器学习技术，开展了区域滑坡早期识别、动态危险性评价和预测预警研究。肖婷(2020)采用不同的评价方法对万州全区和重点库岸段进行评价，实现了由粗略到精确的滑坡灾害风险研究。李烨(2021)以三峡库区单体滑坡涌浪灾害链的风险为研究对象，基于库区滑坡灾害风险计算的改进公式，结合凉水井滑坡风险管理的成功经验，通过对滑坡及涌浪灾害风险研究框架的整合与补充，构建了适合于库区单体滑坡及潜在灾害链的风险管理体系。郭子正(2021)提出了一种能够快速进行区域浅层滑坡危险性评估的确定性模型FSLAM(fast shallow landslide assessment model)，丰富了浅层滑坡的危险性评价体系，并成功应用于中国三峡库区万州区和西班牙比利牛斯山的Val d'Aran地区。刘书豪(2022)针对电网复杂系统和生命线工程的特点，选取我国跨7个省(市)的大区域输电线路滑坡灾害多发区为研究区，以降雨诱发的输电线路滑坡灾害为研究对象，基于丰富的地质、地理、环境、气象资料，综合野外地质灾害调查、理论分析、GIS空间分析、数值模拟和工程示范应用相结合的研究方法，深入系统地研究了降雨条件下的输电线路滑坡灾害风险评估方法和气象预警关键技术。

同时，关于滑坡灾害风险的实例性书籍及标准在全世界各国也逐渐开始丰富起来。关于地质灾害风险评估的著作有*Landslide Hazard and Risk*(Glade et al., 2005)、*Landslide Risk Management*(Hungr, 2005)、《滑坡灾害风险分析》(殷坤龙等，2010)、*Landslide Risk Assessment*(Lee and Jones，2014)等。其中，2010年殷坤龙等出版的《滑坡灾害风险分析》为国内首部系统阐述滑坡灾害风险评估与管理基本概念和理论体系的著作。该书分5章针对滑坡灾害风险分析与决策管理进行理论与实践研究，详细阐述了国家级、县级和乡镇级尺度的滑坡灾害空间预测、时空耦合模型建立以及承灾体易损性等理论分析；针对单体滑坡及其次生涌浪灾害，在失稳概率与可靠度分析、单体滑坡灾害时间预测预报、涌浪危险性分析以及承灾体调查与易损性理论分析的基础上，进行单体滑坡灾害风险分析实践；采用WEBGIS技术进行了区域滑坡灾害风险预警预报系统开发与风险管理研究，对水库库岸滑坡及其次生涌浪灾害进行风险预警决策与管理实践的探讨性研究。2012年，吴树仁等出版的《滑坡风险评估理论与技术》提出了适合我国目前情况的4条滑坡风险管理理念和5条基本原则，探索了地质灾害强度评估、高速远程地质灾害危险性评估及快速评估技术等。2012年，三峡库区地质灾害防治工作指挥部黄学斌和殷坤龙等学者修订和发布了《三峡库区地质灾害防治工程地质勘查技术要求》，解决了三峡库区重大地质灾害风险难题，一系列重大工程证明风险管控的理论与方法是成功的。2019年，陈丽霞和殷坤龙等出版了中国地质调查局针对城镇地质灾害风险评价的第一部技术指南《武陵山区城镇地质灾害风险评估技术指南及案例研究》，在全国城镇地质灾害风险研究方向发挥重要作用；2019年，杜娟和殷坤龙等出版了国内第一部详细评价单体滑坡风险的专著《单体滑坡灾害风险评价研究》，以三峡库区赵树岭滑坡和萨尔瓦多El Picacho滑坡为例，分别对提出的变形阶段及失稳滑动阶段的滑坡灾害风险评价模型进行实例分析，完成了单体滑坡灾害风险评价体系与模型的研究和实践。2021年，陈丽霞和殷坤龙等出版了国内外首部系统性评估水库滑坡涌浪风险的技术要求《重庆市三峡库区滑坡涌浪灾害评价与风险评估技术要求》，系统阐述了水库中的滑坡涌浪灾害链风险，为滑坡涌浪灾害链风险评价和管控的科学化与规范化提供了技术标准，开创性地构建了三峡库区滑坡涌浪计算以及灾害链风险评价技术的一整套应用体系，填补了三峡库区滑坡涌浪风险评价领域的空白，对于三峡库区滑坡风险防控工作具有重大的指导意义。；殷坤龙和赵斌滨等出版了《输电线路杆塔基础滑坡风险评估和安全防护技术研究》，系统性地阐述了输电线路杆塔基础滑坡成灾模式、输电线路杆塔基础滑坡气象风险评估方法，在输电线路杆塔基础滑坡灾害多源立体监测预警关键技术和输电线路杆塔基础滑坡灾害安全防护关键技术方面取得了重要进展和创新性成果。

随着改革开放的深入，浙江省经济得到了飞速发展，各种工程建设活动大幅增加。近年来全球气候异常，人类工程活动加剧，造成了浙江省地质灾害频繁发生，给全省的经济建设和人民生命财产带来了很大的危害。衢州市由梅汛期强降雨引发的洪涝、山洪、泥石流、滑坡等地质灾害较为严重。2002年8月15日，衢州市北部山区的九华、石梁等10个乡镇的30余个村突遭强降雨袭击，造成了重大的山洪暴发、滑坡和泥石流等灾害，因灾致死18人，倒塌房屋3000余间，冲毁桥梁27座，37个乡村通信全部中断，受灾人数3.46万人，直接经济损失超过2亿元。"十四五"时期，经济社会发展进入新阶段，人类工程活动如交通建设、城镇化发展进程非常迅速，地质灾害风险问题日益突出。降雨和人类工程活动是地质灾害的触发因素，其中修建道路切坡与农村建房切坡对斜坡的自然稳定性造成了极大的扰动，成为诱发地质灾害的最主要人类工程活动因素。2020年6月4日发生的大侯村小佃坞泥石流，就是在沟谷源头堆弃的道路开挖，弃土弃石在强降雨诱发下产生泥石流灾情，摧毁了10栋建筑，财产损失约3275万元。由于山区地形起伏大、植被覆盖密度大、野外露头少、历史地质灾害隐蔽性强等特点，当前浙江省缺乏服务于山区城镇化进程与数字化场景的地质灾害风险防控技术。

与此同时，随着我国城乡建设的不断发展，山区私人建房过程中通过开挖坡体增大建筑面积的现象逐渐增多，切坡建房后形成的高陡人工边坡给崩塌、滑坡等地质灾害的发生埋下了隐患。浙江省衢州市是滑坡、崩塌、泥石流、地面塌陷等地质灾害多发区。据辖区内各县(市、区)地质灾害调查，全市共发现地质灾害(隐患)698处，其中人为因素引发535处，占地质灾害点总数的76.6%，而人为因素引发的地质灾害大部分由农村私人建房引起。根据《衢州市柯城区农村山区地质灾害调查评价报告》(浙江省地质矿产研究所，2018)，柯城区地质灾害以滑坡为主，占已发地质灾害总数的71.7%，其中78.9%为屋后切坡建房开挖坡脚形成。近年来衢州市许多农村私人新建住房由于没有采取相应的地质灾害防范措施，很多地方引发了新的地质灾害隐患，出现"新房即隐患"的情况，而目前浙江省乃至全国对农村私人建房地质灾害防范管理尚未形成一套行之有效的管理办法。因此，如何对农村建房进行合理的地质灾害防范管理已成为一项非常必要的工作，制定有效的管理办法十分紧迫。

第 2 章　九华流域地质环境与地质灾害特征

2.1　自然地理

九华流域位于浙江省衢州市柯城区北部(图 2.1),在东经 118°46′55.253″—118°50′59.551″、北纬 29°4′48.428″—29°8′47.882″之间,面积约 35km^2。流域内有石塔根、大高槽、碓前、龙滩、云头村、三王庙、小佃坞等多个村庄,人员居住密集。九华流域是柯城区著名民俗旅游度假休闲区,流域内人文景观丰富,自然条件优越,风景优美。

2.2　气象水文

研究区位于中国东部沿海地区,属亚热带季风气候,全年四季分明,雨量丰沛,冬夏长,春秋短,平均气温为 17.5℃,历年极端高温 41.2℃,极端低温 −10.4℃。据统计,2010—2019 年的年平均降雨量为 1 916.98mm,最大降雨量为 2 559.6mm,最小降雨量为 1 314.7mm(图 2.2)。受台风与亚热带季风影响,九华流域降雨季节性明显,区内降雨集中在每年的 3—7 月,梅雨期与台汛期的降雨量可占全年降雨量的 64%以上。其中,6 月的降雨量最大,2010—2019 年 6 月的平均降雨量为 438.42mm(图 2.3)。夏季汛期的强降雨在九华流域往往会有暴雨中心出现,极易导致地质灾害的发生。

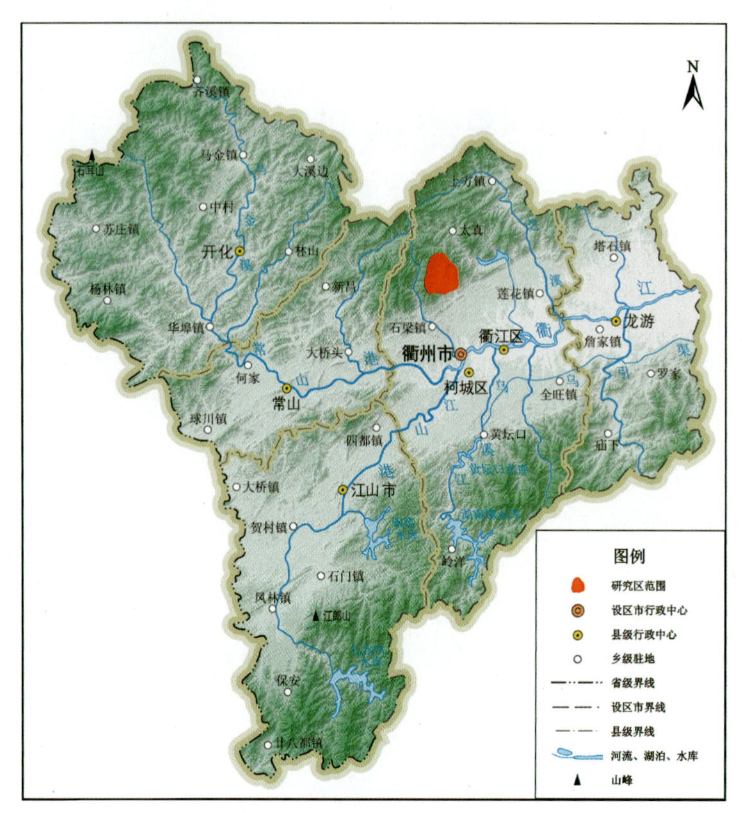

图 2.1 研究区地理位置图

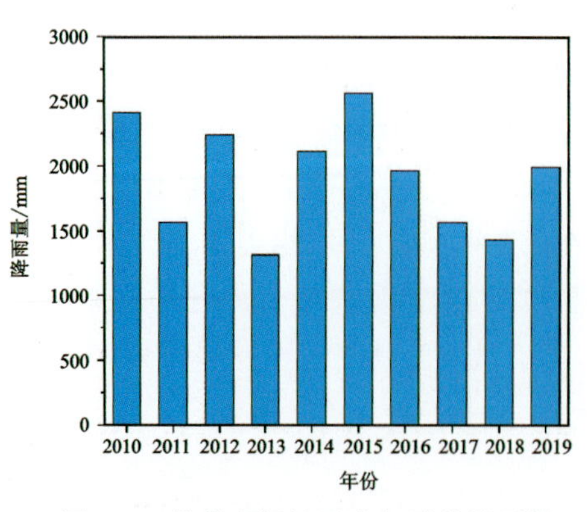

图 2.2 衢州市柯城区多年平均降雨量

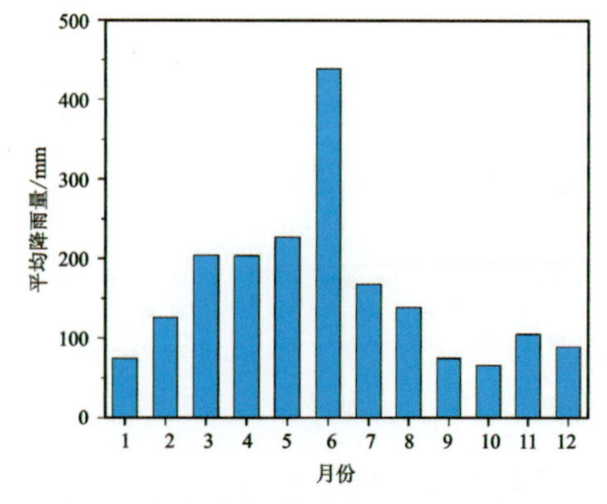

图 2.3 衢州市柯城区多年月平均降雨量

2.3 地质环境

2.3.1 地形地貌

研究区地处金衢盆地北部与九华山岩体交界处，地形起伏较大，属于侵蚀剥蚀岩浆岩丘陵-低山-中山地貌，总体地形为东西侧与中部地势较高，呈“三山夹两沟”的特点，最高海拔为1190m，最低海拔为160m(图2.4)。

研究区侵蚀剥蚀岩浆岩丘陵地貌主要分布在沟谷两侧高程小于500m的地区，覆盖物主要以沟谷冲、洪积堆积物和沟谷两侧坡积堆积物为主；侵蚀剥蚀岩浆岩低山地貌主要分布在研究区的东、西两侧以及中部等海拔较高区域，主要由凝灰岩以及花岗岩的风化堆积物构成；侵蚀剥蚀岩浆岩中山地貌分布在研究区西部与北部区域，分布较少(图2.5)。流域内有多条支沟，具有典型的沟谷侵蚀地貌特征，地表径流冲击侵蚀陡峭的岩壁，在谷底排泄至支沟沟道中，汇流到主沟中排泄。支沟沟谷两侧坡度较陡，斜坡上部可达35°～50°，横断面呈“V”形或者“U”形，纵坡降较大，流域面积较小。流域内植被茂密，主要为杉树、灌木、杂草、毛竹，植被覆盖率在90%以上。

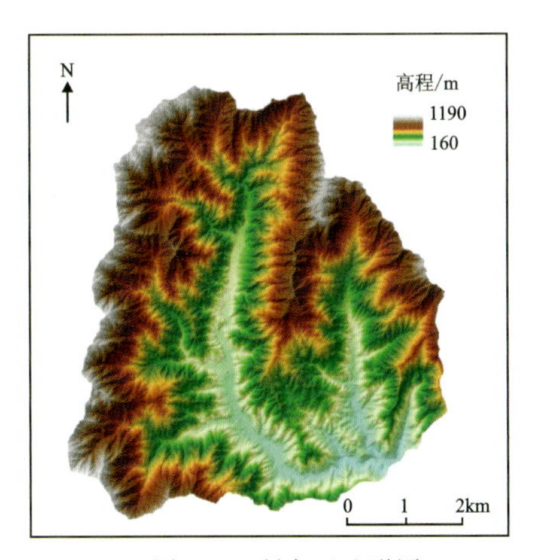

图2.4 研究区地形图

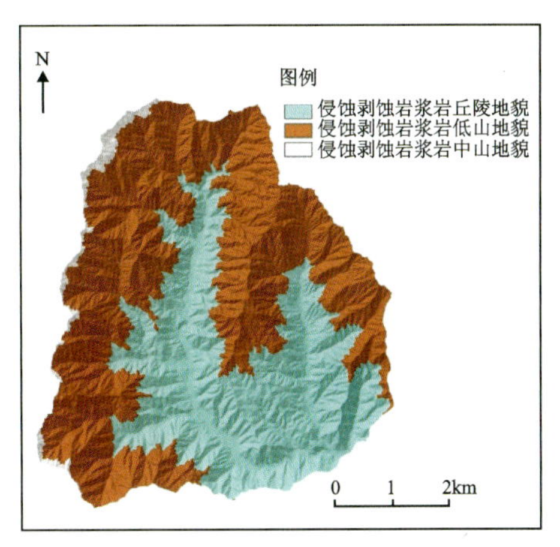

图2.5 研究区地貌图

2.3.2 地层岩性

研究区地层岩性相对单一，主要出露黄尖组(K_1h)和劳村组(K_1l)的凝灰岩、燕山晚期侵入的花岗斑岩，还有少量灰绿玢岩，以及第四系松散堆积物(图2.6)。

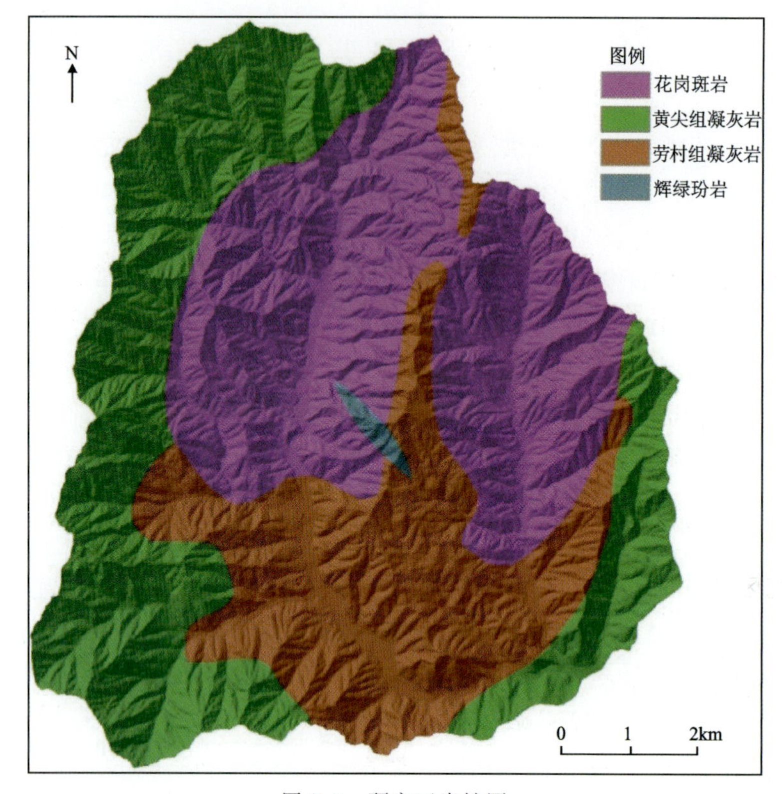

图 2.6 研究区岩性图

1. 凝灰岩

黄尖组凝灰岩主要分布在研究区的东侧和西侧，面积约为12.19km²，岩性主要为流纹质熔凝灰岩以及晶玻屑凝灰岩；劳村组凝灰岩主要分布在研究区的南侧，面积约为 9.29km²，岩性主要为粉砂岩夹流纹质凝灰岩以及砂岩夹凝灰岩。

2. 燕山晚期侵入岩

研究区的侵入岩为燕山晚期侵入至白垩纪劳村组和黄尖组的九华山岩体，岩性主要为花岗斑岩，分布在研究区的中部与北侧，面积约 13.31km²。与凝灰岩地层相比，花岗斑岩体整体风化程度较强，蚀变较为发育，岩体内部断裂带主要被石英脉填充，两侧硅化蚀变明显，岩石呈现出浅肉红色，具有中粗粒结构，易风化。

3. 第四系松散堆积物

研究区的第四系松散堆积物主要是上更新统以及全新统，有坡洪积物（Q^{dl+pl}）、残坡积物（Q^{el+dl}）、冲洪积物（Q^{al+pl}）、崩塌滑坡堆积物（Q^{col}）、人工堆积物（Q^{ml}）共 5 种类型，成因复杂，厚度变化较大，差异明显。

坡洪积物（Q^{dl+pl}）主要分布沟谷出口处的山前斜地带，主要为含角砾的黏性土及粉质黏土等；残坡积物（Q^{el+dl}）主要分布在研究区斜坡的中下部和坡脚处，主要为含块石黏土以及含碎石黏土等；冲洪积物（Q^{al+pl}）主要分布在庙源溪沟以及大后源溪沟两侧坡前斜地以及居民居住区等地；崩塌滑坡堆积物（Q^{col}）由历史发生的滑坡、崩塌形成，主要存在于历史灾害的斜坡坡脚处；人工堆积物（Q^{ml}）主要存在于开挖道路所在区域。

2.3.3 地质构造

研究区位于九华山穹状火山构造九华山花岗岩体处，直接受到常山-滴渚断裂带的控制。区域整体位于金衢盆地北侧边缘，受江山-绍兴深大断裂控制。白垩纪早期，研究区逐渐沉积形成了劳村组岩浆岩，在劳村组形成之后，随着大规模火山喷发的持续，黄尖组也随之沉积，并与这一时期沉积的其他地层形成了建德群，呈角度不整合覆盖于更老的地层之上。白垩纪末期，随着江山-绍兴深大断裂的强烈活动，以及在众多断层的联合控制下，该区逐渐形成了金衢盆地。随着燕山造山运动时期的到来，地壳缓慢抬升，研究区出现了侵入的超基性岩浆形成了九华山穹状火山构造。穹状火山构造呈椭圆状，长轴为北北东向，呈拱顶侵入到劳村组与黄尖组的凝灰岩地层中。

2.3.4 水文地质

研究区地下水按赋存条件可分为松散堆积层孔隙水、基岩裂隙水两大类型。松散堆积层孔隙水主要分布在庙源溪和大后源溪冲洪积形成的阶地砂卵石层及松散堆积物中，单井出水量 1000～3000t/d 不等，地下水位埋深 0.5～1.5m，水质一般。该类地下水多属于季节性潜水，主要补给来源于地表水和大气降雨，在地形低洼地带就近排泄。基岩裂隙水主要分布于整个研究区岩浆岩的构造与风化裂隙中，受到地形地貌、地质构造等多种因素的影响，含水量较小，主要由大气降雨补给，常由分水岭沿裂隙向山体两侧径流，以泉水的形式进行排泄。松散堆积层孔隙水和基岩裂隙水对研究区地质灾害起促进作用。

2.3.5 新构造运动

研究区内无区域性断裂通过，属于区域地壳稳定区，地震基本烈度为Ⅵ度。根据《中国地震动参数区划图》(GB 18306—2015)，本研究区区地震动峰值加速度为0.05g，反应谱特征周期为0.35s。

2.4 地质灾害概述

2.4.1 历史地质灾害

九华流域历史地质灾害类型主要有滑坡、崩塌、泥石流3类。地质灾害的形成条件、分布特征、发育程度主要受地形地貌、地层岩性、地质构造等因素控制，降雨和工程开挖是主要诱发因素。

根据柯城区近期有详细记载的地质灾害调查资料，九华乡山区2002年特大暴雨诱发了大量的地质灾害，近年因旅游开发所进行的道路开挖与降雨因素叠加，导致新生地质灾害不断。如2020年6月4日发生的大侯村小佃坞泥石流，就是道路开挖时产生的弃土弃石受强降雨因素诱发而形成的。研究区近年有记载的地质灾害情况见表2.1，共有历史灾害13处，其中崩塌4处、滑坡3处、泥石流6处。

表2.1 九华流域历史地质灾害一览表

序号	位置	灾害类型	坐标		时间	体积/m^3
			东经	北纬		
1	坞口村石塔根147号	崩塌	118°48′47.2″	29°07′35.2″	2002-8-15	90
2	妙源村外陈村	滑坡	118°47′58.0″	29°06′07.0″	2009-8-16	1380
3	上方村大后源	泥石流	118°49′50.9″	29°06′50.9″	2002-8-15	357 000
4	上方村北山	滑坡	118°49′38.0″	29°07′18.9″	2002-8-15	16 800

续表 2.1

序号	位置	灾害类型	坐标		时间	体积/m³
			东经	北纬		
5	大侯村大佃坞14号后山	崩塌	118°49′44.5″	29°06′48.1″	2002-8-15	480
6	大侯村下方新洋坞	泥石流	118°50′01.1″	29°06′47.0″	2002-8-15	10 500
7	大侯村凉棚程某福屋后	崩塌	118°49′59.4″	29°06′11.6″	2002-8-15	120
8	凉棚村24号张某彪屋后	崩塌	118°49′49.0″	29°06′14.6″	2002-8-15	130
9	大侯村小佃坞	泥石流	118°49′57″	29°06′30.9″	2020-6-4	2000
10	大侯村大佃坞	泥石流	118°49′47″	29°06′46″	/	333 000
11	大侯村	泥石流	118°50′5″	29°06′39″	/	166 000
12	大侯村下深坑	泥石流	118°49′54″	29°06′04″	/	590 000
13	凉棚村	滑坡	118°49′55″	29°06′17″	2020-6-10	254 500

2.4.2 地质灾害发育现状

2021年,调查发现研究区共有新生灾害43处。其中,42处为道路切坡诱发,1处为建房切坡诱发。从物质类型和破坏类型分析,15处为土质切坡,破坏类型为圆弧滑动;13处为岩质切坡,破坏类型为崩塌破坏;15处为岩土混合切坡,其中4处沿土层内圆弧滑动,11处沿岩土界面滑动。灾害发育规模均为小型(表2.2)。

表 2.2　研究区历史和新生地质灾害情况

灾害类型	数量/处	
	历史	新生
崩塌	4	13
滑坡	3	30
泥石流	6	0
总计	13	43

1. 地质灾害分布时间规律

研究区降雨季节性明显，4 月中旬至 7 月中旬为梅汛期，常出现连续降雨，持续时间可达 20 余天。连续的降雨增大土体自重，弱化土体抗剪强度，极易诱发地质灾害。如 2020 年 6 月 4 日，暴雨诱发了小佃坞泥石流灾害。另外，研究区也受台风暴雨影响，台风期间的暴雨极易导致地质灾害的发生。如 2002 年 8 月 15 日特大暴雨，衢州市北部山区九华、石梁、七里、太真、双桥等 10 个乡镇的 30 多个村突遭强降雨袭击，造成山洪暴发、山体滑坡和泥石流灾害，因灾死亡 18 人，倒塌房屋 3000 余间，冲毁桥梁 27 座，37 个乡村通信全部中断，受灾人数 3.46 万人，直接经济损失 2 亿元之多。

2. 地质灾害分布空间规律

九华流域由庙源溪沟和大后源沟两条沟组成，历史灾害点均分布在两条主沟及其支流中。1960 年的遥感影像解译结果表明，历史灾害点在两条沟的斜坡上均有分布；2002 年的遥感影像解译结果表明，“8・15”特大暴雨诱发的地质灾害主要集中在大后源沟的上游；2021 年暴雨期间调查的 43 处新生灾害，主要分布在大后源沟公路开挖边坡沿线。

2.4.3　典型地质灾害

1. 上方村大后源泥石流

上方村泥石流沟位于九华乡大后源沟上方村北侧。沟口地理坐标为东经 118°49′55″，北纬 29°06′48″。2002 年 8 月 15 日，衢州市北部山区的九华、石梁、七里、太真、双桥等10个乡镇的30多个村突遭强降雨袭击，上方村泥石流沟发生泥石流灾害，造成多处民房受损，数十亩(1亩≈666.67m^2)旱地冲毁，伤亡人数16人，直接经济损失约450万元。泥石流沟道长1.6km，流域面积约1.54km^2，横断面呈"V"形，沟底纵坡降平均约为300‰，沟谷狭长，支沟较发育，整体顺直，局部弯曲，水流从高至低汇入谷底形成一条由北向南的沟底径流(图2.7)。沟谷两侧自然斜坡坡度20°～35°，局部达40°，坡面表层被残坡积含碎石粉质黏土和碎块石覆盖，局部地段有基岩出露。基岩岩性主要为早白垩世花岗岩($K_1\gamma$)、早白垩世黄尖组(K_1h)凝灰岩。植被较发育，主要为杉树、灌木、杂草，少量毛竹，覆盖率在90%以上。

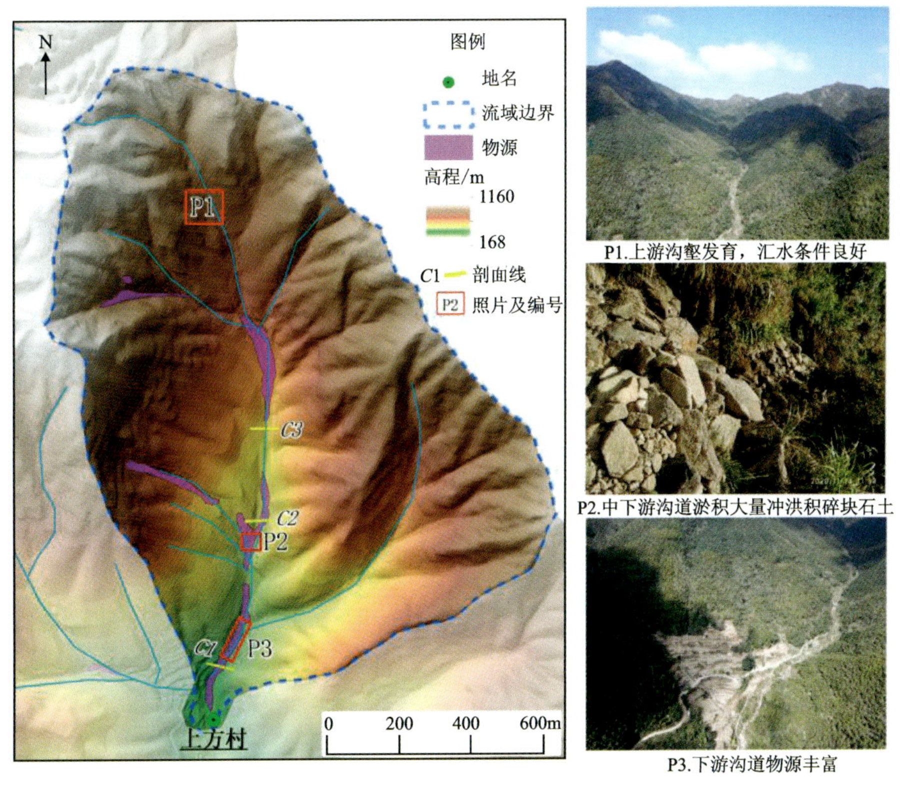

图2.7 上方村大后源泥石流沟概况图

(引自《九华乡大后源小流域地质灾害风险评价报告》)

泥石流的物源-流通区主要为下游的主沟及支沟沟谷部位，如图2.8所示，沟道总体较顺直，局部弯曲，沟道宽度一般5.0～10.0m，深1.0～3.0m，呈"V"形或“U”形，沟长 1280m，相对高差 250m。主要地貌特征为两侧斜坡较陡，均为切向坡，自然地形坡度 20°～30°。泥石流的水源主要是大气降水，暴雨是泥石流的主要诱发因素。该泥石流流域面积 1.54km²，域内地形陡峻，沟谷纵坡降大，有利于地表降水的径流和汇集，具陡涨陡落的水流特征。

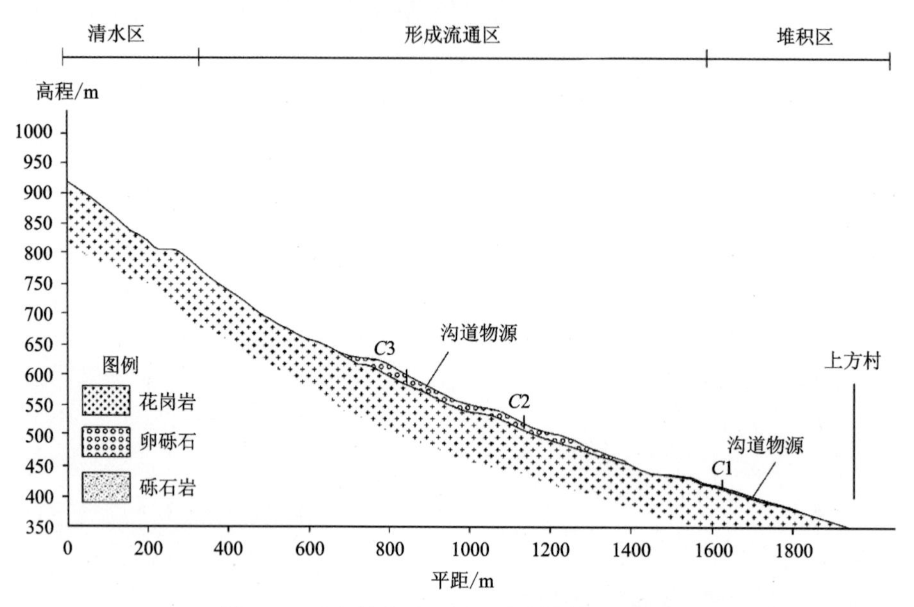

图 2.8　上方村大后源泥石流沟纵剖面示意图

(引自《九华乡大后源小流域地质灾害风险评价报告》)

泥石流的形成和发生与充足的物源补给密切相关，泥石流物源主要为坡面侵蚀物和沟道堆积物。坡面侵蚀物源主要来自清水区山体自然斜坡残坡积层，厚度一般 0.5～1.0m，局部达 2.0m，可能参与泥石流活动的坡面侵蚀物源量估算约 1.0 万 m³。沟道堆积物源主要来自沟谷两侧及河床的坡洪积层，以块(碎)石为主，厚度一般 0.5～3.0m，局部达 5.0m，面积约 0.31×10^4 m²。

该区域人类工程活动剧烈，正在修建从上方村通往九华山的盘山旅游公路。通过原始道路的路基经过沟谷时，沟道内堆积较多开挖土石方，汛期受暴雨冲刷易引发新的泥石流隐患。根据规划路线，边坡还将进行大规模开挖，未来有可能再次引发较大规模的泥石流地质灾害(图 2.9、图 2.10)。

2. 小佃坞泥石流

2020 年 6 月 4 日凌晨 1 时左右，九华乡大侯村小佃坞爆发泥石流。泥石流

图 2.9 道路开挖诱发的滑坡

图 2.10 道路开挖堆弃土石诱发的坡面泥石流

中心位置地理坐标：东经 118°49′57.41″，北纬 29°06′30.9″。泥石流全貌如图 2.11所示，流域面积约 0.21km²，沟道长度约为 0.65km，流域最大相对高差约 264m，平均纵坡降约 406‰。在调查区内所有流域之中，主沟最为陡峻。总体来说，该沟地形较陡，沟道窄长，2020 年沟谷源头因道路开挖弃渣在暴雨诱发下爆发泥石流。目前，该泥石流沟谷仍存在较多物源，具备再次爆发的条件。

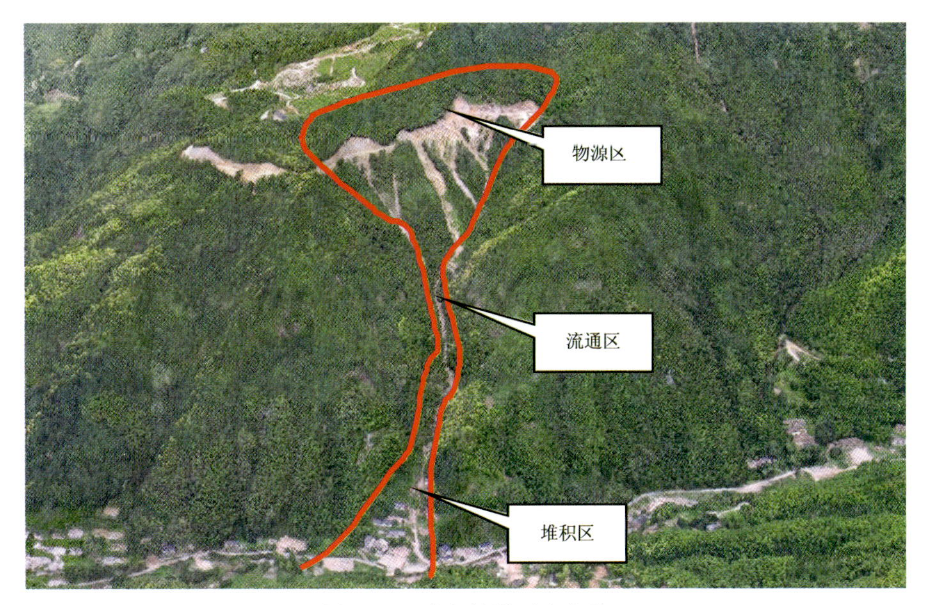

图 2.11 小佃坞泥石流全貌

经现场调查，泥石流沟谷源头处有正在修建的道路，大规模道路开挖改变了原始地形地貌，开挖后形成大量工程弃渣未及时清运，道路外侧的填方边坡未进行防护，连续降雨或强降雨导致沟谷源头工程渣石和填方碎石土随雨水下滑，并携裹自然山坡表层松散碎石土形成多处滑塌，堆积物滑入沟谷中，造成沟谷淤塞,形成小型的堰塞湖,之后强降雨导致堰塞湖决堤,从而发生了沟谷泥石流。泥石流暂未造成人员伤亡,但造成 10 幢民房被损毁,沟谷口 222 乡道被堆积物堵塞,造成财产损失约 3275 万元(图 2.12)。

图 2.12 小佃坞泥石流流域概况图

(引自《九华乡大后源小流域地质灾害风险评价报告》)

泥石流形成区由于修建道路形成边坡,边坡开挖高 6～15m,坡体以岩质边坡为主,局部为土质边坡,岩体节理发育(图 2.13)。挖方弃渣堆积在道路外侧坡面,受雨水冲刷裹挟原有坡面松散残坡积层形成大量物源(图 2.14)。

泥石流堆积区主要为沟口村庄段,长 100～150m,宽 2.0～4.0m,主沟地形坡度 10°～15°,沟道较狭窄,横断面呈"U"形;沟口沿岸房屋紧邻沟道修筑,形成较多的填方岸坡(一般都是干砌块石或卵石防洪堤),部分防洪堤存在侵占河道现象,此次在泥石流冲刷下,沟口岸堤较多被冲刷掏蚀,形成较明显的扇形堆积区(图 2.15)。

图 2.13　小佃坞泥石流形成区道路开挖形成边坡

图 2.14　小佃坞泥石流形成区道路外侧物源

图 2.15　小佃坞泥石流堆积区全景

第3章　地质灾害风险调查

3.1　地质灾害调查体系

针对浙西南小流域地形起伏大、植被覆盖密度大、野外露头少、历史地质灾害隐蔽性强等特点，为解决研究区建房切坡和小流域泥石流风险评价问题，笔者探索了一种适合小流域地区的地质灾害调查体系：新技术方法与传统地质调查技术融合应用，在技术手段上运用“空-天-地”一体化的调查技术，在调查程序上采取“区域普查—变形靶区或地质灾害隐患点筛选—地质灾害点详查”的逐步精细化调查过程。

3.1.1　野外综合调查

野外综合调查主要包括区域地质环境调查、地质灾害隐患点核查和调查、工程地质测绘和承灾体特征与易损性调查。在研究区内，逐坡、逐沟、逐路进行地质灾害调查，提出“一屋一卡”和“一沟一卡”的调查评价方法，规范制作相应的调查表格。野外实际工作采用1∶10 000比例尺，调查工作逐沟、逐坡开展，调查中填写统一的调查卡片。

野外综合调查以查明地质灾害风险为导向，围绕风险对象（即承灾体），针对有居民点的区域，进行逐户调查，调查灾害变形时间、强度以及承灾体价值等信息，核查已有的灾害点，调查潜在的灾害点，确保调查工作的覆盖率和调查数据的准确性。地质环境条件调查以实地网格测绘为主，逐沟、逐坡进行，重点调查区内岩土体分布及工程地质特征（岩组类型，岩体风化及结构面特征，土体成因、厚度、结构及物质成分）。地质灾害调查以实地测量为主，主要调查地质灾害的类型、规模、地质条件、诱发因素、灾害体稳定性、复活性及灾情、险情等方面内容（图3.1、图3.2）。

图 3.1 滑坡滑动面调查

图 3.2 切坡破坏调查

3.1.2 光学遥感调查

光学遥感调查内容主要包括地质灾害体和孕灾地质环境条件两个方面，对研究区不同时段的光学遥感图像进行解译，解译内容包括滑坡和泥石流的分布位置、范围、形状及其与地形地貌、地层岩性、地质构造、河流切割和植被的关系等。

本次研究运用卫星光学遥感影像对区内地质灾害进行解译，为地质灾害的野外调查提供重要的历史灾害点分布特征信息，对研究植被覆盖区的历史灾情和地质灾害成因规律具有重要的作用。1960 年和 2002 年多时相光学遥感解译信息如表 3.1 所示。

表 3.1 1960 年和 2002 年研究区多时相遥感解译数据源信息

编号	影像时间	数据源	分辨率/m	影像类型
1	1960 年	KeyHole	2.23	全色
2	2002 年	KeyHole	0.56	全色

1. 解译识别标志

根据滑坡识别的经验和滑坡在影像上表现出的主要特征，滑坡的识别标志可分为两类：一类是对滑坡本身进行直接判断的直接识别标志，指在遥感影像上能直接见到的形状、大小、色调、阴影、纹理等影像特征，如滑坡的宏观平面形态、边界特征等；另一类是间接判断滑坡存在的标志，指在遥感影像上能判断的地形地貌、地层岩性、地质构造、地下水露头、植被、水系等。研究区滑坡灾害遥感解译识别标志见表3.2。

表3.2 研究区滑坡灾害遥感解译识别标志

识别标志		遥感识别标志	
		影像图	描述
遥感解译指标	宏观平面形态	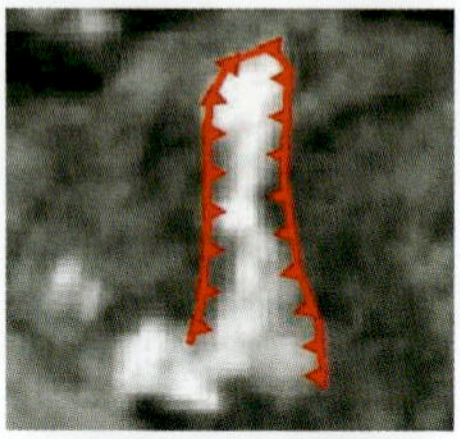	滑体亮度高，无植被覆盖，平面形态多呈长条形、舌形、簸箕形、新月形等
	后缘边界	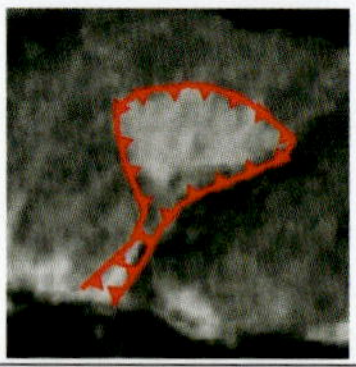	滑坡后壁岩土体裸露，色调较浅，无植被
	两侧边界	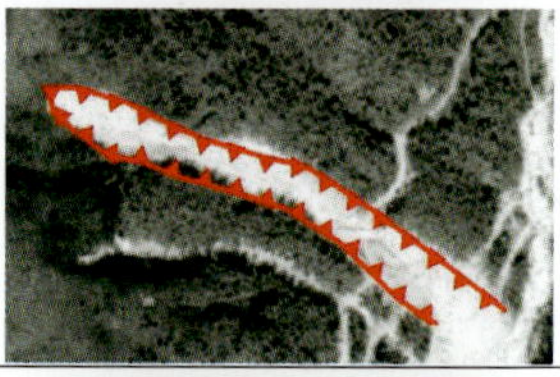	边界处常出现阴影，可见冲沟、陡坎或下错台坎
	滑体特征	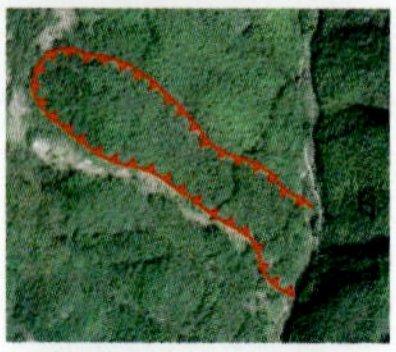	影像上存在带状影纹和明显的色调差异，局部滑体有下错和滑动现象
	滑坡前缘特征	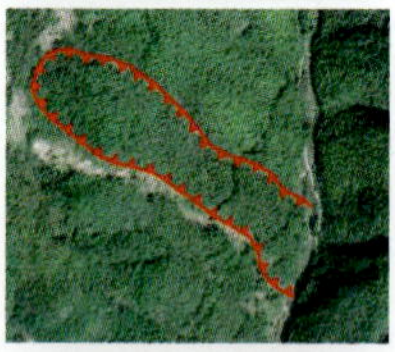	平面上呈舌形，前缘鼓胀，可见局部垮塌
	植被特征	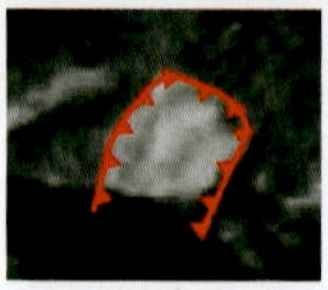	已滑动滑坡体上无植被覆盖

2. 解译结果

1960年全色影像解译结果(图3.3)表明,九华乡共有88处地质灾害分布。2002年全色影像解译结果(图3.4)表明,九华乡共有76处地质灾害分布。对比两个影像解译结果,可以发现九华乡地区历史地质灾害发育的一些规律性:①地质灾害分布位置比较高,多在沟谷的上游或斜坡的中上部,因此危险性大;②灾害的发生随时间变化,对比1960年和2002年的解译结果,地质灾害的位置是变化的,说明新生的地质灾害多,从而验证了地质灾害防治要从隐患点转变到隐患点与风险点双控的方向上来;③2002年的解译结果与2002年8月15日大后源沟上方村特大泥石流灾害是一致的,泥石流灾害集中暴发在大后源沟上游的上方村一带。该地带一是属于花岗岩与凝灰岩接触的地层过渡带,差异风化等因素容易产生地质灾害;二是属于沟谷上游,地形坡度陡,冲沟发育,加上特大暴雨易诱发地质灾害。该区目前是旅游开发的重要地区,地质条件和历史地质灾害特点决定了旅游开发要高度重视地质灾害风险问题。

图3.3 庙源溪上游地区滑坡多时相光学遥感解译(1960年KeyHole全色影像)

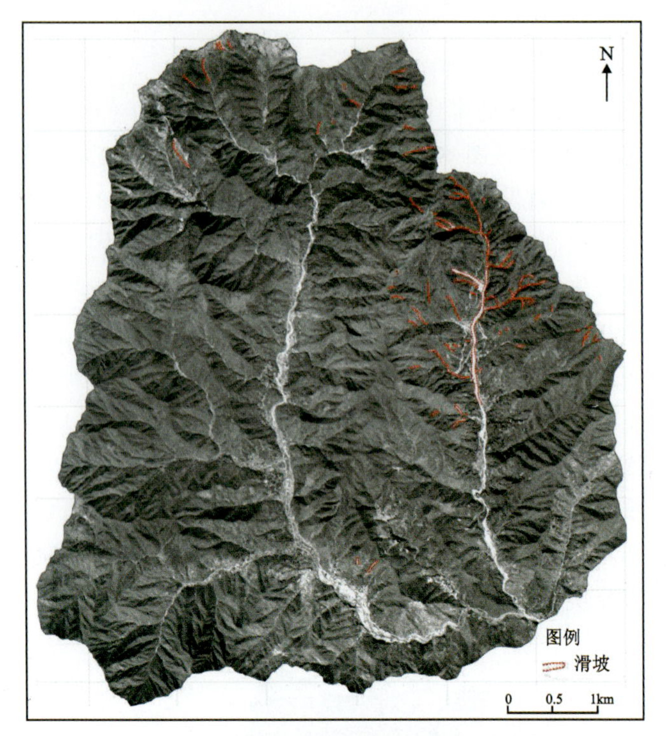

图 3.4　庙源溪上游地区滑坡多时相光学遥感解译

（2002 年 KeyHole 全色影像）

3.1.3　InSAR 调查

星载合成孔径雷达干涉测量(InSAR)是一种用于大地测量和遥感的雷达技术。InSAR 使用两个或多个合成孔径雷达(SAR)图像，利用返回卫星的波的相位差异来计算目标地区的地形、地貌以及表面的微小变化。与可见光或红外光不同，雷达波可以穿透大多数云、雾和烟对地表物体进行观测，并且在黑暗中也同样有效。因此，借助 InSAR，即使在恶劣的天气和夜间，也可以监测地表的变形。此外，InSAR 的全天候、全天时、高分辨率、高精度、范围广等优点，使其在地表形变方面具有广阔的应用前景。结合工作区已有数据和特点，本研究中选取小基线集干涉测量(SBAS-InSAR)技术进行研究区大范围地表变形监测。

1. SAR 数据源

选取 Sentinel-1 数据作为 SBAS-InSAR 数据源。Sentinel-1 卫星是欧洲航

天局哥白尼计划中的地球观测卫星，由两颗卫星组成；载有 C 波段合成孔径雷达，波长 5.6cm；具有 4 种条带扫描模式，其中干涉宽幅测绘带模式(interferometric wide swath，IW)是地表主要采集模式；以 5×20m 的空间分辨率获取幅宽 250km 的数据；能在所有光照和天气情况下运行，提供连续观测图像。Sentinel-1 卫星系统因高频率的重访周期、宽广的监测范围以及高质量的成像，在地质灾害早期识别和监测预警方面有了很多的成功应用。

2. SAR 数据处理方法

SBAS-InSAR 由 Berardino 等(2002)提出，用一种不同的策略来获取地表形变。SAR 影像根据时空基线阈值选择出多个主影像，以主影像为中心，生成多个小基线的数据集，在每一个数据集里的 SAR 数据均有很短的时空基线，y 数据集内生成的差分干涉图能克服空间去相干现象。该方法中的关键过程在于采用最小范数准则，利用奇异值分解(singular value decomposition，SVD)方法将各个数据集连接起来，提取地表形变信息(Usai et al.，2003)。这种方法通过建立小基线集提高了 SAR 影像的时间采样率，通过限制短基线较好地确保了差分干涉对的相干性，提高了形变量测的空间密度。SBAS-InSAR 工作流程如图 3.5 所示。

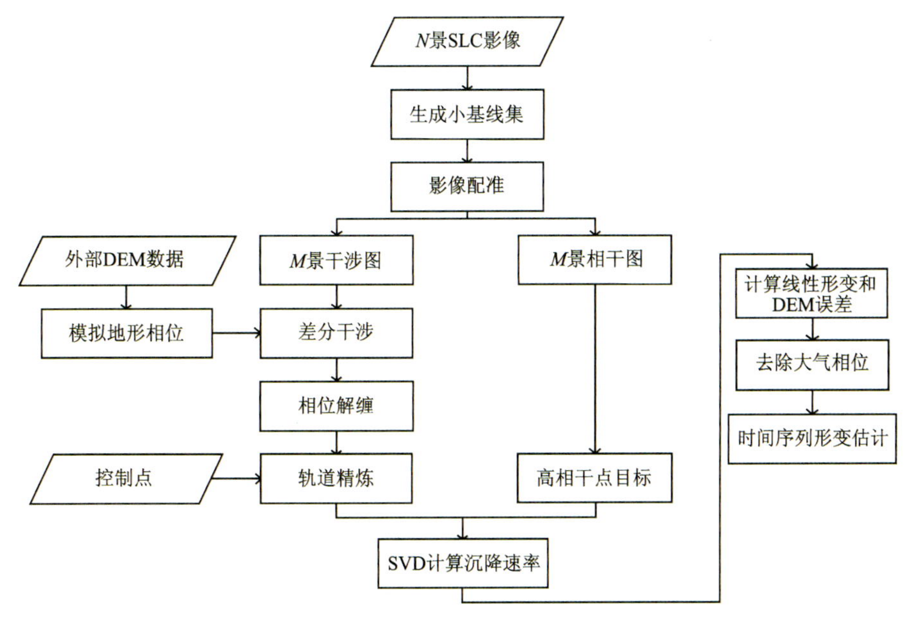

图 3.5 SBAS-InSAR 工作流程图(廖明生等，2014)

获取按照时间排列的 $t_0,\cdots,t_{N-1}$ 共 N 幅研究区 SAR 影像，根据多普勒系数等参数选择一景作为主影像，并将其他景作为从影像。将 N 幅 SAR 影像生成 X 个小基线集，在每一个小基线集中对每一个 SAR 影像对进行干涉处理，N 幅 SAR 影像生成 M 幅干涉图和相干图，相干图中存储着每一个干涉像元的相关系数，用于选择高相干点建立观测方程。

外部 DEM 用于去除 M 幅干涉图中的地形相位和参考相位，得到差分干涉图集(Mora et al.，2003)。从影像 t_A 和主影像 $t_B(t_B>t_A)$ 在 t_A 和 t_B 时刻获取的 SAR 影像生成的第 k 幅差分干涉图中，假设影像中某像元的方位向坐标为 i、距离向坐标为 j，该像元的干涉相位为

$$\delta\varphi_k(i,j)=\varphi_B(i,j)-\varphi_A(i,j) \tag{3-1}$$

$$\varphi_k(i,j)\approx\frac{4\pi}{\lambda}[d(t_B,i,j)-d(t_A,i,j)]+\Delta\varphi_{\text{topo}}^k(i,j)+\Delta\varphi_{\text{aps}}^k(i,j)+\Delta\varphi_{\text{noi}}^k(i,j) \tag{3-2}$$

式中，$k\in(1,\cdots,M)$；λ 为雷达中心波长；$d(t_B,i,j)$ 和 $d(t_A,i,j)$ 为 t_B 时刻和 t_A 时刻相对于 $d(t_0,i,j)=0$ 的在雷达视线方向上发生的形变量；$\Delta\varphi_{\text{topo}}^k(i,j)$ 为差分干涉图中残余的地形相位，如果使用的外部 DEM 精度高，在能够去除大部分地形相位的情况下，干涉图中残余的地形信息可以忽略；$\Delta\varphi_{\text{noi}}^k(i,j)$ 为大气延迟相位；$\Delta\varphi_{\text{noi}}^k(i,j)$ 为去相干噪声，假设忽略残余地形相位、大气相位和噪声相位，公式(3-1)可简化为

$$\delta\varphi_k(i,j)=\varphi_B(i,j)-\varphi_A(i,j)\approx\frac{4\pi}{\lambda}[d(t_B,i,j)-d(t_A,i,j)] \tag{3-3}$$

将差分干涉图进行相位解缠后，再使用控制点数据进行轨道精炼，进一步实现平地效应的去除。

SVD 方法获取形变值从物理意义上可将公式(3-3)中相位表示为在某时间段内速度和时间的乘积，可写为

$$\nu_k=\frac{\varphi_k-\varphi_{k-1}}{t_k-t_{k-1}} \tag{3-4}$$

第 k 幅干涉图的相位值为

$$\sum_{x=t_{A,k}+1}^{t_{B,k}}(t_x-t_{x-1})\nu_x=\delta\varphi_k \tag{3-5}$$

矩阵形式为

$$\boldsymbol{B}\upsilon=\delta\varphi \tag{3-6}$$

公式(3-6)是个 $M\times N$ 的矩阵。SBAS-InSAR 有多个主影像，导致矩阵 $\boldsymbol{B}$ 容

易秩亏，利用 SVD 方法求解地表速率的最小范数解，再通过求解速度在时间上的积分得到地表形变量(Berardino et al.,2002;Schmidt et al.,2003)。

利用时空域的高频、低频滤波去除大气相位，由于采用了小基线策略，SBAS-InSAR 能够获取高密度的时间和空间信息，使得 SBAS-InSAR 更容易去除大气相位对形变信息的影响。由上述原理可知，SBAS-InSAR 技术充分利用了获取的 SAR 数据，计算从每一个小基线集获取到的高相干点，这些相干点的变形代表着小基线集内的地表变形，提高了地表变形监测的空间密度，地表变形监测结果一定程度上保留了变形区域的空间变形特征。

由于卫星是沿与垂直方向有一定角度(入射角)的视线向获取地表数据，所以在移除地形相位、大气相位后，形变相位经相位解缠获得的形变量是沿视线向(LOS)的，负值表示地表在视线向上远离卫星，正值表示地表在视线向上靠近卫星。而我们在研究滑坡运动变形的时候，希望获取的是目标点在斜坡方向上的形变速率与形变量。因此需将视线向转斜坡向，计算公式(Cascini, et al., 2010)为

$$V_{\mathrm{SLOPE}}=V_{\mathrm{LOS}}/C \tag{3-7}$$

$$C=\cos\beta \tag{3-8}$$

$$\cos\beta=(-\sin\alpha\cos\psi)(-\sin\theta\cos\alpha s)+(-\cos\alpha\cos\psi)(\sin\theta\sin\alpha s)+\sin\psi\cos\theta \tag{3-9}$$

式中：V_{SLOPE} 为沿斜坡方向的形变速率(mm/a)；V_{LOS} 为沿视线方向的形变速率(mm/a)；β 为视线方向与斜坡方向的夹角(°)，即视坡夹角；ψ 为斜坡的坡度(°)；α 为斜坡的坡向；θ 为入射角(°)；αs 为轨道方向与正北方向的夹角(°)，升轨为负，降轨为正。

当 β 接近 90°时，$\cos\beta$ 接近 0，V_{SLOPE} 趋于无穷大，为了校正 V_{SLOPE} 中出现的绝对值极大的异常值，Herrera 等(2013)提出以 $\cos\beta=\pm0.3$ 为固定阈值，即设定 $-0.3<C<0$ 时，$C=-0.3$；$0<C<0.3$ 时，$C=0.3$。

图 3.6 是采用 InSAR 解译的研究区 2020 年 5 月至 2021 年 8 月斜坡向年平均变形速率，负值表示目标点沿斜坡向下降，正值不具有实际意义；颜色越绿表示该区域相对越稳定，颜色越红表示沿斜坡下降越明显，形变速率越大。九华乡西部庙源溪沟及其西部均相对稳定，少数区域呈下降状态，主要受切坡等人工扰动影响较大；庙源溪沟以东到大后源沟沿斜坡下降较严重，多数泥石流、高位远程灾害均分布于此；庙源溪沟和大后源沟之间区域北部形变较大，主要受地形影响较大，沟谷较密集，高程较高。

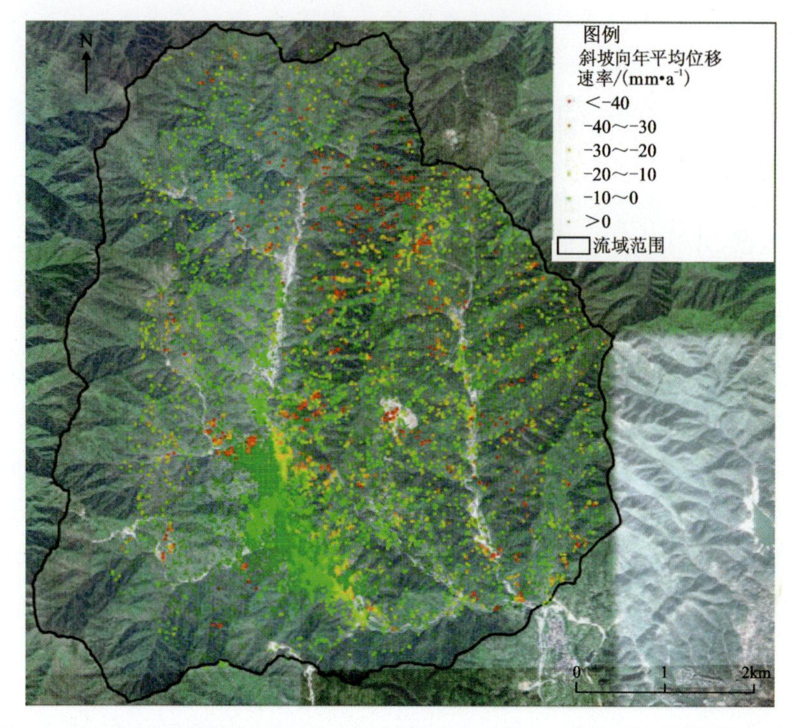

图 3.6 InSAR 解译的研究区 2020 年 5 月至 2021 年 8 月斜坡向年均变形速率图

3. InSAR 调查结果

1)上方村北滑坡隐患点

上方村北滑坡位于柯城区九华乡上方村以北约 500m 处大后源沟右岸，距离镇山寺约 400m。该滑坡为一堆积层滑坡，平面形态呈长舌状，主滑方向为 115°，纵长 450m，横宽 100m，高差约 220m(图 3.7)。滑坡右侧以新发育的冲沟为界，沟底可见滑床基岩，滑坡剪出口为大后源沟底。滑坡前缘在沟谷底部向对岸突出，说明古滑坡在过去的滑动历史上一直处于向前方位移的状态。滑坡前部和中部有新修建的梓绥山至孟高寮旅游公路盘旋而过，公路 3 次横穿滑体，对现在的滑坡稳定性构成了重大扰动。

根据 InSAR 处理结果，选取滑坡后缘、中部、前缘各一处进行时序分析，可以看出滑坡总体位移特征是后缘位移小、中部轻微沉降、前缘轻微抬升，表明该滑坡前缘受人类工程活动、沟谷冲刷作用明显(图 3.8)。

梓绥山至孟高寮在建公路沿线穿越上方村滑坡体，公路切坡修路对滑坡稳

图 3.7　上方村北高位远程滑坡遥感示意图

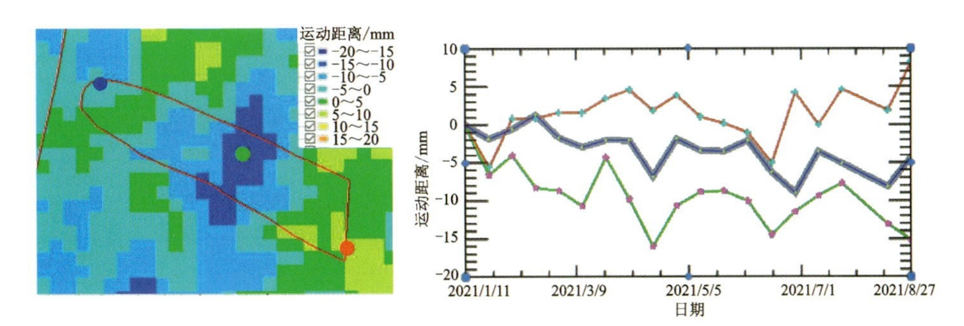

图 3.8　上方村北滑坡时序分析结果图

定性产生重大影响(图 3.9)。根据时序分析结果,从 2021 年 1 月到 8 月滑坡前缘一直处于慢速变形阶段,并于 7 月初折线变陡,发生剧烈变形(图 3.10)。2021 年 7 月对该地段进行了深入的地质调查和滑坡勘查发现,变形加剧是古滑坡受强降雨和前缘公路开挖因素叠加造成的。

2)梓绶山滑坡

梓绶山滑坡位于庙源溪沟和大后源沟之间,受采石开挖和公路开挖影响较

图 3.9 梓绥山至孟高寮在建公路沿线地质灾害

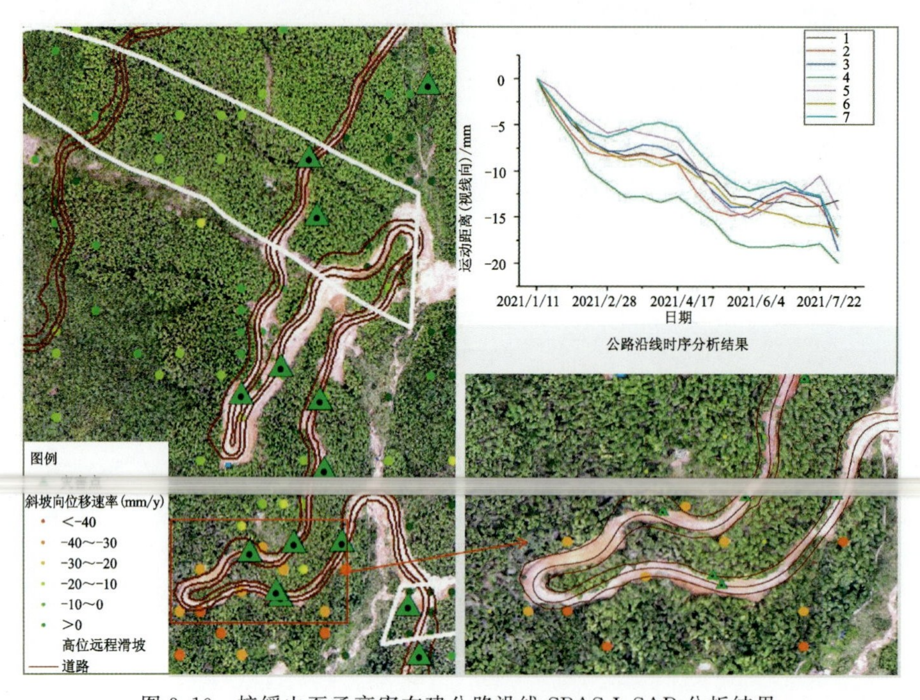

图 3.10 梓绥山至孟高寮在建公路沿线 SBAS-InSAR 分析结果

大，中部年平均位移速率达 64mm/a；西北部陡崖处有小型泥石流发生，为降雨诱发的修路弃渣。从 InSAR 处理结果可以看出，此处年平均位移速率约 23mm/a，处于慢速变形阶段；东南处存在历史滑坡，为堆积层滑坡，InSAR 处理结果显示此处年平均位移速率约 55mm/a。该地段地表变形明显，位置高，地形复杂，堆积层厚度大，具有滑坡的特征，属于滑坡风险点(图 3.11)。

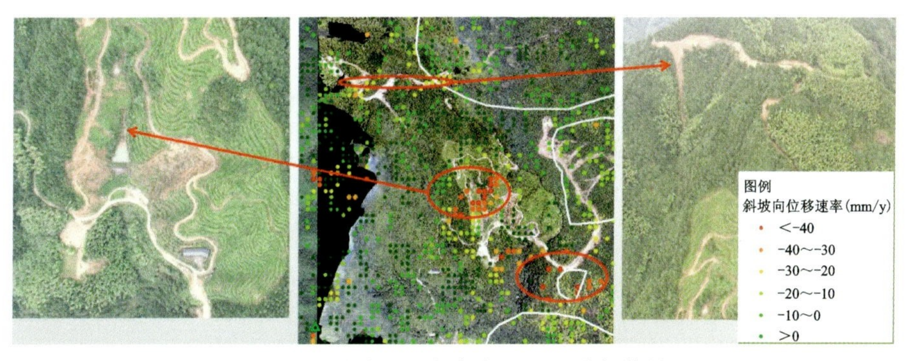

图 3.11 公路开挖灾害点 InSAR 分析结果

3.1.4 LiDAR 调查

LiDAR 技术在大范围数字高程模型的高精度实时获取、局部区域的地理信息获取等方面表现出强大的优势，成为摄影测量与遥感技术的一个重要补充。选择两个地质灾害隐患点，采用三维激光扫描技术，通过 LiDAR 测量，获得植被覆盖下的斜坡地形特征、大比例尺地形图和 3D 地质模型，为圈定地质灾害隐患点提供高效的技术方法(图 3.12)。

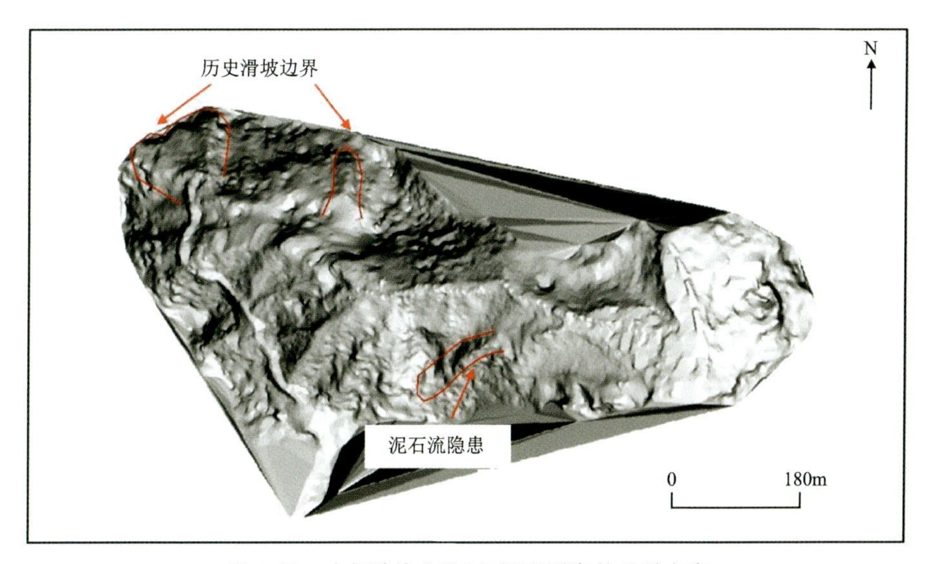

图 3.12 小佃坞沟 LiDAR 调查圈定的地质灾害

3.1.5 无人机调查

对典型地质灾害点进行无人机航测可以生成1∶2000数字正射影像和数字地表模型，无人机航测图像的分辨率可达0.1m。

对于单体地质灾害的调查，采用消费级无人机对重点灾害点进行摄影测量，获取灾害点的高精度三维模型。采用大疆Mavic 2专业版无人机对大后源沟中上游和夏塘坞泥石流进行倾斜摄影测量，通过Pix4D软件进行空间三角解算和贴图处理，获得灾害点的三维实景模型。

3.2 建房切坡“一屋一卡”风险调查

3.2.1 流程图

“一屋一卡”的建房切坡风险调查与评价体系是指通过测绘、钻探、物探、山地工程等手段，对辖区内所有可能威胁人员生命和财产安全的房屋及其切坡进行综合调查并建档立卡的一种调查与评价体系，是建房切坡灾害风险识别、风险防范区划定、风险阈值确定、风险管理和应急撤离等工作的基础（图3.13）。

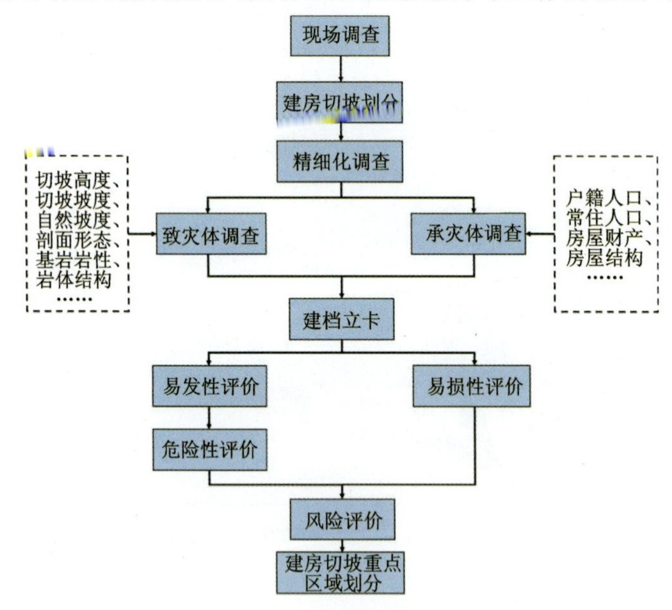

图3.13 “一屋一卡”建房切坡评价体系流程图

"一屋一卡"调查内容包括致灾体信息(切坡特征等)和承灾体信息(受影响人员和财产)。将建房切坡易发性划分为低易发性、中易发性、高易发性和极高易发性4个等级进行评价(表3.3),最后叠加有效降雨预警分级,确定切坡的危险性及预警等级(表3.4)。

表3.3 建房切坡易发性分级标准

易发性分级	切坡状态及相应防控对策
低易发性	不易受外界因素影响,正常养护
中易发性	较易受外界因素影响,对边坡损坏结构进行部分小修加固
高易发性	易受外界因素影响,需进行详细勘察和稳定性研究,采取适当的加固措施
极高易发性	极易受外界因素影响,需采取削坡或相关工程加固措施

表3.4 建房切坡降雨预警分级

易发性	降雨阈值			
	Ⅰ级	Ⅱ级	Ⅲ级	Ⅳ级
低易发性	低危险性	低危险性	低危险性	中危险性
中易发性	低危险性	低危险性	中危险性	高危险性
高易发性	低危险性	中危险性	高危险性	极高危险性
极高易发性	中危险性	高危险性	极高危险性	极高危险性

注:绿色代表低危险性,黄色代表中危险性,橙色代表高危险性,红色代表极高危险性。

3.2.2 "一屋一卡"调查表

在大量调查山区切坡发育特征的基础上,本次研究选取对于易发性评价与实际边坡检查有重要意义的7类一级指标、18项二级指标进行分析,即地形地貌(切坡高度、切坡坡度、自然坡度、剖面形态)、岩体性质(基岩岩性、岩体结构、基岩坚硬程度、风化程度)、覆盖层性质(覆盖层厚度、覆盖层土分类);地质构造(斜坡结构、节理密度、节理组数)、水文条件(汇水状态、地下水状态)、植被作用(植被覆盖度、植被类型)、稳定性现状(变形迹象),建立反映建房切坡易发性特点的指标评价体系如图3.14所示以及"一屋一卡"调查如表3.5所示。

建房切坡调查是在野外查明切坡灾害的成因及影响因素指标,通过"一屋一卡"调查表格进行信息存储,服务后续风险评价工作。通过专家打分法和层次分析法对每一个指标进行分类及权重赋值，按照打分得到切坡的易发性，结合降雨阈值预警切坡灾害的危险性。

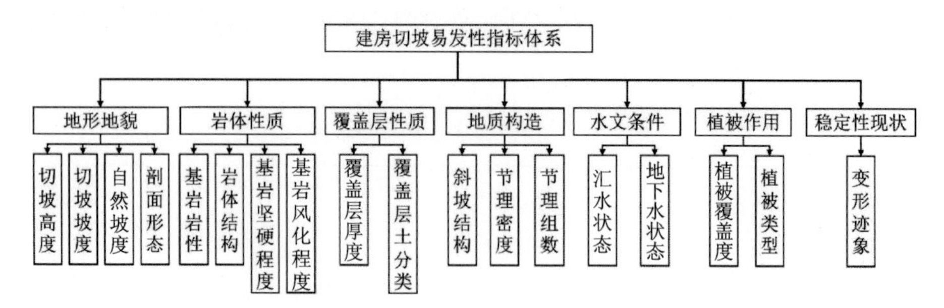

图 3.14　建房切坡易发性指标体系

表 3.5　“一屋一卡”调查表

<table>
<tr><td colspan="10">一屋一卡</td></tr>
<tr><td>房屋位置</td><td colspan="3"></td><td colspan="2">调查人员</td><td></td><td>调查日期</td><td colspan="2"></td></tr>
<tr><td rowspan="10">致灾体信息</td><td colspan="2">房屋编号</td><td colspan="2"></td><td colspan="2">坐标</td><td colspan="3"></td></tr>
<tr><td colspan="2">可能的破坏模式</td><td colspan="7">□圆弧滑动　□平面滑动　□崩塌　□其他</td></tr>
<tr><td>序号</td><td colspan="2">影响因子</td><td>序号</td><td colspan="2">影响因子</td><td>序号</td><td colspan="2">影响因子</td></tr>
<tr><td>1</td><td>切坡高度/m</td><td></td><td>2</td><td>切坡坡度/(°)</td><td></td><td>3</td><td>自然坡度/(°)</td><td></td></tr>
<tr><td>4</td><td>剖面形态</td><td></td><td>5</td><td>基岩岩性</td><td></td><td>6</td><td>岩体结构</td><td></td></tr>
<tr><td>7</td><td>基岩坚硬程度</td><td></td><td>8</td><td>风化程度</td><td></td><td>9</td><td>覆盖层厚度/m</td><td></td></tr>
<tr><td>10</td><td>覆盖层土分类</td><td></td><td>11</td><td>斜坡结构</td><td></td><td>12</td><td>节理密度</td><td></td></tr>
<tr><td>13</td><td>节理组数</td><td></td><td>14</td><td>汇水状态</td><td></td><td>15</td><td>地下水状态</td><td></td></tr>
<tr><td>16</td><td>植被覆盖度</td><td></td><td>17</td><td>植被类型</td><td></td><td>18</td><td>变形迹象</td><td></td></tr>
<tr><td colspan="3">备注</td><td colspan="6">加固情况</td></tr>
<tr><td rowspan="2">承灾体信息</td><td colspan="3">房屋结构</td><td colspan="6">□钢结构　□钢筋混凝土结构　□混合结构(砖混，框架)
□土木结构　□其他</td></tr>
<tr><td colspan="3">威胁人数/人</td><td colspan="3"></td><td colspan="2">威胁财产/万元</td><td></td></tr>
</table>

按照岩土性质，将切坡分为岩质、土质和岩土混合3个大类。通过建立不同岩土性质切坡的评价模型，将易发性评价结果划分为低、中、高和极高等级。利用此模型对九华流域进行系统调查，获取了130个现状切坡的调查数据(图3.15)。

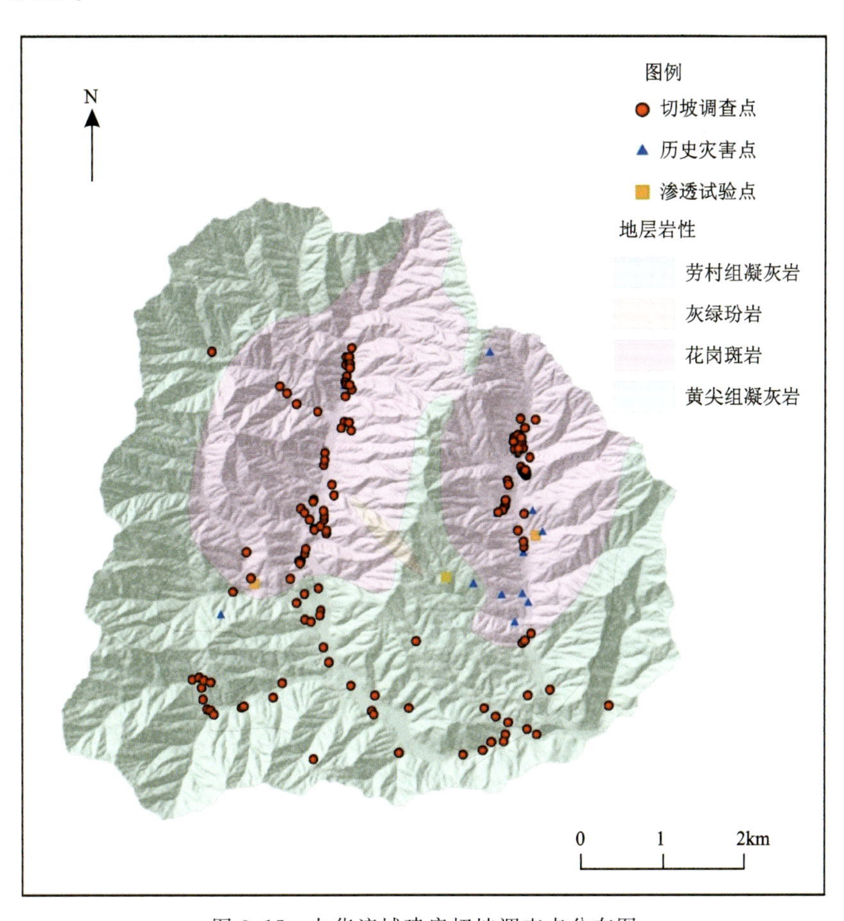

图3.15 九华流域建房切坡调查点分布图

3.3 基于"一沟一卡"的泥石流风险调查

3.3.1 流程图

"一沟一卡"是为流域内每一条沟谷进行精细化风险评价而设计的调查表，

根据建立的评价指标体系和“一沟一卡”调查数据，按照沟谷型泥石流成因机制和易发性指标的相关成果，初步建立了 1∶10 000 调查评价精度的沟谷型泥石流易发性评价指标体系。本次评价的基础数据来自资料收集分析和野外实测。前者的数据层包括历史灾害点、5m 分辨率 DEM、遥感影像图。“一沟一卡”调查评价流程如图 3.16 所示。

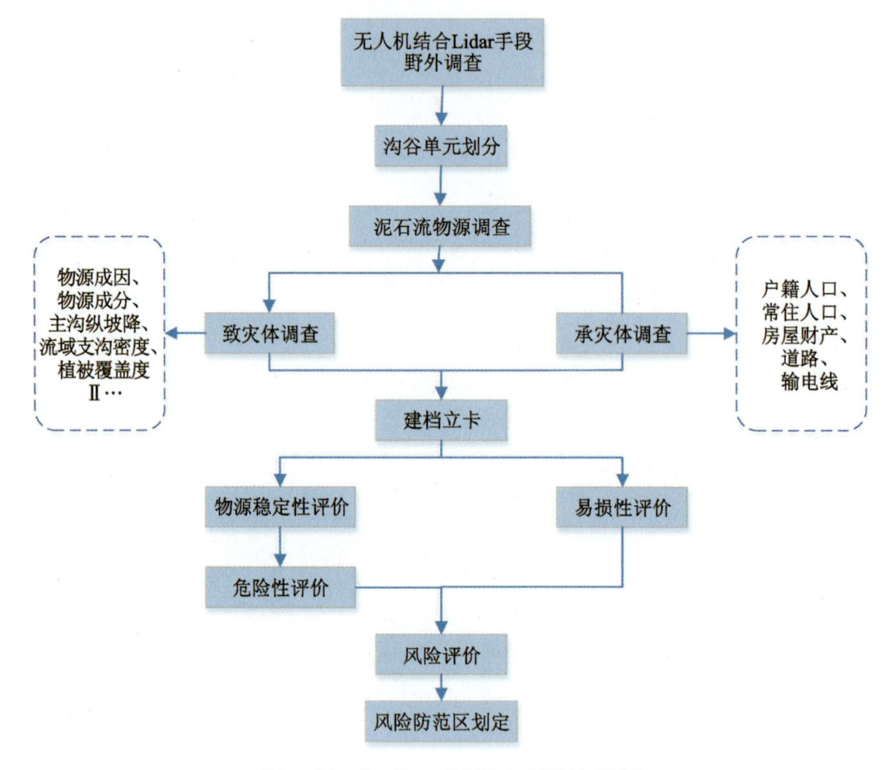

图 3.16　“一沟一卡”调查评价流程图

3.3.2　“一沟一卡”调查表

泥石流灾害风险调查与评价的“一沟一卡”体系是指通过遥感、测绘、钻探、物探、山地工程等手段，对流域内所有可能威胁人员生命和财产安全的沟谷单元进行综合调查并建档立卡的一项调查与评价体系，是沟谷型泥石流灾害风险识别、风险防范区划定、风险阈值确定、风险管理和应急撤离等工作的基础。“一沟一卡”调查内容包括致灾体信息(斜坡或沟谷单元)和承灾体信息(受影响人员和财产)。

对“一沟一卡”调查表全区域 60 个沟谷打分(图 3.17)，从而评估泥石流的源区易发性以及危险性情况。“一沟一卡”的各个指标情况在第9章有详细介绍，其中物源量需要利用第4章获取的研究区第四系厚度，结合TRIGRS进行定量计算，对TRIGRS计算得到的源区结果进行泥石流危险性评估计算，再结合道路和房屋承灾体进行易损性以及风险计算。

为全面调查研究区沟谷型泥石流灾害的特征，对九华乡庙源溪沟和大后源沟所有沟谷型泥石流灾害点进行调查。对全区进行沟谷单元划分，划分的主要依据是沟谷的地形、物源状况等。在此基础上，对全区沟谷单元进行精细化调查，总结“一沟一卡”调查表所反映的泥石流发育规律后，建立研究区泥石流评价因子指标及其分级表（表3.6、表3.7）。

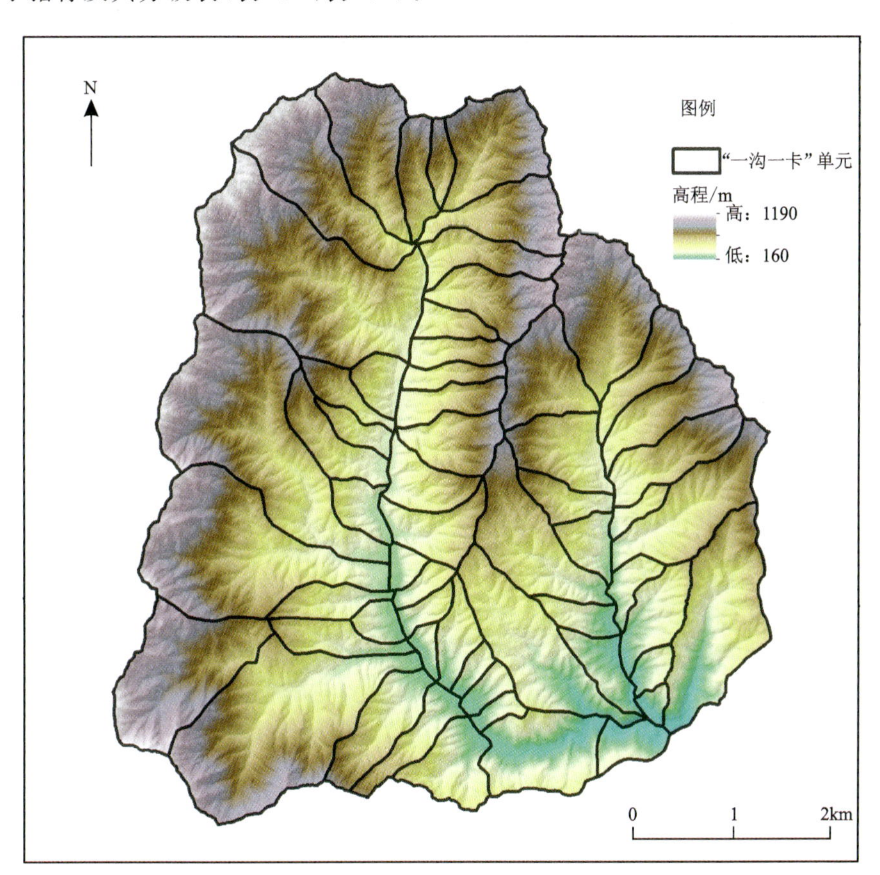

图3.17　研究区“一沟一卡”调查单元划分图

表 3.6　泥石流沟谷“一沟一卡”调查表

<table>
<tr><td colspan="13">一沟一卡调查表</td></tr>
<tr><td>沟谷位置</td><td colspan="3"></td><td colspan="2">调查人员</td><td colspan="2"></td><td colspan="2">调查日期</td><td colspan="3"></td></tr>
<tr><td rowspan="8">致灾体信息</td><td colspan="3">沟谷编号</td><td colspan="2"></td><td colspan="2">坐标</td><td colspan="5"></td></tr>
<tr><td>序号</td><td>区域</td><td colspan="2">影响因子</td><td>序号</td><td>区域</td><td colspan="2">影响因子</td><td>序号</td><td>区域</td><td colspan="2">影响因子</td></tr>
<tr><td>1</td><td>物源</td><td>物源成因</td><td></td><td>6</td><td>流通</td><td>物源区与堆积区高差/m</td><td></td><td>10</td><td>全区</td><td>植被类型</td><td></td></tr>
<tr><td>2</td><td>物源</td><td>物源成分</td><td></td><td>7</td><td>流通</td><td>主沟纵坡降/‰</td><td></td><td>11</td><td>全区</td><td>植被覆盖率/%</td><td></td></tr>
<tr><td>3</td><td>物源</td><td>物源区平均坡度/(°)</td><td></td><td>8</td><td>流通</td><td>流域支沟密度/(km·km^{-2})</td><td></td><td>12</td><td>全区</td><td>活动次数</td><td></td></tr>
<tr><td>4</td><td>物源</td><td>物源区覆盖层平均厚度/m</td><td></td><td>9</td><td>流通</td><td>主沟床弯曲程度</td><td></td><td>13</td><td>全区</td><td>工程活动</td><td></td></tr>
<tr><td>5</td><td>物源</td><td>物源区面积与单元面积比值/%</td><td></td><td></td><td></td><td></td><td></td><td></td><td></td><td></td><td></td></tr>
<tr><td colspan="4">备注</td><td colspan="8">易发性等级：</td></tr>
<tr><td rowspan="3">承灾体信息</td><td></td><td colspan="2">房屋结构</td><td colspan="9">□钢结构　□钢筋混凝土结构　□混合结构(砖混,框架)
□土木结构　□其他</td></tr>
<tr><td></td><td colspan="2">威胁户数/户</td><td colspan="4"></td><td colspan="2">威胁人数/人</td><td colspan="3"></td></tr>
<tr><td></td><td colspan="2">威胁财产/万元</td><td colspan="4"></td><td colspan="2">其他重要建筑</td><td colspan="3"></td></tr>
</table>

表 3.7 指标分级表

区域	编号	一级指标	二级指标	等级			
				一级	二级	三级	四级
物源区	1	物源	物源成分	巨石	块石土	碎石土	黏土
	2		物源成因	冲洪积	崩滑堆积	残坡积	人工堆积
	3		物源区覆盖层平均厚度/m	<1	[1,2)	[2,3)	≥3
	4		物源区面积与流域面积比值/%	<15	15~30	30~45	>45
	5	地形地貌	物源区平均坡度/(°)	<30	30~40	40~50	>50
流通区	6		物源区与堆积区高差/m	0~150	150~300	300~450	>450
	7		主沟纵坡降/‰	<52 (< 3°)	52~105 (3°~ 6°)	105~213 (6°~ 12°)	213 (> 12°)
	8		流域支沟密度/(km·km^{-2})	0~1.5	1.5~3	3~4.5	>4.5
	9		主沟床弯曲程度	1~1.1	1.1~1.2	1.2~1.3	>1.3
全区	10	植被	植被类型	乔木	灌丛(竹林)	草地	裸地
	11		植被覆盖率/%	>85	(70,85]	(55,70]	≤55
	12	发育历史	活动次数	无	一次	两次	多次
	13	人类活动	工程活动	综合治理	单一治理	无	工程弃土

调查发现，九华乡沟谷型泥石流具有如下主要特征：区内泥石流受流域沟谷切割控制，发育在花岗斑岩和凝灰岩的地层分布区，受多期次构造运动作用，岩层节理发育，地形破碎。泥石流物源主要为残坡积、崩坡积以及人工堆积物，物源厚度小，整体以小型为主，常发生坡面泥石流。研究区属于构造剥蚀侵蚀中低山地貌，地形高差大、坡度陡，泥石流具有较大的重力势能，毁伤力强，历史上曾发生多起泥石流灾害，造成了严重的人员伤亡或重大险情。

第4章　第四系堆积物调查与厚度估算

由研究区地质灾害调查与特征分析可知，受降雨与工程建设等因素影响的沟谷型泥石流、滑坡以及建房切坡是研究区的主要地质灾害与潜在风险隐患。研究区广泛分布的第四系堆积物在高陡的地形条件以及降雨等外界因素的影响下极易发生地质灾害。调查第四系堆积物的空间分布并估算其厚度是评价地质灾害危险性的前提，能够为确定性模型的建立提供必要的基础数据。

在确定性模型中，堆积物厚度是重要的输入参数，基于网格单元的斜坡稳定性系数受到输入厚度和斜坡坡度等因素的影响。其中，堆积物的分布与厚度被认为会直接影响到灾害的范围与危险性，准确反映厚度的真实空间分布对提升模型的可靠性具有重要作用。大多数研究在使用确定性模型进行危险性评价初期，将堆积物厚度设置为某一定值，或者拟合为与坡度的简单线性关系，忽略了其他因素对滑体厚度的影响。然而，堆积物的空间分布由地形、岩性、气候以及生物、物理、化学等多种因素复杂相互作用形成，这些复杂的非线性因素导致堆积物在空间上具有高度可变性，在建模时十分具有挑战性。随着计算机领域的不断发展，各种机器学习模型的出现为高维数据的非线性关系处理提供了更强有力的工具。集成学习是一种新颖的机器学习模型，不仅可以组合多个简单模型获得一个性能更强的组合模型，而且可以针对具体问题设置组合方案以得到具有更强泛化能力和高鲁棒性的学习模型。此外，与其他机器学习模型相比，基于树的集成算法具有较好的应用效果，已经在滑坡易发性评价、滑坡位移预测、滑坡识别等诸多方面取得了良好的应用效果。Li(2017)以奉节县的一个小流域为例，对比了人工神经网络、支持向量机模型和随机森林模型在估算厚度中的效果，发现随机森林模型性能最好；Zhang(2021)使用随机森林模型解释了东北黑土地区流域尺度的厚度空间变化。

高质量的数据输入与准确的因子选取是机器学习模型预测的关键，钻探作为传统的地质调查手段，是了解研究区特点以及收集数据的重要方式。起初，钻探勘测往往以单一的形式出现。Wiegand(2013)使用动态圆锥贯入仪试验(DCPT)对奥地利蒂罗尔州内阿尔卑斯斜坡的Schmirn山谷进行了现场测量，估算了风化层的厚度和渗透阻力等。Whiteley(2021)使用工程物探对单个滑坡的泥岩组和砂岩组进行了快速划分。虽然钻探和物探能快速获取某些点或者剖面的地质信息，但是难以推广到整个流域，尤其在地势陡峻的山区难以开展。而随着信息技术的发展，无人机技术作为一种新颖的勘测手段，能用摄影测量的方法搭建三维表面模型，快速获取目标区域的地物特征信息，是滑坡监测的一种技术手段。通过将无人机技术与传统的勘探手段相结合，探索调查方法的整合潜力，不仅可以提高工作的效率，而且有助于理解滑坡失稳机制与运动学演化规律。

鉴于此，本章综合使用野外调查、无人机技术以及工程地质勘察手段对研究区第四系堆积物进行调查，分析研究区第四系堆积物分布特点，使用克里金法与随机森林模型进行厚度估算，通过精度验证后得到第四系堆积物分布图，成果可用于确定泥石流物源区，计算不稳定斜坡的危险性。

4.1 基于无人机技术的第四系堆积物调查

4.1.1 无人机实景三维建模原理

实景三维是指对一定范围内人类生产、生活和生态空间进行真实、立体、时序化反映和表达的数字空间，是新型基础测绘的标准化产品，是国家重要的新型基础设施，为经济社会发展和各部门信息化提供统一的空间基底。无人机实景三维建模是运用无人机对现有场景进行低空多角度倾斜摄影，并利用三维实景建模软件进行处理生成的一种三维虚拟展示技术。建模流程包括以下两个步骤：

(1)低空多视角影像采集。首先根据研究区空间分布特征设计航拍路线，选择天气晴朗的时间确定飞行场地并进行试飞；然后设定航向重叠率、旁向重叠率、飞行高度、飞行速度、拍摄角度等参数，提高三维建模的精确度；最后通过倾斜摄影测量技术，从前视、后视、左视、右视、正视5个角度进行拍摄，采集多视角影像数据。

(2)三维实景建模。使用实景建模软件Context Capture对影像数据进行处理。首先对采集的照片进行检查与筛选，剔除变形较大、影像模糊的照片；然后对导入的照片依次进行空中三角测量，生成密集点云，构建不规则三角网模型；最后进行自动纹理切割映射，生成三维实景模型。

4.1.2 实景三维建模

为获取研究区域中堆积物的类型与空间分布特征，尤其是地质灾害主要发生区域，对大后源沟进行实景三维建模。使用大疆(DJI)御 Mavic 2 专业版无人机进行研究区的三维实景建模。无人机镜头采用 L1D-20c 相机(CMOS 传感器，像素为 2000 万)。无人机拍摄的航向重叠率设为 85%，旁向重叠率设为 85%，飞行高度设为 500m，飞行速度设为 5m/s，拍摄镜头角度设为 35°，分 4 个架次共拍摄 1454 张照片。使用 Context Capture 软件对获取的照片进行综合处理，得到大后源沟的实景三维模型如图 4.1 所示。

图 4.1 大后源沟实景三维模型

4.1.3 建模结果分析

由工程地质手册可知，不同的地物在遥感图像中具有不同的影像特征（例如色调、形状、空间分布、地貌、影纹等）。通过野外实地调查以及实景三维模型可知，研究区第四系堆积物共有残积物、坡积物、冲洪积物、泥石流堆积物和人工堆积物5种类型。在无人机三维实景建模得到的模型中，不同的堆积物具有不同的影像特征，并且它们的分布具有明显差异性。

4.1.3.1 分布特征

研究区的冲洪积物由溪流侵蚀或历史泥石流爆发后堆积形成，一般位于溪流两侧以及沟口部位，虽然较厚，但是比较稳定。

泥石流堆积物由历史泥石流在沟道中堆积形成，一般分布于历史泥石流沟道中，容易在降雨的作用下成为沟谷型泥石流的物源。

人工堆积物由开挖道路产生，一般分布于新修道路两侧，部分沿着斜坡发生溜滑附着于斜坡表面，可能在降雨的诱发下呈滚落或滑落的形式发生垮塌。

残积物主要分布在斜坡上部。坡积物主要分布在斜坡下部，上与残积物相接，在影像上植被较为茂密，与坡积物有明显的分界面。研究区的浅层滑坡主要发生在残积层与坡积层中，尤其是在花岗岩分布地区。部分明显的浅层滑坡发生在陡峭的斜坡上，滑动区域在影像上一般呈块状或条状，从斜坡上部往下延伸，具有明显的土-岩滑动面，滑动处基岩裸露，无植被覆盖。

因此，将花岗岩区域的历史泥石流沟谷、滑坡以及陡峭的斜坡划定为地质灾害重点分布区，并从中选取了代表性截面进行进一步的物探分析。

4.1.3.2 影像特征

1. 残积物、坡积物特征

残积物所在区域在降雨的入渗下部分覆盖层易发生滑动，有亮白色的裸露基岩分布，在风化沉积搬运的作用下覆盖层厚度较薄，并且与坡积物在影像上有明显的边界。残积层由于堆积物一般较薄，植被较为稀疏。而坡积物由残积物经水流侵蚀搬运形成，主要位于斜坡中下部，坡积层所在区域植被茂密，与残积物有明显的边界。斜坡覆盖物堆积后，有明显的凸起形态，坡积物所在区域较厚（图4.2）。

2. 冲洪积物特征

冲洪积物主要位于大后源溪流两侧与泥石流沟口处。大后源溪自北向南流经研究区，河道在溪流冲刷作用下形成河流阶地。此外，部分冲洪积物由历史泥石流在沟口堆积形成，影像上可见与河流阶地相比呈隆起形态，堆积物较厚。冲洪积物所在部分区域被开垦为耕地，修建有道路，居民大都居住于冲洪积物所在区域，在影像上呈浅绿色与白色，坡度一般为 0°～10°，较为平缓，堆积物较厚(图 4.3)。

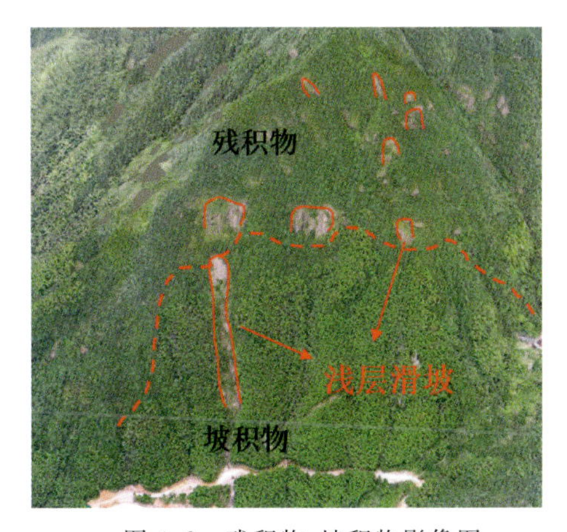

图 4.2　残积物、坡积物影像图

图 4.3　冲洪积物影像图

3. 泥石流沟道堆积物特征

泥石流沟道堆积物位于已发生泥石流沟道中，在影像上呈黄色色调细条状，在降雨的作用下流通路径明显。在新发生的泥石流沟道中，影像较为明显，而历史久远的泥石流沟道中由于植被覆盖率高，浅层滑坡崩滑堆积与历史泥石流堆积在影像上难以区分。研究区中需对泥石流沟进行实地调查(图 4.4)。

4. 人工堆积物特征

由于开发旅游资源的需要，斜坡上修建盘山公路时进行开挖留下了大量人工堆积物。人工堆积物位于新建道路两侧，在影像上呈黄白色色调无规则状，开挖地区无植被覆盖，岩土体结构较为松散(图 4.5)。

图 4.4　泥石流堆积物影像图

图 4.5　人工堆积物影像图

根据不同第四系堆积物在三维实景模型中的影像特征以及空间分布，建立了第四系堆积物辨识标志（表 4.1），用来对研究区第四系堆积物进行区分。

表 4.1　研究区第四系堆积物辨识标志

亚类	代号	地貌特征	典型影像	辨识特征
残积物	Q^{el}	风化壳		位于斜坡顶部，植被较稀疏，有亮白色的裸露基岩分布，与坡积物有明显的边界
坡积物	Q^{dl}	/		位于斜坡中下部，植被茂密，与残积物有明显的边界，斜坡经坡积物堆积后，有明显的凸起形态
冲洪积物	Q^{al+pl}	河流阶地		位于溪流两侧，部分被开垦为耕地，修建有道路，呈浅绿色与白色，坡度一般为0°～10°，较为平缓

续表 4.1

亚类	代号	地貌特征	典型影像	辨识特征
泥石流堆积物	Q^{set}	泥石流沟道堆积		位于已发生泥石流沟道中，呈黄色色调细条状，流通路径明显
人工堆积物	Q^{ml}	人工弃渣		位于新建道路两侧，呈黄白色色调无规则状，一般无植被覆盖

4.2 基于工程勘探的第四系堆积物调查

4.2.1 地球物理勘探方法

在重点勘察区使用高密度电阻率测量和浅震折射层析勘探，重点探查第四系堆积物厚度。本次工程勘察物探在张某彪屋后崩塌、小佃坞泥石流、新洋坞滑坡、大后源泥石流、上芳村北滑坡、外陈滑坡6个重点勘查区布设了7条高密度剖面，总长为2600m，编号分别为GMD1～GMD7，点距为5m，同时布设了浅层折射层析勘查剖面12条，总长为5005m，编号分别为QZ1～QZ3、QZ5～QZ13，点距为5m，如图4.6所示。

4.2.2 工程地质钻探

工程勘查钻探使用XY-100型钻机4台，分回次钻进取芯，钻孔开孔口径130mm，终孔口径91mm，回次小于2m。第四系坡积层、坡洪积层及残积层中采取干钻钻进，连续取芯；下部基岩采用单筒岩芯管钻进，岩芯采取率不小于80%。为获取研究区第四系堆积物的实际厚度数据，在研究区地质灾害重点分布区以及典型的斜坡截面进行钻探点布设，在本区共计布置 78 处钻探点，如图 4.7 所示。

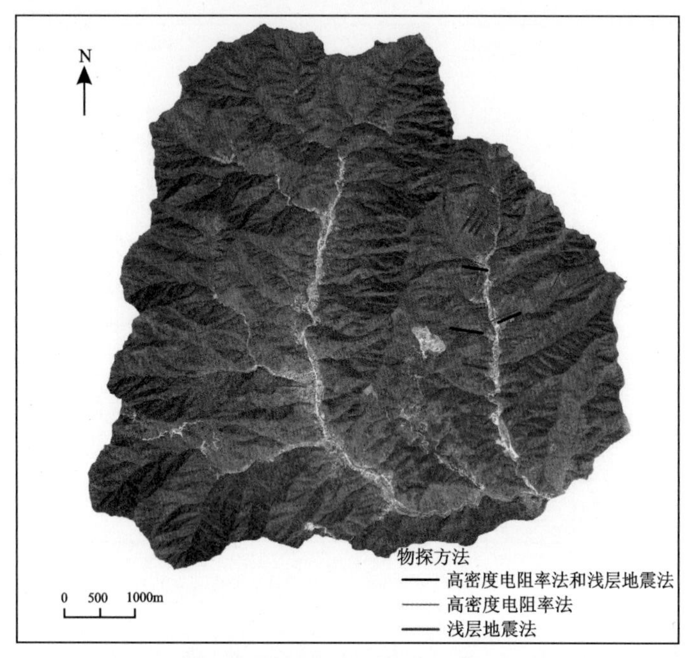

图 4.6　研究区浅层地震法和高密度电阻率法布置图

图 4.7　研究区钻探点布置图

4.2.3 勘探结果分析

1. 物探工程

浅层地震法和高密度电阻率法用来调查堆积物分布特点。物探工程的波速等值线分布一般为低→高，表明该区域的岩层相对稳定，波速等值线的凹陷区域节理裂隙发育，岩芯破碎。地震波与电阻率在不同的岩土体中不同，第四系堆积物和全风化岩土体中的波速 v_s 小于 1800m/s，视电阻率小于 800 Ω·m，如图4.8 所示。

QZ2、QZ3 和 QZ8 为研究区的 3 个典型剖面图。其中，QZ2 为高密度电阻率法剖面，QZ3 与 QZ8 为浅层地震法剖面。3 个剖面上沿着斜坡向下，随着高程的降低，波速与电阻率也随之减少，表明堆积物沿着斜坡呈逐渐增加的趋势。因为风化的土体在重力与径流的作用下，极易从斜坡上部沿着斜坡侵蚀搬运到斜坡下部，上部土体变薄，下部土体变厚。此外，QZ2 剖面在高度 375m 附近，视电阻率突然下降。这表明岩土体性质发生了变化，堆积物突然变厚，该位置为剖面上残积层与坡积层的分界面，这也与实景三维模型中影像特征保持了一致。而 QZ3 剖面与 QZ8 剖面则大致在高度 340m 与 770m 附近，且与 QZ2 剖面具有相同的特征。

2. 钻探工程

工程地质钻探调查了堆积物的组成以及岩土体性质。堆积物主要由砂质黏土、碎石土以及全风化花岗岩组成。S1、S2、S3 为部分钻孔中堆积物岩土体的照片(图 4.9)。S1 位于斜坡上部残积层中，为砂质黏土，呈黄褐色，中密—密实，主要成分为黏性土，含砂量高，局部含碎石，碎石含量为 10%～20%，呈次棱角状，为基岩风化物。S2、S3 位于斜坡下部坡积层中，S2 堆积物为砂质黏土、碎石土，S3 堆积物具有全风化花岗岩。碎石土为红褐色，碎石含量为 40%～60%，呈次棱角状。全风化花岗岩呈灰黄色，原岩结构已基本被破坏，除石英外大部分矿物已风化为土状，局部夹有强风化碎块。

经过综合地貌调查分析，构建研究区堆积物的分布模型。堆积物广泛分布于研究区残积物、坡积物以及冲洪积物中。残积层厚度较薄，岩土体以砂质黏土为主，植被主要为灌木和草地，浅层滑坡破坏发生在砂质黏土-强风化界面。坡积层较厚，斜坡上部岩土体组成主要为砂质黏土与碎石土，斜坡下部堆积较厚区

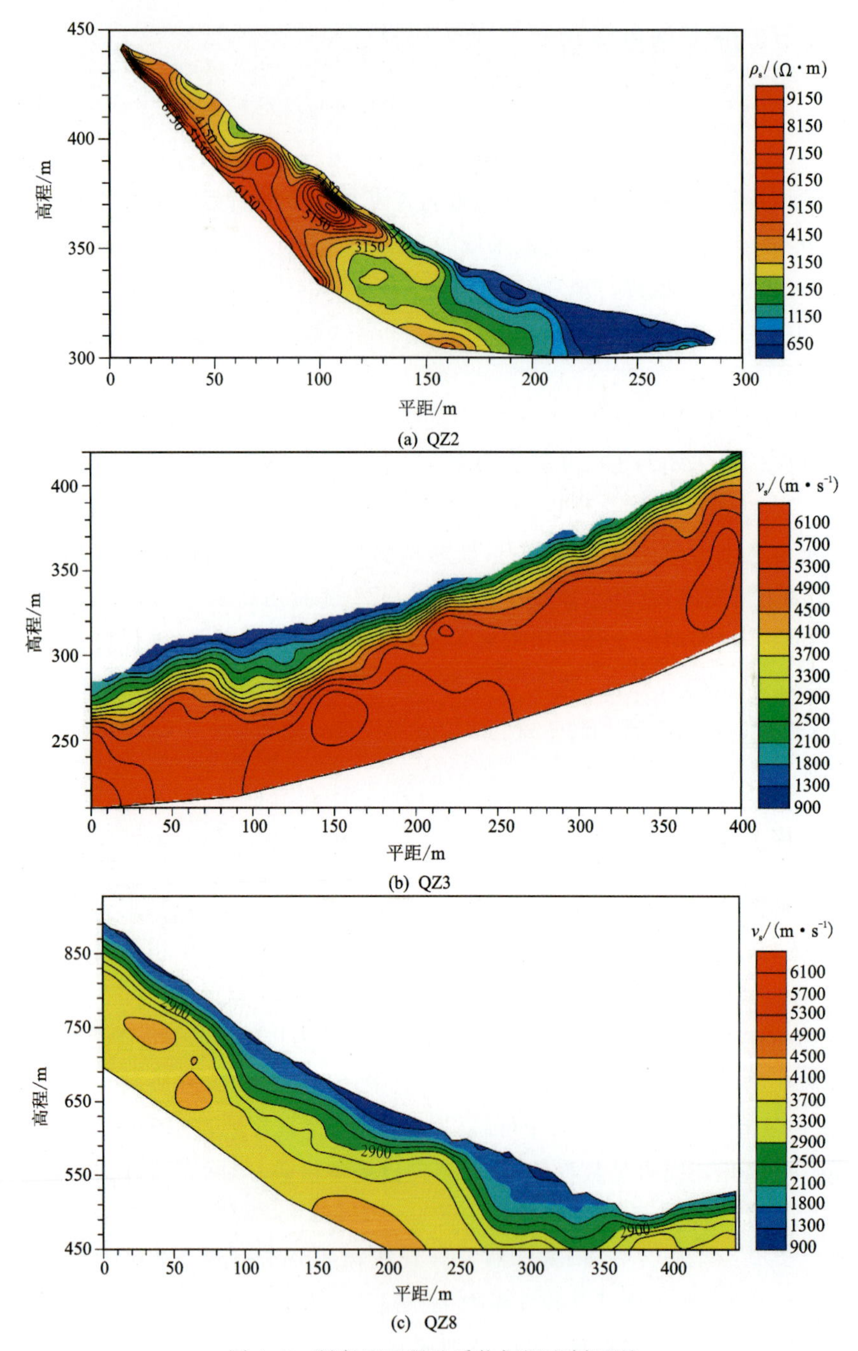

图 4.8 研究区工程地质物探调查剖面图

图 4.9 S_1、S_2、S_3 工程地质钻探岩芯

域分布全风化层，植被以竹子和乔木为主，破坏主要发生在碎石土-强风化界面以及全风化层-强风化层界面。浅层滑动在坡积层中的规模较大，并伴随有植被破坏，其规模与堆积物厚度及地形等条件相关。部分发生在坡积层中的浅层滑动由于高植被覆盖难以及时察觉，滑动产生的松散堆积物可能会成为沟谷型泥石流的潜在物源。此外，在强降雨作用下，规模较大的浅层滑动可能会对居住于冲洪积层的人口与道路等造成威胁。

4.3 第四系堆积物厚度估算

4.3.1 数据收集

第四系堆积物厚度数据主要通过野外实地调查与前述钻探、物探手段获取。研究区山体斜坡上新建了许多道路，为直接测量数据提供了条件，通过测量地表到强风化层基岩的距离可获取堆积物厚度(图 4.10)。此外，为调查研究区岩土体的性质与组成，在研究区历史灾害体上进行工程地质钻探后，共收集了 707 处第四系堆积物厚度数据(表 4.2)。由表 4.2 可知，研究区残积物厚度绝大部分在 1m 以下，坡积物中有 59.1%的调查点第四系堆积物厚度在 1m 以下，25.7%的调查点第四系堆积物厚度在 1～3m 以内，15.2%的调查点第四系堆积物厚度大于 3m；冲、洪积物中 43.5%的调查点第四系堆积物厚度小于 1m，30.1%的调查点第四系堆积物厚度在 1～3m 以内，26.4%的调查点第四系堆积物厚度大于 3m。调查点第四系堆积物厚度在 0～6m 之间变化。其中，第四系堆积物厚度小于 1m 的调查点有 452 处，第四系堆积物厚度 1～3m 的调查点有 141 处，第四系堆积物厚度大于 3m 的 104 处。

第四系堆积物广泛分布在研究区各个区域，厚度较薄的区域主要分布在山体、沟谷顶部，斜坡表部，而厚度较厚的区域主要集中在庙源溪沟和大后源沟的沟道两侧、沟谷沟口处以及斜坡底部(图 4.11)。研究区第四系堆积物分布呈现从斜坡顶部至底部厚度增加的趋势，且大部分为坡积物和冲、洪积物，残积物较少。在极端降雨的作用下，部分松散坡积物可能会失稳，为地质灾害提供物源条件，引起地质灾害的发生。此外，研究区的第四系堆积物为古滑坡或者泥石流遗留下的冲、洪积物，堆积在沟谷谷口以及沟道中的冲洪积物在地质灾害发生时极易形成新的物源，增加地质灾害的危险性。因此，对研究区第四系堆积物进行全区估算十分必要。

图 4.10 野外实地调查与部分钻探点

表 4.2 研究区第四系堆积物调查点分布统计表

堆积物类型	调查点数量/个	各厚度范围内调查点数量/个		
		0～1m	1～3m	>3m
残积物	164	161	3	0
坡积物	350	207	90	53
冲、洪积物	193	84	58	51

4.3.2 估算方法

1. 克里金法

克里金法可以将数学函数与指定数量的点或指定半径内的所有点进行拟合以确定每个位置的输出值，从而假定采样点之间的距离或方向反映可用于说明表面变化的空间相关性。克里金法是一个多步过程，它包括数据的探索性统计

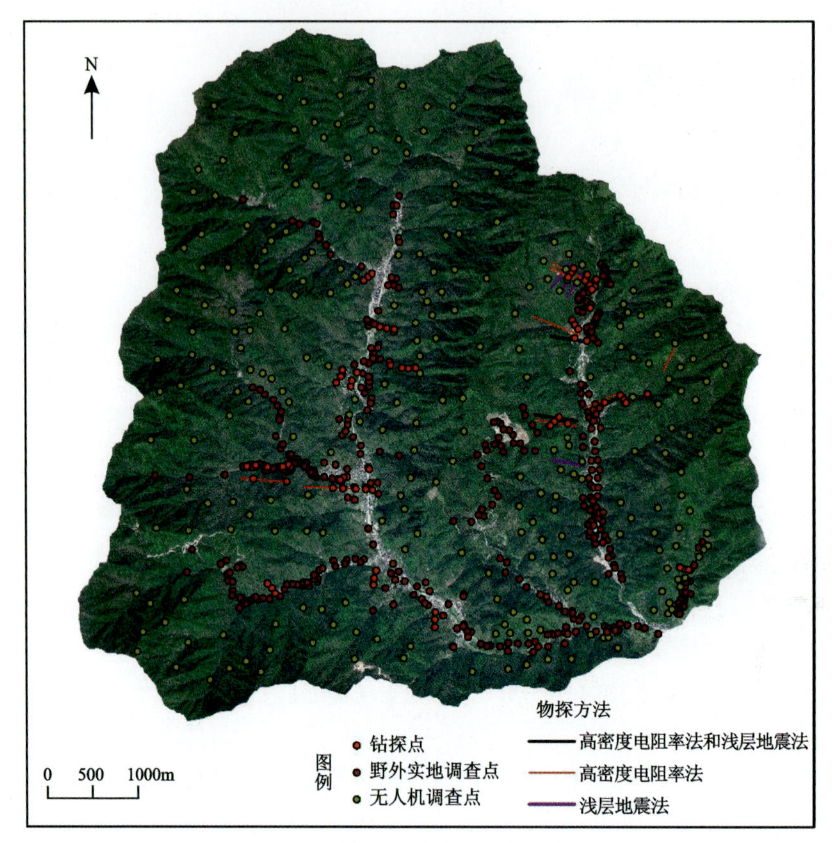

图 4.11 第四系堆积物厚度调查点

分析、变异函数建模和创建表面，还包括研究方差表面。克里金法包括以下两个步骤：

(1)创建变异函数和协方差函数。估算取决于自相关模型(拟合模型)的统计相关性(称为空间自相关)值。

(2)预测未知值(进行预测)。拟合模型或空间建模也称为结构分析或变异分析。在测量点结构的空间建模中，以经验半变异函数的图形开始，针对以距离 h 分隔的所有位置对，可通过方程计算数据组成经验半变异函数的点拟合模型。半变异函数建模是空间描述和空间预测之间的关键步骤。根据经验半变异函数拟合模型，选择用作模型的函数，再找出数据中的相关性或自相关性并完成首次数据应用，就可以使用拟合的模型进行预测。

为得到最佳的经验半变异函数拟合模型，则需要尽量多的样本。因此，根据第四系堆积物分布以及厚度，通过类比法补充第四系厚度点用作样本，使用克里金法进行插值得到全区的第四系堆积物厚度分布图。

2. 随机森林模型

随机森林模型指的是利用多棵树对样本进行训练并预测的一种分类器。在机器学习中，随机森林是一个包含多个决策树的分类器，并且其输出的类别由个别树输出的类别的众数而定，实质是决策树的集合。决策树的主要工作就是选取特征对数据集进行划分，最后给数据贴上两类不同的标签。随机森林的构建主要包括数据的随机性选取和待选特征的随机性选取。

(1)数据的随机选取。①从原始的数据集中采取有放回的抽样构造子数据集，子数据集的数据量和原始数据集相同。不同子数据集的元素可以重复，同一个子数据集中的元素也可以重复。②利用子数据集来构建子决策树，将这个数据放到每个子决策树中，每个子决策树输出一个结果。③如果有了新的数据需要通过随机森林得到分类结果，就可以通过对子决策树的判断结果投票，得到随机森林的输出结果。假设随机森林中有 3 棵子决策树，2 棵子树的分类结果是 A 类，1 棵子树的分类结果是 B 类，那么随机森林的分类结果就是 A 类。

(2)待选特征的随机选取。与数据集的随机选取类似，随机森林中的子树的每一个分裂过程并未用到所有的待选特征，而是从所有的待选特征中随机选取一定的特征，之后再在随机选取的特征中选取最优的特征。这样使得随机森林中的决策树都能够彼此不同，提升系统的多样性，从而提升分类性能。

根据样本中不同指标对厚度贡献度的不同，通过随机森林选取最佳分类模型，就可根据分类模型对未测量点厚度进行估算。

4.3.3 计算步骤

1. 克里金法

首先根据收集到的第四系堆积物厚度数据，分析研究区中第四系堆积物在不同斜坡位置上的大致厚度区间。然后根据得到的规律定性地补充未知区域第四系厚度堆积物，如图 4.12 所示。之后将所有数据点代入至 ARCGIS 软件中使用克里金法进行插值，得到全区的第四系堆积物厚度分布图。

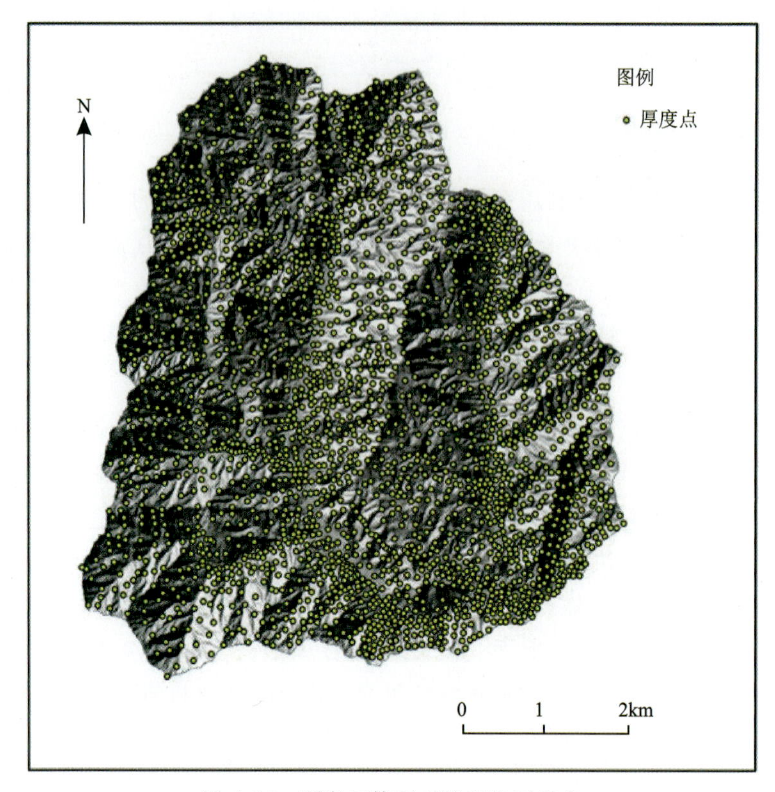

图 4.12 研究区第四系堆积物厚度点

2. 随机森林模型

随机森林模型运用时，首先要进行指标的选取，对厚度分布影响较大的因子可分为主要地形因素、次要地形因素以及其他因素三大类。其中，主要地形因素包括高程、坡向、坡度、曲率等；次要地形因素包括与山脊水平距离、地形位置指数等；其他因素包括植被指数、地形湿度指数、地层岩性等。根据本研究区的地质结构特点，综合考虑所有因素影响，选取高程、坡向、坡度、曲率、地层岩性、山脊水平距离、地形湿度指数作为指标评价因子，如图 4.13 所示。

主要地形因素从第四系堆积物的成因机理以及分布方面影响堆积物的厚度。其中，高程、坡向、地形湿度指数不同，会导致不同斜坡在水体蒸发、植被覆盖、山坡岩体的风化程度等方面产生差异，进而导致不同区域第四系堆积物厚度不同，坡度、曲率、与山脊水平距离则是考虑堆积物形成后的迁徙，是导致第四系堆积物分布产生差异的重要原因。

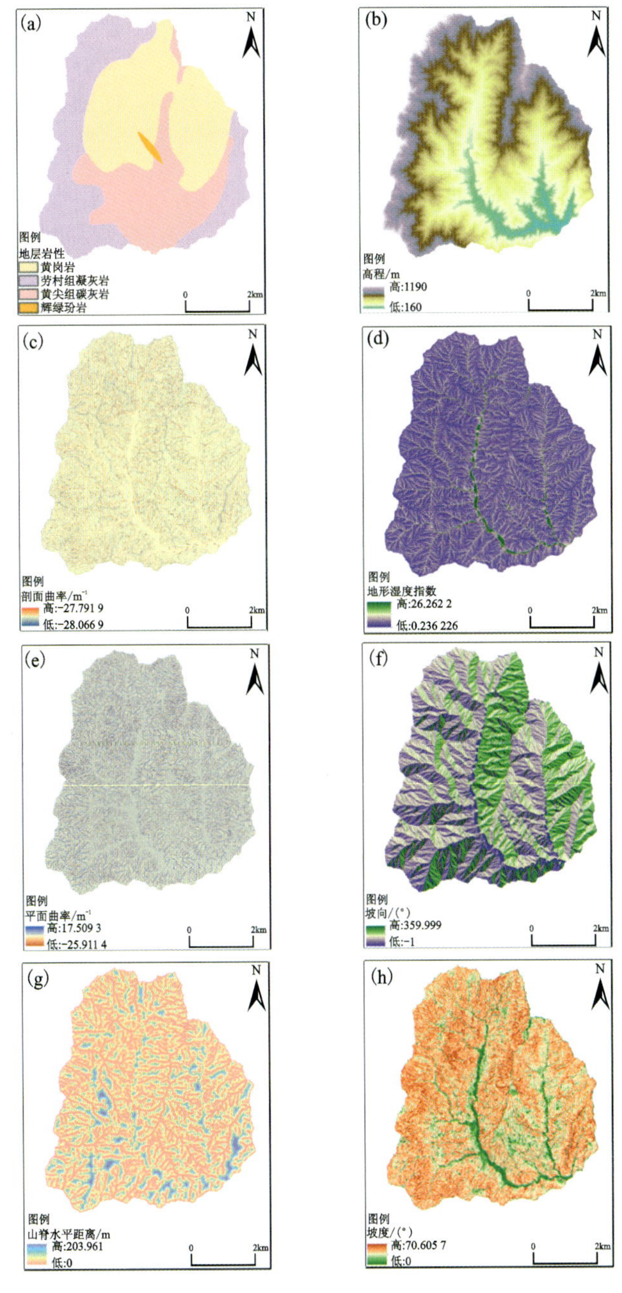

(a)地层岩性;(b)高程;(c)剖面曲率;(d)地形湿度指数;(e)平面曲率;
(f)坡向;(g)与山脊水平距离;(h)坡度

图 4.13　指标因子图

为验证选用因子的合理性，对所有指标因子进行预测变量的重要性分析，分析结果如图 4.14 所示。从图中可见，所选用的因子与第四系堆积物厚度之间均有较高的相关性，可见选用的指标因子较为合理。其中，曲率、与山脊水平距离以及高程等主要地形因素具有较高的相关性，说明了在本研究区主要地形因素对第四系堆积物厚度分布影响较大，这也与第四系堆积物在山区的分布特点相一致。

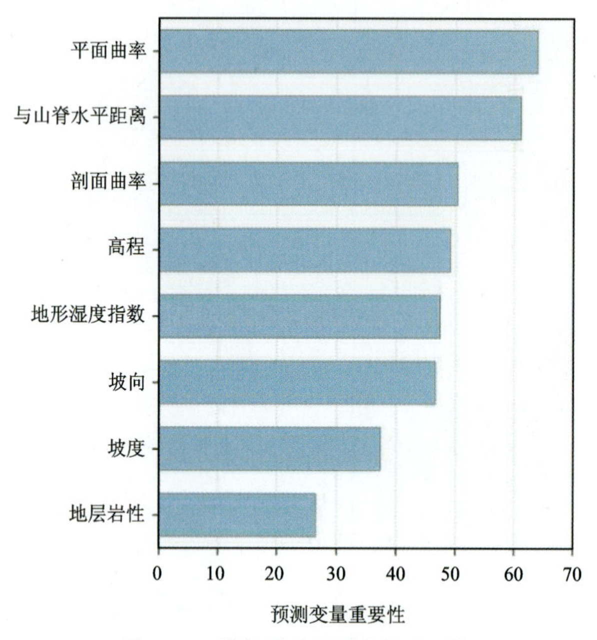

图 4.14　指标因子预测变量重要性

使用野外调查得到的 707 处第四系堆积物调查点厚度作为样本，在 SPSS Model 18 中进行训练得到训练模型，再将全区栅格点代入到训练得到的模型中，即可得到全区第四系堆积物厚度分布图。

4.3.4　结果分析

通过对比图 4.15 与图 4.16 可以发现，两类模型得到的第四系堆积物厚度均体现出从山脊到山底逐渐减小的特征，反映出堆积物厚度从山地丘陵顶部至山麓处坡坡积层逐渐增加的趋势，从图中均可以看出第四系堆积物主要分布在斜坡底部、沟谷底部以及溪流两侧，估算厚度范围均在 0～6m 之间，这也与实际调查结果相一致，表明两类模型均能较好地进行堆积物厚度估算。

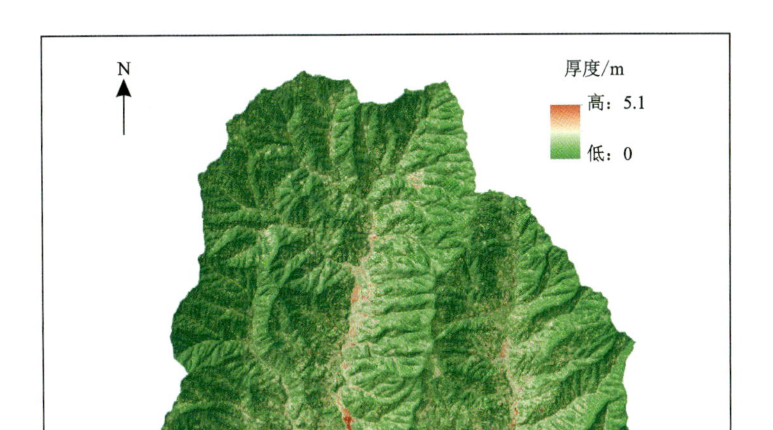

图 4.15 研究区第四系堆积物分布图(随机森林模型)

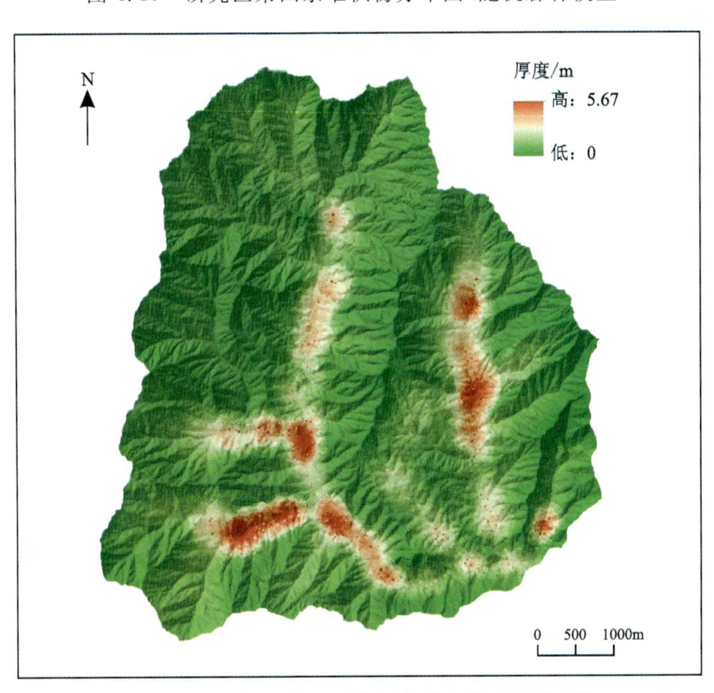

图 4.16 研究区第四系堆积物分布图(克里金法)

但从估算过程来看,两类模型也有所差异。其中,克里金法不仅需要野外实测数据点,还需要人为干预,根据堆积物分布规律定性确定部分第四系厚度点,具有较大的主观性。而随机森林模型能通过机器学习的方法,考虑到厚度与各种变量之间的非线性关系,根据研究区本身特点,估算出难以到达区域的第四系厚度,客观性较强。

从估算结果来看,克里金法得到的第四系堆积物厚度在同一斜坡上大致呈线性分布,在同一斜坡上差异性不显著,而随机森林模型得到的第四系堆积物分布在同一斜坡上,具有空间分布的模拟结果可覆盖到达区域里潜在的灾害物源区,从而为泥石流划定物源区及建房切坡的不稳定斜坡危险性分析提供依据。例如,位于大后源沟的大侯泥石流和位于庙源溪沟的夏塘坞泥石流隐患点,使用随机森林模型进行模拟时,有潜在物源的分布,根据第四系厚度分布区域可圈定物源区并为后续数值模拟工作提供资料(图 4.17)。

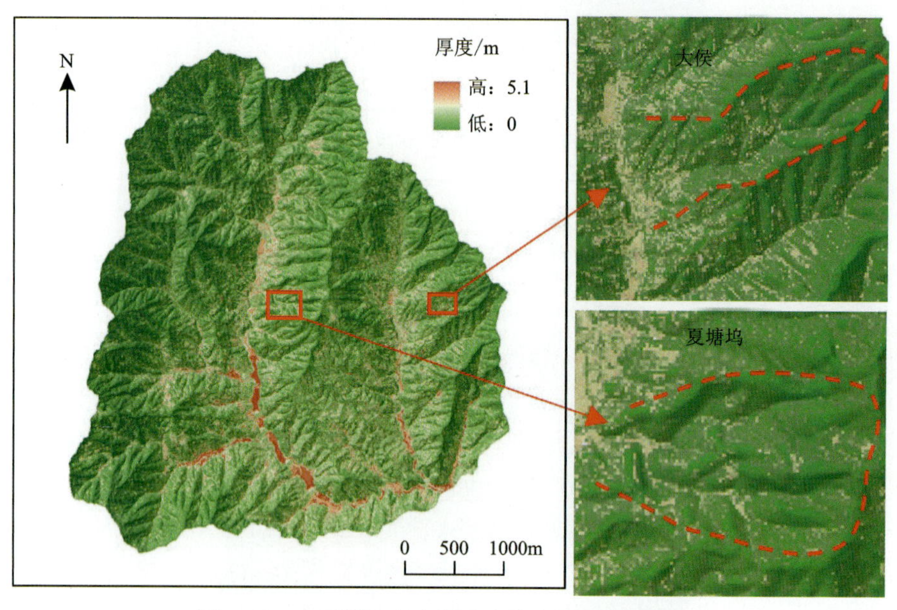

图 4.17　大后源沟和庙源溪沟潜在泥石流隐患图

4.4 精度验证

4.4.1 上方村北滑坡区

上方村北滑坡区内共布置有9个钻探点，分别为ZK5、ZK1、ZK12、ZK6、ZK2、ZK10、ZK7、ZK3和ZK11，如图4.18所示。

图4.18 上方村北滑坡钻探点分布图

将两种方法得到的厚度估算值与钻孔得到的实际值进行对比，结果如表4.3所示。从表中可知，在9个钻孔点中，随机森林模型最大误差为0.859m，最小误差为0.167m，共有5个钻孔点误差在0.3m以下，3个钻孔点在所有样本点平均误差以下，仅有1个钻孔点误差为0.859m，高于样本平均误差，且上方村北滑坡范围内钻探点平均误差仅为0.430m，远低于样本平均误差。而克里金法的平均误差为0.605，大于随机森林模型，且从表中可以看出，随机森林模型估算结果随着实际值的变化而变化，克里金法的估算值几乎没有起伏，难以反映真实第四系堆积物的特点。

4.4.2 小佃坞泥石流区

小佃坞泥石流区内共布置有4个钻探点，分别为ZK23、ZK24、ZK25、ZK26，如图4.19所示。

表 4.3　上方村北滑坡钻探点厚度误差

钻孔编号	钻探实际值/m	随机森林模型估算值/m	克里金法估算值/m	随机森林模型钻孔误差/m	克里金法钻孔误差/m	随机森林模型平均误差/m	克里金法平均误差/m
ZK5	0.4	0.595	1.183	0.195	0.783	0.430	0.605
ZK1	0.3	1.091	0.791	0.791	0.491		
ZK12	0.4	0.636	1.008	0.236	0.608		
ZK6	1.2	1.033	1.474	0.167	0.274		
ZK2	0.8	0.623	1.358	0.177	0.558		
ZK10	0.5	1.359	1.423	0.859	0.823		
ZK7	0.6	0.683	1.628	0.083	1.628		
ZK3	1.8	1.17	1.672	0.63	0.128		
ZK11	1.7	0.968	1.488	0.732	0.212		

图 4.19　小佃坞泥石流钻探点分布图

同样将两种方法得到的厚度估算值与钻孔得到的实际值进行对比，结果如表 4.4 所示。从表中可知，小佃坞泥石流范围内钻探点平均误差中随机森林模型的估算平均误差为 0.311m，好于克里金法估算的平均误差(0.383m)。

表 4.4 小佃坞泥石流钻探点厚度误差

钻孔编号	钻探实际值/m	随机森林模型估算值/m	克里金法估算值/m	随机森林模型钻孔误差/m	克里金法钻孔误差/m	随机森林模型平均误差/m	克里金法平均误差/m
ZK25	0.40	0.306	0.800	0.094	0.4	0.311	0.383
ZK24	0.40	0.859	0.633	0.459	0.233		
ZK26	0.60	0.610	0.550	0.010	0.05		
ZK23	0.5	1.183	1.35	0.683	0.85		

4.4.3 夏塘坞泥石流区

夏塘坞泥石流区内共布置有 5 个钻探点，分别为 ZK68、ZK69、ZK70、ZK71、ZK72，如图 4.20 所示。

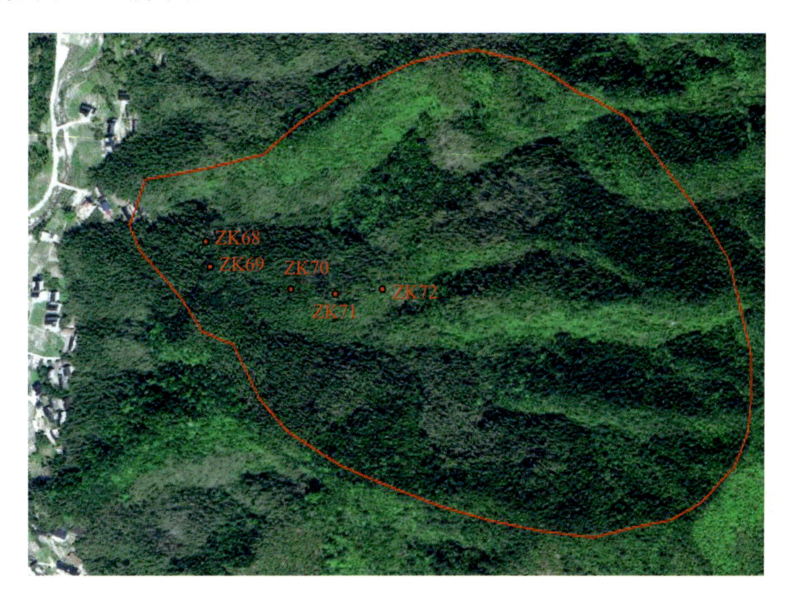

图 4.20 夏塘坞泥石流钻探点分布图

将两种方法得到的厚度估算值与钻孔得到的实际值进行对比，结果如表 4.5 所示。由表可知，随机森林模型估算结果平均误差为 0.189m，好于克里金法估算的平均误差(0.270m)。

表 4.5 夏塘坞泥石流钻探点厚度误差

钻孔编号	钻探实际值/m	随机森林模型估算值/m	克里金法估算值/m	随机森林模型钻孔误差/m	克里金法钻孔误差/m	随机森林模型平均误差/m	克里金法平均误差/m
ZK68	0.40	0.455	0.925	0.055	0.525	0.189	0.270
ZK69	0.40	0.180	0.825	0.220	0.425		
ZK70	0.40	0.608	0.458	0.208	0.058		
ZK71	0.30	0.744	0.533	0.444	0.233		
ZK72	0.40	0.418	0.292	0.018	0.108		

4.4.4 大侯村泥石流区

大侯村泥石流区内共布置有 4 个钻探点，分别为 ZK19、ZK20、ZK21、ZK22，如图 4.21 所示。

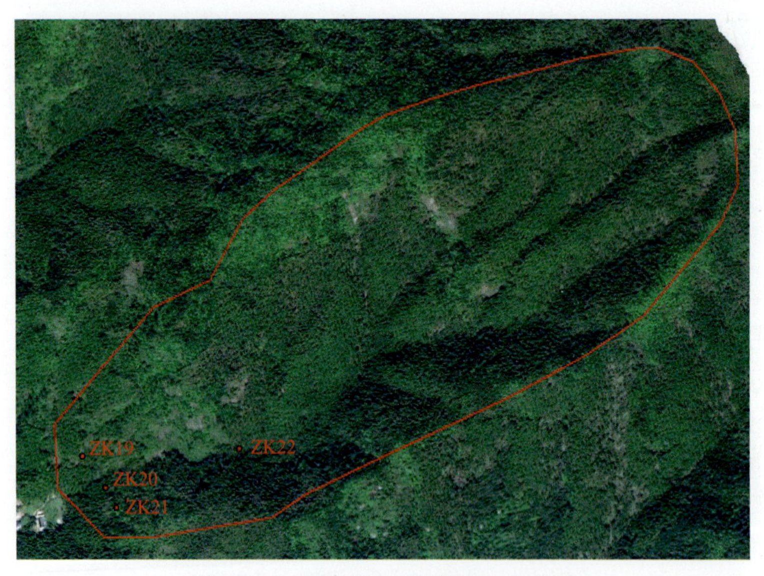

图 4.21 大侯村泥石流钻探点分布图

同样将两种方法得到的厚度估算值与钻孔得到的实际值进行对比，结果如表 4.6 所示。由表可知，随机森林模型预测的厚度与钻探点厚度之间的平均误差为 0.229m，而克里金法预测结果的平均误差为 0.508m。

表 4.6　大侯村泥石流钻探点厚度误差

钻孔编号	钻探实际值/m	随机森林模型估算值/m	克里金法估算值/m	随机森林模型钻孔误差/m	克里金法钻孔误差/m	随机森林模型平均误差/m	克里金法平均误差/m
ZK19	0.40	0.795	1.133	0.395	0.733	0.229	0.508
ZK20	0.50	0.776	1.300	0.276	0.800		
ZK21	0.60	0.663	0.967	0.063	0.367		
ZK22	0.50	0.683	0.633	0.183	0.133		

通过对所有地质灾害隐患点范围内的钻探点分别进行误差计算可以发现，22 个钻探点的预测误差平均结果均小于 0.5m(表 4.7)，且随机森林模型预测的结果好于克里金法预测的结果。对比随机森林模型得到的第四系厚度分布图，共计 14 个钻探点估算厚度误差在 0.3m 以下，总占比达 63.6%，估算较为精准，并且所有钻孔点的误差均在 1m 以内，误差较大区域大都集中在地质灾害的堆积区，说明随机森林模型得到的第四系厚度分布图能较为有效地对研究区第四系堆积物厚度进行估算，尤其是能有效估算地质灾害隐患区域的堆积物厚度，从而为研究区地质灾害数值模拟提供可靠的数据支撑。

表 4.7　模型误差

模型类型	平均误差/m
克里金法	0.317
随机森林法	0.470

第5章　滑坡风险源识别

浙西南山区植被覆盖率高，突发性、极具破坏性的重大滑坡灾害时有发生，其成因机制复杂、运动距离大，曾造成巨大的人员伤亡，属于重大地质灾害风险源。此类滑坡灾害具有隐蔽性高、运动速度快、滑移距离远以及毁伤力强等特点。如何准确地识别高植被覆盖区的重大滑坡灾害风险源是一个亟待解决的实际难题。本章分析了浙西南地区滑坡的成灾背景，在滑坡成因机理研究的基础上，探索了一套系统的滑坡风险源识别体系，对重大地质灾害风险管控具有重要的指导作用。

5.1　滑坡风险源识别方法

目前，关于滑坡调查与识别已经有很多成熟的方法，但是这些方法有各自的特点和适用性。单一的识别调查手段在高植被覆盖区滑坡的早期识别上难以取得良好的效果。本章将航天航空遥感、摄影测量等高新技术与传统工程地质调查手段相结合，运用"天-空-地"一体化综合地质灾害识别和调查方法对滑坡风险源进行识别。

滑坡的早期识别和调查的总体流程主要包括以下几个步骤：①基于地质构造背景的滑坡优势区划定；②基于综合遥感解译的滑坡靶区识别；③基于工程地质勘察的滑坡确定。技术流程如图5.1所示。

5.1.1　基于构造背景的优势区域划定

根据研究区已发现和邻近区域已发生的滑坡灾害，结合地质构造、岩土结构、地形地貌、变形情况以及人类活动等因素，提出滑坡优势区划定标准。

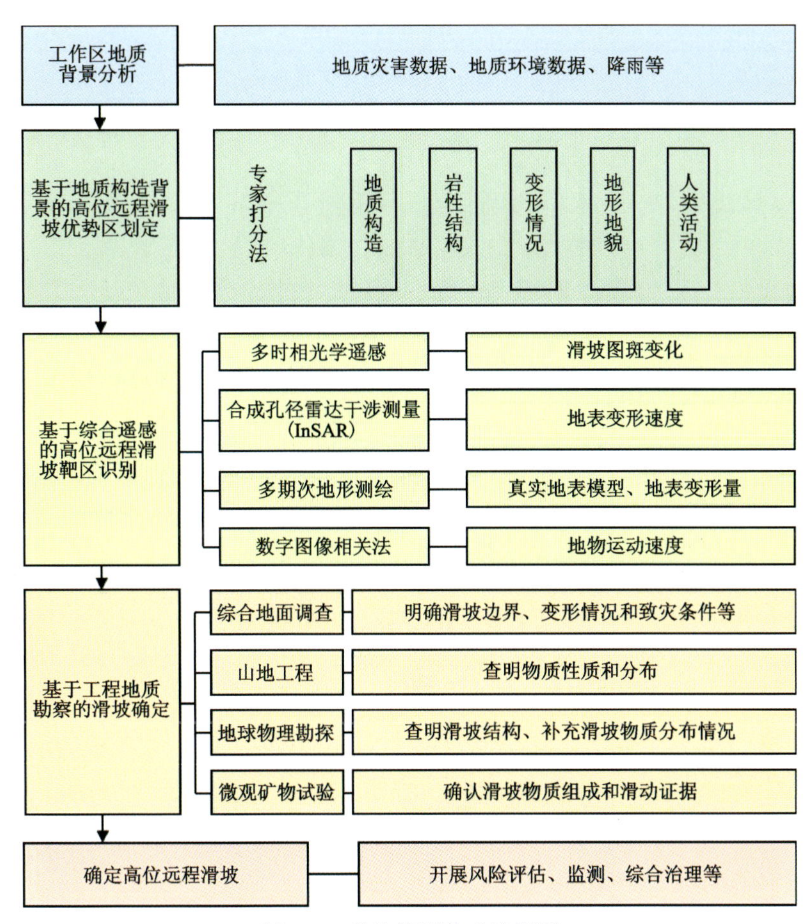

图5.1　滑坡识别技术流程图

滑坡发育优势区：①地形起伏大、斜坡前后缘高差大的山区；②经历过复杂的构造应力历史，尤其是先压后拉的应力历史，断层构造发育；③断层方向与斜坡走向一致，不利于斜坡的整体稳定性，构造应力以拉应力为主；④由结构面控制的顺向坡，地层中含有软弱夹层；⑤斜坡主要为顺向坡，物质成分有差异；⑥历史上曾经发生过大范围、多期次的变形，斜坡上有明显的变形迹象；⑦降雨充沛，有极端降雨，降雨容易在斜坡表面汇聚，河流对坡脚有侵蚀作用；⑧人类工程活动强烈，如开挖坡脚、矿山开采等。相关判识依据如表5.1所示。

表 5.1 滑坡潜在优势区判识表

要素	优势区特征要素描述
地质构造	构造发育,经历过多期次的构造应力历史,尤其是先压后拉的应力历史; 背斜的核部与翼部的交接带; 两种构造或地层单元的接触带; 断裂和节理发育
地层与斜坡结构	层状地层单元或构造发育的块状地层单元; 岩体结构面(层面、节理面、断面)控制的顺向坡地区; 地层中含有软弱夹层或构造结构面
地形地貌	不同地貌单元的交接地带; 地形地貌起伏变化大; 斜坡前后缘高差大
变形情况	历史上曾经发生过规模大、多期次的变形; 斜坡上有明显的变形特征,如发育台坎、冲沟、马刀树、醉汉林等
水文地质情况	降雨充沛,有极端降雨; 降雨容易在斜坡表面汇聚; 河流对坡脚有侵蚀作用
人类工程活动	工程开挖坡脚,形成临空面; 矿山开采改变地下水渗流、破坏锁固段等

5.1.2 基于综合遥感的靶区识别

在区域构造背景分析之后,对划定的优势区域开展综合遥感识别,进一步分析滑坡存在的可能性。常见的遥感和测量手段包括多时相光学遥感解译、合成孔径雷达干涉测量(InSAR)、机载激光雷达(LiDAR)测量、多期次精密地形测绘和数字图像相关法(digital image correlation,DIC)等。这些方法的组合运用可以有效地识别出滑坡的靶区。

多时相光学遥感解译通过采集多个时间节点的光学遥感影像,形成一个时间序列,根据时间序列下遥感图斑的变化,分析地质灾害的孕灾条件、灾害发育与变形以及灾害发生结果的影像。多时相光学遥感可以对灾害进行动态的观测和分析。合成孔径雷达干涉测量(InSAR)运用微波遥感获取地面信息,通过差分干涉处理可得到精密的地形变化量和变形速度,对大区域的地表位移观测具有优势。LiDAR激光束可以穿透植被到达地表,能够剥除植被信息获取真实的地表模型;多期次的精密地形测绘结果对比,可以得到地形的变化趋势和变化量,从而为滑坡的识别提供靶区。DIC是对图像区域进行网格划分,针对每个子区域获取其位移,从而获得全场的变形信息。结合光学遥感、视频监控等技术手段,可以筛选出潜在的滑坡区域。

5.1.3 基于工程地质勘查的滑坡确定

在综合遥感确定滑坡靶区的基础上,对潜在的滑坡进行工程地质勘查,最终确定滑坡位置。

针对滑坡潜在区的工程地质勘察主要包括综合地面调查、山地工程(钻探、坑探、槽探)、地球物理勘探以及微观矿物试验等方法和手段。综合地面调查运用多种手段,查明滑坡的边界条件、变形历史等基本信息,为后续的滑坡调查和评价提供基础资料;开展山地工程,尤其是钻探,获取滑坡岩土体的成分和空间展布信息,同时取样进行土工试验,从而得到其物理力学性能数据;对滑坡进行地球物理勘探,探测滑床的空间位置以及控滑结构面信息,同时为滑坡物质组成提供补充信息;对滑带土的微观矿物进行试验则旨在分析矿物成分,收集矿物在滑坡变形反复剪切和摩擦过程中形成的擦痕和定向排列等证据,从而辅助证明滑坡的存在和运动变化情况。

在滑坡的调查过程中,最直接和最常见的方法就是变形迹象的调查与分析。对于滑坡的宏观变形特征,如后缘张裂缝、陡壁等地貌特征,在野外是易于辨识的。滑坡滑动面微观结构特征和变形特征能够从另一个方面反映滑坡的变形情况和历史。通过扫描电子显微镜(scan electron microscope, SEM)可以获取滑带土结构的微观照片。运用X射线衍射(X-ray diffraction, XRD)开展黏土矿物分析,能够重建滑体和滑带矿物的风化、淋滤过程,从而一定程度上揭示滑坡的演化过程。

5.2 九华乡上方村北滑坡成灾地质背景与优势区划定

大型滑坡的成因与地质环境背景关系密切,其成灾需要两个必不可少的条件，即陡降的地形条件和合适的地质结构条件。两者与区域构造演化历史有强烈的关联性。本小节结合浙江省已经发生的几起典型大型滑坡灾害以及本研究区确认的九华山上方村北滑坡，梳理并归纳大型滑坡形成的地质环境背景，为在相似区域开展大型滑坡的早期识别提供参考依据。

研究区位于金衢盆地衢州北部九华山地区，区域上经历了深刻而漫长的地质构造演化，局部形成复杂的、多期次的构造形态，历史应力的挤压和拉张对岩体产生了极大的改变和破坏，从而导致岩体完整性降低，岩体强度下降，为地质灾害尤其是大型滑坡的发育创造了有利的条件。

5.2.1 地壳运动史

以浙江省区域控制性江山-绍兴断裂带为界，研究区位于江山-绍兴拼合带北西侧，属于扬子陆块。根据岩石组成的变化和构造形态的更替，研究区可划分为晋宁构造层、加里东构造层、印支构造层、燕山构造层和喜马拉雅构造层五大构造层，由老到新分别经历了晋宁期洋陆俯冲阶段、加里东期陆陆碰撞拼贴阶段、印支期陆内造山阶段、燕山期洋陆俯冲阶段、喜马拉雅期构造抬升阶段 5 个地质发展期。图 5.2 反映了最新构造运动阶段九华山区隆起抬升的特征。

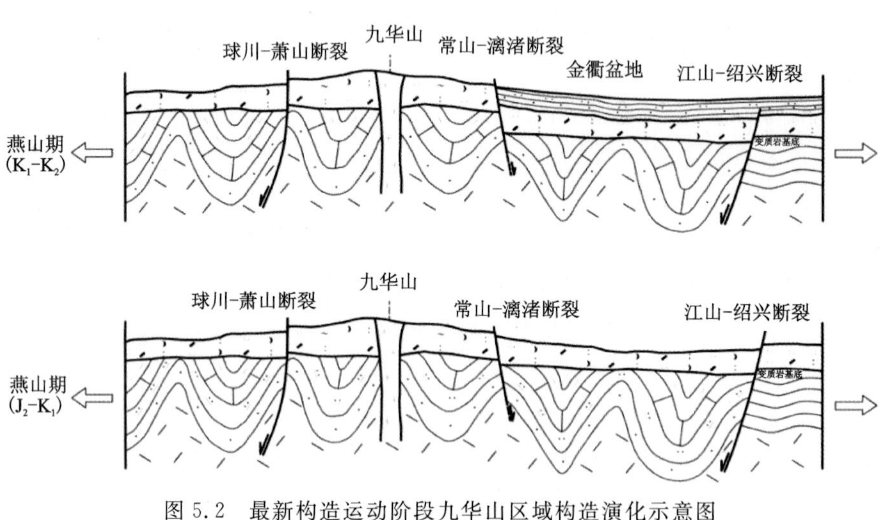

图 5.2 最新构造运动阶段九华山区域构造演化示意图

（引自《中华人民共和国区域地质矿产调查报告 1∶50 000》，2017）

总体而言，研究区经历了复杂的地壳演化史，由于板块的相对运动，区域岩体经历了数期挤压和张拉的作用，其中在晋宁期至印支期主要为板块的挤压、贴合，燕山期及以后表现为间断的张拉作用；对应地，地壳的垂向运动表现为反复的隆起和沉降，经历了多次的剥蚀和沉积作用，从而形成了现在的地层格架。在此期间，研究区形成了一套以花岗岩和凝灰岩为主的脆性硬岩，伴随地壳运动所带来的反复挤压和张拉作用，岩体中裂隙发育，极大地降低了岩体的强度，有利于滑坡的发生。

5.2.2 区域构造与应力

研究区位于九华山穹状火山构造核心九华山花岗岩体处，区域整体受江山-绍兴深大断裂控制，位于金衢盆地北侧边缘，研究区则直接受常山-漓渚断裂的控制。

九华山穹状火山构造呈椭圆状，长轴呈北北东向，呈拱顶侵入劳村组泥岩、粉砂岩中，塑造了九华山地区的整体构造格局。九华山岩体属于后期侵入的细粒—中粒似斑状花岗岩，与主体部分为侵入接触关系。在九华山岩体顶部和周边可见角岩化劳村组泥岩、粉砂岩残留体。火山穹状外围主要为下白垩统黄尖组流纹质晶屑熔结凝灰岩、流纹质含角砾晶屑玻屑凝灰岩等火山碎屑岩。

常山-漓渚断裂带是控制研究区构造格局的区域性断裂，断裂带斜穿九华山南部山区，呈北东东方向展布（50°～60°—230°～240°），总长度约250km；研究区位于断裂带南段，由一系列平行走向的脆性断裂组成。该断裂带作为金衢盆地的北西侧边界，一定程度上控制了金衢盆地的沉积和发展过程。在断裂带南东侧，晚古生代石炭纪、二叠纪的沉积厚度达400m。推测该断裂可能始于晚古生代，断裂带形成之后，经历了印支、燕山期活动（表5.2）。

表5.2 常山-漓渚断裂带活动期次及特征一览表

活动期	特征描述	性质
燕山晚期第二阶段	形成断面倾向南东的正断层、宽约数百米的强硅化蚀变带，切割燕山晚期第一阶段产生的逆冲断层，同时金衢盆地逐渐向两侧扩展，盆地不断下陷，堆积了巨厚的河湖相红色碎屑岩建造，北东向张性断裂成为金衢盆地西北侧的重要盆地断裂	张性
燕山晚期第一阶段	形成北北东—北东向逆冲断层，断面倾向南东，破坏、切割早期褶皱和劈理带	压性

续表 5.2

活动期	特征描述	性质
燕山早期	沿断裂带形成北东向断陷盆地，沉积中侏罗统马涧组河湖相含煤建造	张性
印支期	形成与复杂紧闭褶皱相伴生的北东向逆冲断裂及密集破劈理带，断面倾向北西，但受后期构造的叠加破坏，逆冲断裂已很难识别	压性

研究区区域地壳结构经历了反复的沉降和抬升，目前处于快速抬升隆起阶段，区域地层经历了数次挤压-张拉过程，目前处于张拉阶段。复杂的应力历史对研究区的岩体性质形成了深刻的影响。具体到九华山研究区，以侵入型花岗斑岩建造为主的九华山岩体在燕山晚期侵入到白垩系劳村组（K_1l）粉砂质泥岩和白垩系黄尖组（K_1h）晶屑凝灰岩中，对原岩结构产生了应力破坏。喜马拉雅运动以来的地壳抬升和张拉断裂，在九华山岩体上形成了一系列北北东向、北东东向以及北北西向的断裂、节理，对地质灾害的形成和发展具有极大的促进作用。

5.2.3 大型滑坡优势区

根据判识标准，研究区大后源沟大侯村以东、北、西至山脊，庙源溪沟虎形以东北、夏塘坞以东和石塔根以东至山脊为滑坡灾害的优势区。

5.3 九华乡上方村北滑坡综合遥感解译与靶区识别

5.3.1 滑坡靶区的圈定

根据多时相遥感解译的结果，结合地质构造背景信息，按照地质条件类比法圈绘出大型滑坡靶区，如图 5.3 所示。

5.3.2 InSAR 地表变形区域识别

InSAR 技术可以快速地识别区域上的变形，对于识别滑坡，尤其是识别大型滑坡具有良好的应用。通过 InSAR 的不间断地形观测，可以捕捉到此类地形的细微变化。

根据 InSAR 识别的结果，在研究区的东北部和西南部有多个明显的沉降区，

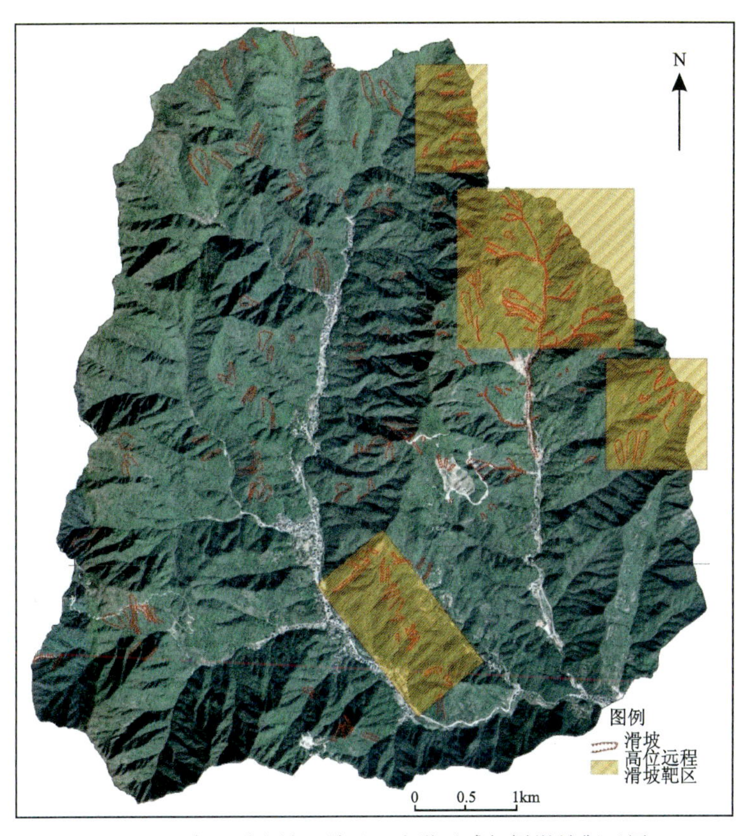

图 5.3 庙源溪流域上游地区光学遥感解译滑坡靶区图

沉降速度达到 50mm/a(图 5.4),因此,将上述区域圈定为滑坡的靶区。

5.3.3 多期次地形测绘

在研究区,测绘部门进行了多次地形勘测,获得了一系列的地形测绘数据。从这些地形数据中,也可以找到地形变化的整体趋势,计算出地形的变化量。区别于 InSAR 技术,多期次精密地形测绘覆盖的时间尺度一般长于 InSAR。但是,由于各期次的测绘比例尺不同,所要求的测绘精度也不尽相同,加之系统误差的存在,多期次地形测绘可能存在较大的偏差。

研究区共收集了 1∶10 000 地形图和 1∶2000 地形图各一幅,利用两幅地形图进行高程对比,得到研究区东北角的地形变化。所涉及的两幅地形数据如表 5.3所示。

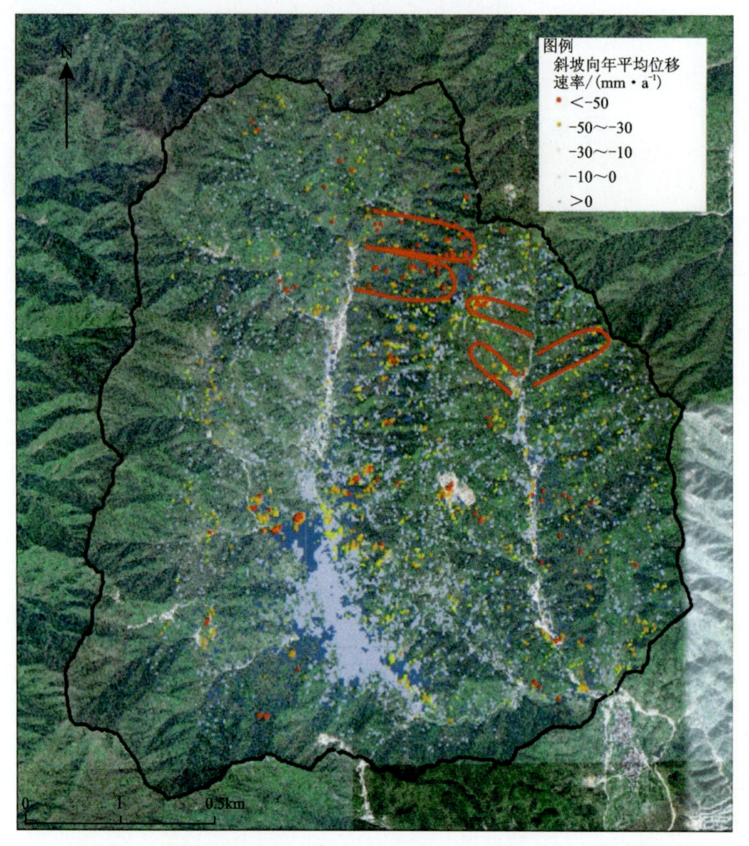

图 5.4 庙源溪流域上游地区 InSAR 识别结果与滑坡靶区

表 5.3 地形图参数表

编号	1	2
图幅图号	新宅幅 H50G070078	镇山寺幅 3223-386
比例尺	1∶10 000	1∶2000
等高距	10m	2m
成图时间	2012 年 11 月	2017 年 3 月
坐标系	2000 国家大地坐标系	2000 国家大地坐标系
高程基准	1985 国家高程基准	1985 国家高程基准

以镇山寺幅3223-386为计算区域，首先生成新宅幅H50G070078在计算区域的数字高程模型，如图5.5所示；然后生成镇山寺幅3223-386数字高程模型，如图5.6所示。

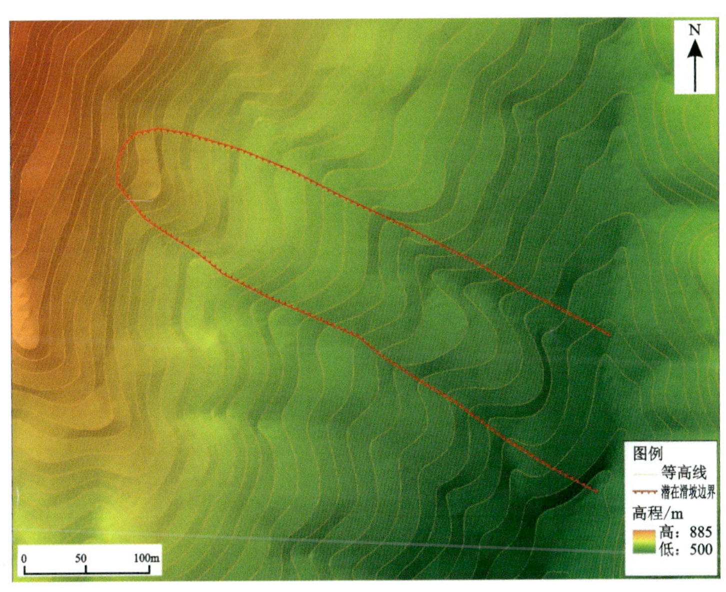

图5.5　新宅幅H50G070078计算区域数字高程模型(1∶10 000，2012年11月)

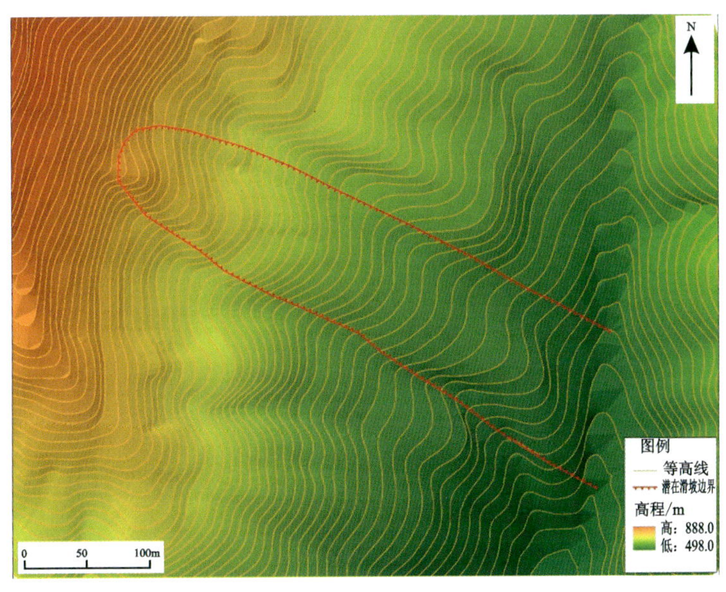

图5.6　镇山寺幅3223-386数字高程模型(1∶2000，2017年3月)

对 2017 年 3 月镇山寺幅和 2012 年 11 月新宅幅两期地形图求差，得到两期地形的变化，如图 5.7 所示。由地形相差可以看出，对比区域的北部整体以沉降为主，中南部以抬升为主。结合遥感影像识别，滑坡表现出后部沉降、前部隆起的推移式过程，为滑坡的识别提供了良好的证据。

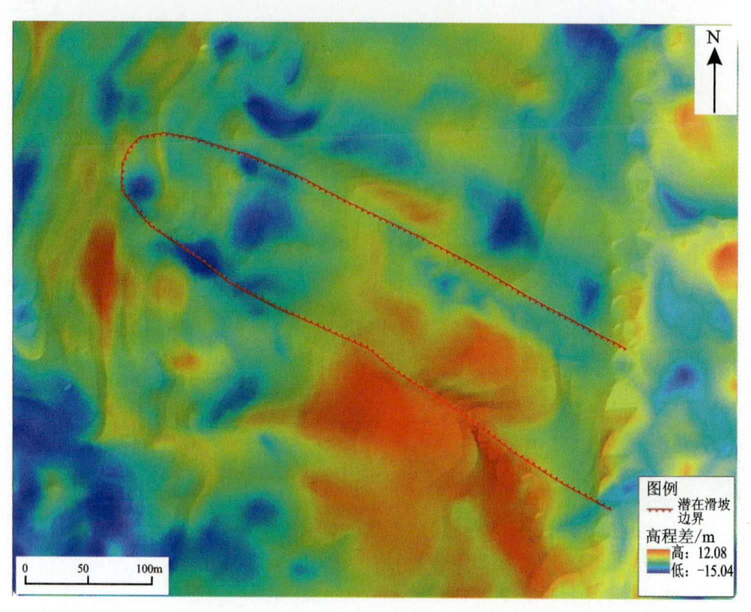

图 5.7　2017 年 3 月与 2012 年 11 月两期地形测绘高程变化图

5.4　九华乡上方村北滑坡工程地质勘察与综合分析

5.4.1　九华乡上方村综合地面调查

滑坡位于大后源沟头沟谷西坡，属构造剥蚀中低山地貌。滑床岩性为中风化—微风化的燕山期花岗斑岩，肉红色—暗红色，斑状结构，块状构造，锤击声清脆。研究区发育大量平行江山-绍兴断裂的东北北-南西西向和北北东-南南西向断层。滑坡两侧冲沟中有溪流，滑坡基覆界面处有水渗出，降雨后明显。地下水以松散堆积物孔隙水和基岩裂隙水为主，前者丰富，后者较贫乏。滑坡上部主要为松树（乔木），中下部主要为竹林，覆盖率大于 90%。土地利用类型主要为林地，少部分为建设用地。人类工程活动强烈，新修建的大后源-孟高寮公路多次切割滑体，极大降低了滑坡的稳定性。滑体上修建有 10kV 清泰 8270 线九华乡支线高压铁塔一座。滑坡目前处于极限平衡状态，在极端降雨作用下，很可能会摧毁在建道路，失稳滑体堆积在沟谷中可能形成堰塞湖，造成次生灾害。

现场调查和无人机摄影测量确定了滑坡的大小、形态和边界。该滑坡为土质滑坡，平面形态呈长舌状，主滑方向为115°，纵长450m，横宽100m，面积约42 000m²（图5.8）。

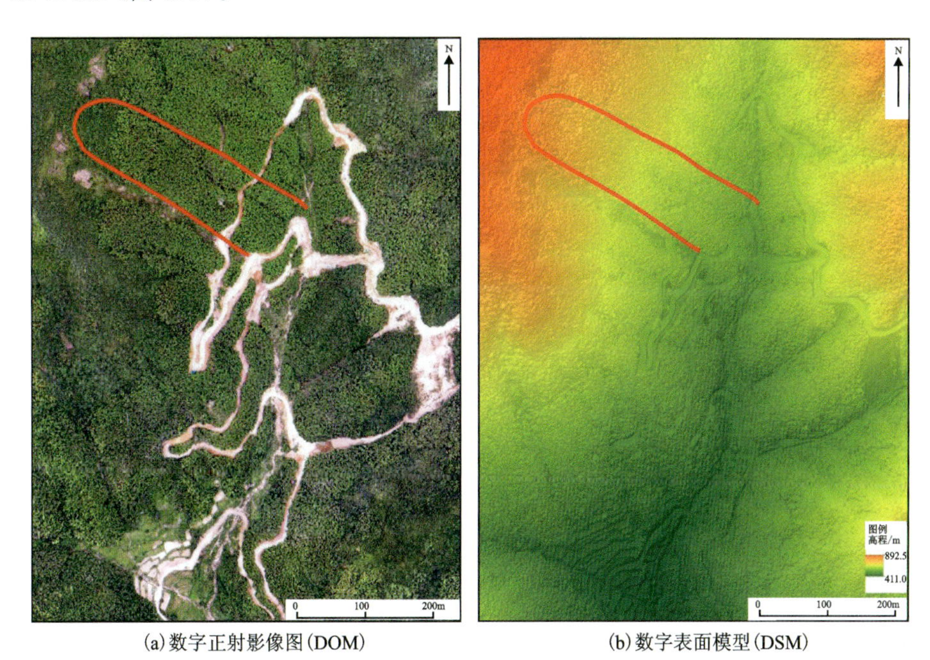

(a)数字正射影像图(DOM)　　(b)数字表面模型(DSM)

图5.8　九华乡上方村北滑坡三维实景影像

根据现场调查，滑坡受岩体结构面和断层面控制，滑坡平均厚度约8m，体积约330 000m³。滑带土为黄褐色粉质黏土夹碎石，土质较松散，潮湿—饱和（图5.9）。滑带土上可见一系列土颗粒的弧状排列和密集的剪切面，反映了滑坡在下滑过程中的多次位移和剪切作用（图5.10）。

5.4.2 滑带土微观结构分析

SEM滑带土结构观测的主要过程如下：在现场制取滑坡滑带土原状样品，然后将样品盛入容器并密封，避免人为的拉伸和挤压破坏滑带土原有的结构。在不破坏滑带土原有结构的前提下，选取不同方向、不同断面的滑带土粘在SEM铜样品台上，自然风干经喷金处理以后在SEM下观察。本次试验采用荷兰FEI公司生产的FEI Quanta 200型扫描电子显微镜。

当滑坡发生滑动后，在 SEM 下可以观察到滑带土常见黏土矿物呈定向排列，普遍可见擦痕，微孔隙(微裂隙)。

图 5.9　上方村北滑坡滑带土现场照片

图 5.10　上方村北滑坡滑带土上可见一系列土颗粒的弧状排列和密集的剪切面

1. 矿物颗粒定向排列

矿物颗粒由于受到挤压和摩擦，呈定向排列并拉长，可导致滑带摩擦系数和强度的降低。具体来说，当滑坡发生滑动变形时，滑带土出现剪切位移，在此过程中，一方面，大的土颗粒不断遭受剪切作用被逐渐剪破、分解，变成细小的土颗粒，此过程不断重复进行，土颗粒尺寸不断变小至矿物晶体的尺寸，同时伴随着土颗粒形状沿着剪切方向变得狭长[图 5.11(a)]；另一方面，由于剪切摩擦的作用，随着剪切位移的增加，矿物颗粒会沿着剪切方向发生定向排列，逐渐达到稳定状态[图 5.11(b)]。对于黏土矿物而言，在反复的剪切和摩擦作用下，会形成层状堆叠的书页状结构，如图 5.11(c)和图 5.11(d)所示。

2. 擦痕

擦痕是土颗粒或矿物颗粒在滑带土上挤推、铲刮而形成的凹槽，有时可见阶步，常见的擦痕包括线形擦痕、弧形擦痕等。线形擦痕是滑坡快速滑动阶段的产物，而弧形擦痕有可能是在滑坡蠕滑阶段形成的。

线形擦痕反映一种较快速的摩擦运动，是滑坡滑动阶段的产物，此时滑带土受到极大的剪应力，推动矿物颗粒快速运动，擦痕平直而深刻。图 5.11(e)中两侧箭头显示了同方向的两组线形擦痕，推测该滑坡至少滑动过两次，有的矿物表面也可见线形擦痕，如图 5.11(g)为石英颗粒表面摩擦后形成的损伤痕迹(线形擦痕)。

弧形擦痕成因较为复杂，根据本次 SEM 镜下观测到的现象[图 5.11(e)中间箭头]，分析成因是滑带土沿主滑方向运动，受到大颗粒矿物晶体(土颗粒)的阻滞，运动路径发生拐弯，从而形成了弧形擦痕。此时滑坡滑动速度较慢，剪应力不足以剪破较大的矿物颗粒(土颗粒)，导致局部运动路径弯曲，矿物颗粒发生旋转，同时形成一些前部浅、后部深的刮槽[图 5.11(e)方框]，推测为缓慢蠕动摩擦，表明滑坡处于蠕滑阶段。

3. 微孔隙(裂隙)

滑动面常见微孔隙和微裂隙。微孔隙包括滑带土的淋滤孔隙及矿物的溶蚀孔隙。这些次生孔隙使滑带孔隙率增高，一旦因剪切而引起结构破坏，便可激发非常高的孔隙水压力。图 5.11(h)是滑床花岗岩基岩的淋滤结构，其中易风化的黑云母与钾长石因风化速度快，在地下水的淋滤作用下形成次生孔隙。在降雨入渗后，孔隙内饱水，滑坡有下滑趋势，超孔隙水压力增大，有效应力降低，对滑坡的发生有促进作用。同时，次生孔隙具有明显的定向性，其方向与滑坡渗流场的方向一致。

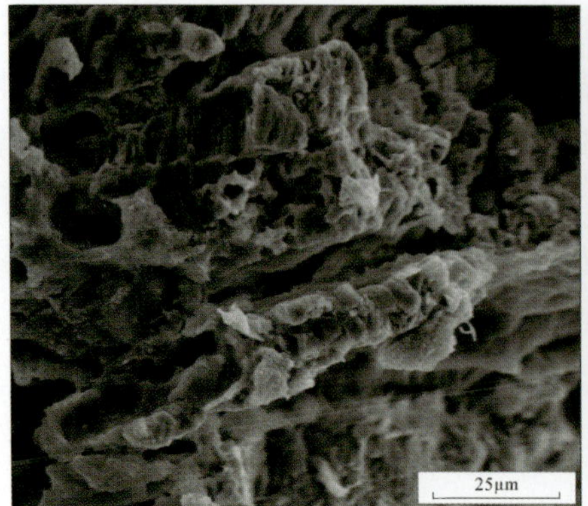

(a)片状矿物定向排列(1200×)

(b)石英等矿物颗粒主轴定向排列(250×)

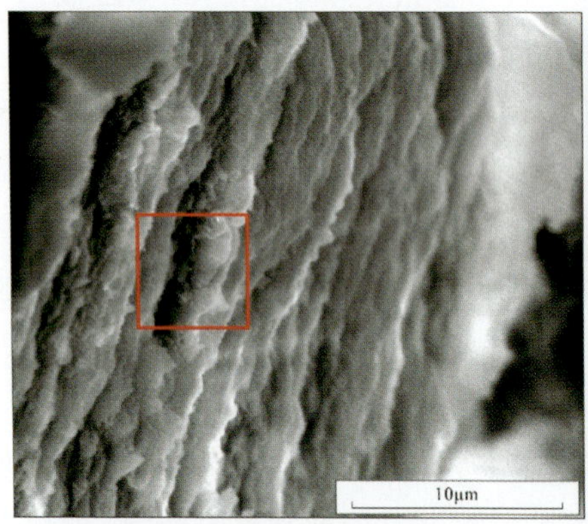

(c)黏土矿物层状排列(5000×)

(d)黏土矿物层状排列放大图像(20 000×)

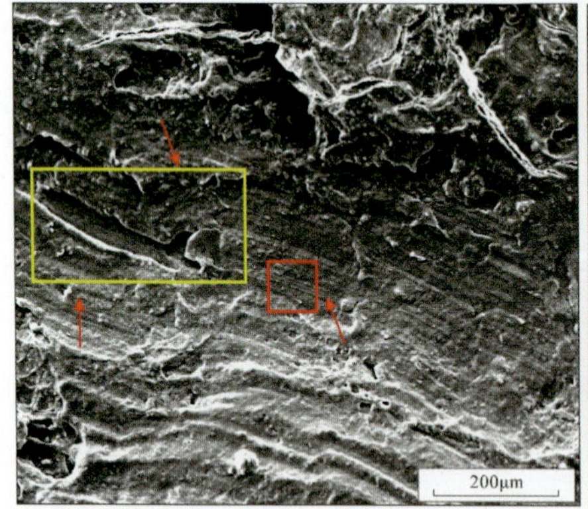

(e)弧形擦痕(中间箭头)与线性擦痕(两侧箭头)(150×)

(f)线性擦痕放大图像(1200×)

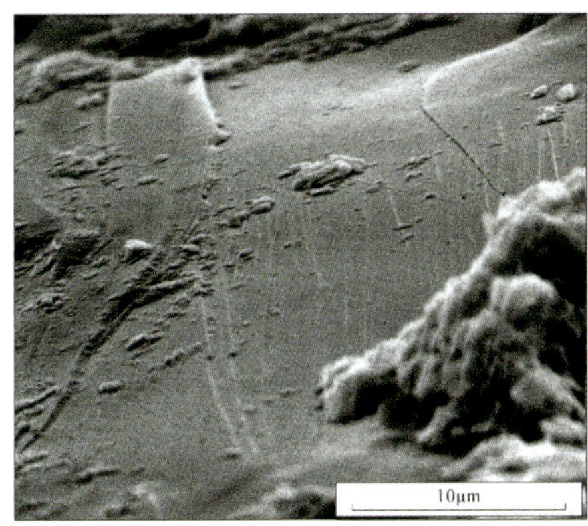

(g)石英晶体表面损伤(5000×)

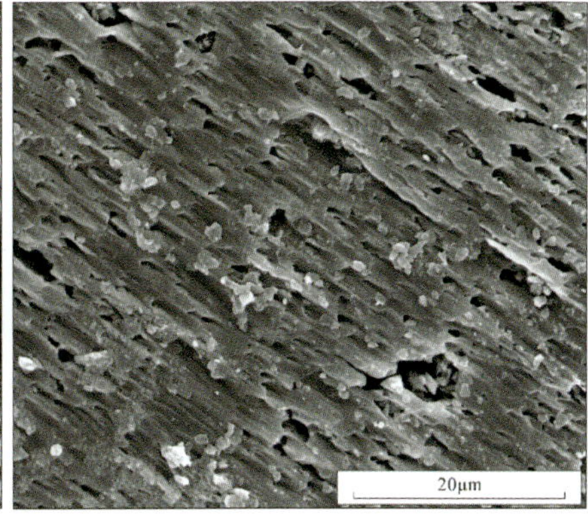

(h)花岗岩基岩的淋滤结构(2500×)

图5.11 上方村北滑坡滑带土的微结构特征

5.4.3 滑带土矿物成分分析

1.黏土矿物作用机理简介

黏土矿物的膨胀性在滑坡中起重要作用。黏土矿物晶体的基本单元为铝氧八面体晶层和硅氧四面体晶层,常见的黏土矿物有蒙脱石、伊利石、高岭石等。蒙脱石的理论结构式为 $Al_2[Si_4O_{10}](OH)_2 \cdot nH_2O$,相邻晶胞间的连接力极弱,水分子可以无限量进入,由此导致了其具有极强的吸水膨胀性。相比蒙脱石,伊利石的理论结构式为 $KAl_2[AlSi_3O_{10}](OH)_2 \cdot nH_2O$,相邻晶胞之间有 K^+ 连接,晶胞间连接力强于蒙脱石,吸水膨胀性弱于蒙脱石。高岭石和绿泥石由于晶胞之间有氢键连接,水分子不能自由进入,吸水膨胀性很弱。

在水的作用下,黏土矿物胀缩变形,从而导致土体胀缩变形,使得土体抗剪强度降低。由于土的胀缩性具有可逆性和循环性,如此循环往复,土体强度不断降低。滑坡体抗滑力也不断减小,当滑体下滑力大于抗滑力时就会发生滑动。另外,土体不断胀缩会形成裂隙,当这些裂隙相互贯通后就会形成软弱结构面,在水的作用下进一步促进滑坡失稳。

本次矿物学研究主要针对样品中的黏土矿物进行分析。在黏土矿物的鉴定方法中,X射线粉晶衍射法(diffraction of X-Rays, XRD)被认为是最有效的方法。本次分析黏土矿物采用美国伊诺斯便携式X射线衍射仪XRD-Terra,XRD-Terra采用最新的2D-XRD透射衍射技术。仪器安装在一个坚固的便携式仪器箱内,仪器内部微型电脑系统可与笔记本电脑无线远程连接,实现仪器的操控和数据传输。样品制备简单,测试简便,测试完毕后,将数据信息导入数据处理软件 XPOWDER 中,即可快速得到样品成分分析结果。设备采用了低功率 X 射线管,可延长射线管功率,无须使用水循环冷却系统。

2. 试验样品与结果

本次滑带土矿物分析共取了 3 组样品,分别为上方村北滑坡滑带土样(SFCB01-1)、上方村北滑坡滑床碎石土样(SFCB01-2)、上方村北滑坡滑体土样(SFCB02),结果如表 5.4 和图 5.12～图 5.14 所示。

表 5.4　上方村北滑坡滑带土样品中各矿物占比

编号	样品编号	样品中所含物相及定量结果/%	结晶度/%	谱图
1	SFCB01-1	石英:21.9;钠长石:44.5; 高岭石:16.8;斜绿泥石:16.8	78.8	图 5.12
2	SFCB01-2	钠长石:70.8;石英:8.6; 伊利石:11.9;高岭石:8.6	78.9	图 5.13
3	SFCB02	斜蛇纹石:11;普通辉石:12.8;石英:37.6; 高岭石:14.4;绿泥石:24.3	88.4	图 5.14

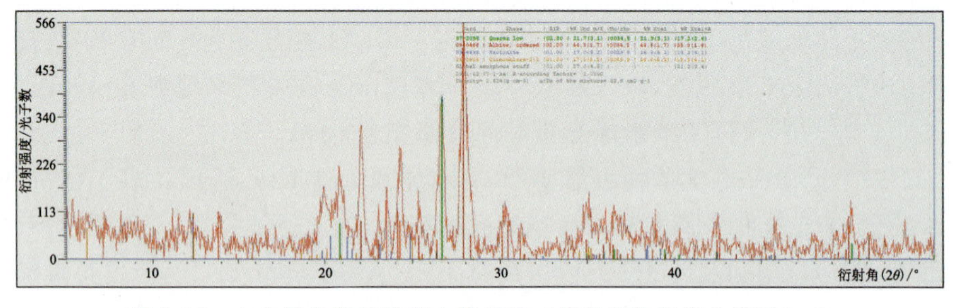

图 5.12　上方村北滑坡滑带土特征峰 d 值及各物相拟合谱图(一)

3. 分析与结论

花岗岩的风化,从黏土矿物成因观点看,最主要的是硅酸盐矿物的水解和离子交换反应。原生硅酸盐矿物的水解主要由 H^+ 引起。由水的电离产生的 H^+ 以及酸的存在,提供高浓度的 H^+ 源。水解作用从能量方面考虑是 $Na^+(K^+)$—

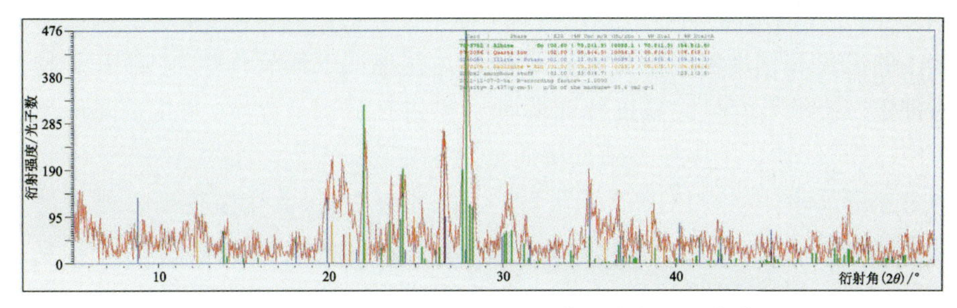

图 5.13　上方村北滑坡滑带土特征峰 d 值及各物相拟合谱图(二)

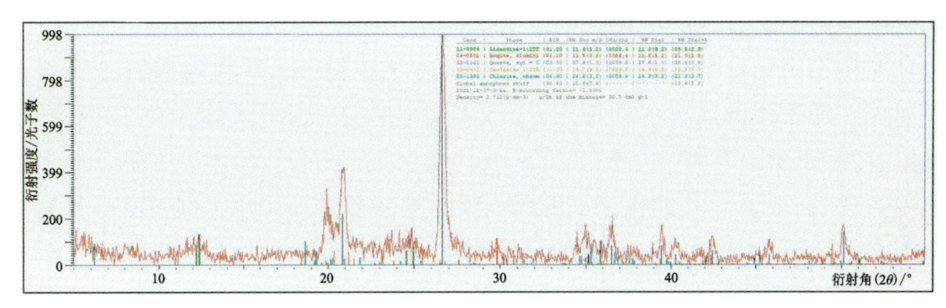

图 5.14　上方村北滑坡滑带土特征峰 d 值及各物相拟合谱图(三)

H^+ 交换,即水化作用,如图 5.15 所示。

〈Si, Al, O〉 $Na^+(K^+) + H^+OH^-$ ⟶ 〈Si, Al, O〉 $H^+ + Na^+(K^+)OH^-$

新鲜长石　　水　　水解的长石　　溶液

图 5.15　长石水解过程

花岗岩类岩石风化时,水沿岩石裂隙和破碎带流动,长石发生分解。在偏光显微镜下观察到风化的长石由双折射率较低的泥质斑点组成。长石在溶滤液作用下水解,沿长石解理面、双晶结合面和位错等结构薄弱面发育了杏仁状溶蚀坑,这是长石早期风化阶段高岭土化形成的一种晶体表面蚀变现象。溶滤液对长石不断地淋洗,各种形状的溶蚀坑如棱柱状、蜂窝状溶蚀坑,由长石晶体表面深入到晶体内部。这些溶蚀坑的连接和合并,形成了平行于长石某一结晶学方向的沟槽。长石结构破坏,向高岭矿物转变,导致书册状或叠片状等形态高岭石聚晶和绒球状管状埃洛石集合体的形成。长石中碱和碱土金属离子淋失、硅部分淋失,铝相对富集,叠片状高岭石聚晶和管状埃洛石的束状集合体可以在长石表面及溶蚀坑的溶液中直接晶出。

对于上方村北滑坡滑带土样而言,从滑床碎石样(SFCB01-2)到滑带土样

(SFCB01-1),钠长石的含量大幅度降低,高岭石含量显著提高,反映了由滑床到滑带土的风化演化过程中钠长石大量分解。在地下水渗流作用下,部分矿物被溶滤带走。高岭石含量大幅度提高降低了滑带土的抗剪强度,尤其是降低了内摩擦角,这与滑坡岩土体土力学试验的结果相吻合。

对于滑坡滑体样(SFCB02),由于滑体含大量碎石,风化演化受多期次的崩滑堆积影响,成分相对复杂。由石英含量推测,滑体的溶滤作用更加强烈,导致部分黏土矿物在溶滤作用下被地下水带走,故其黏土矿物的含量稍低,但是其风化作用必然是更加强烈的。对比土工试验结果,由于石英含量上升,滑体内摩擦角比滑带土内摩擦角有明显的提高。

针对浙西南地区植被茂密、灾害隐蔽性高、成因复杂、常规地质灾害调查难以迅速识别和发现地质灾害的特点,围绕大型滑坡这一重大地质灾害危险源,本书提出了“基于地质构造背景的大型滑坡优势区划定-基于综合遥感解译的靶区识别-基于综合地面调查的大型滑坡确定”的地质灾害识别和调查方法,并对九华乡上方村北滑坡开展了实例验证。本研究提出的高植被覆盖区大型滑坡识别方法,在综合遥感识别的应用基础上,更加关注孕灾地质环境条件的分析与滑坡变形破坏痕迹的确认,尤其是一系列现场调查和实验室分析测试,从而形成从理论到实际、从宏观到微观的完整灾害识别过程。

第6章　滑坡及灾害链风险定量评价理论与实例

6.1　滑坡及灾害链风险定量评价理论与方法

1984年Varnes提出了滑坡灾害风险评价的基础理论，2016年国际滑坡大会上殷坤龙进一步提出了滑坡及灾害链风险评价的理论公式：

$$R = H \times V \times E + R_{sec} \tag{6.1}$$

式中：R(risk)为滑坡灾害风险；R_{sec}(secondary risk)为滑坡灾害链风险；H(hazard)为一定时空范围内灾害发生的概率；V(vulnerability)为承灾体易损性；E(elements at risk)为承灾体，即灾害威胁对象。

浙西南地区的大型滑坡具有可能形成堰塞湖并诱发溃坝造成洪水灾害链的特点，而堰塞湖和溃坝洪水灾害的影响范围通常远远大于滑坡本身。滑坡灾害本身带来的风险称为直接风险，滑坡诱发的次生灾害或灾害防治过程中产生的风险称为间接风险。历史上，浙江省发生过的里东滑坡、苏村滑坡等实例显示，有些滑坡间接风险巨大，甚至可能比直接风险更大。因此，在研究滑坡的风险时，必须要考虑因灾害链导致的间接风险。

滑坡及灾害链风险评价步骤如下：

(1)基础数据准备；

(2)灾害危险性评价；

(3)易损性评价；

(4)灾害风险评价；

(5)灾害链风险评价；

(6)灾害风险管控。

评价流程如图6.1所示。

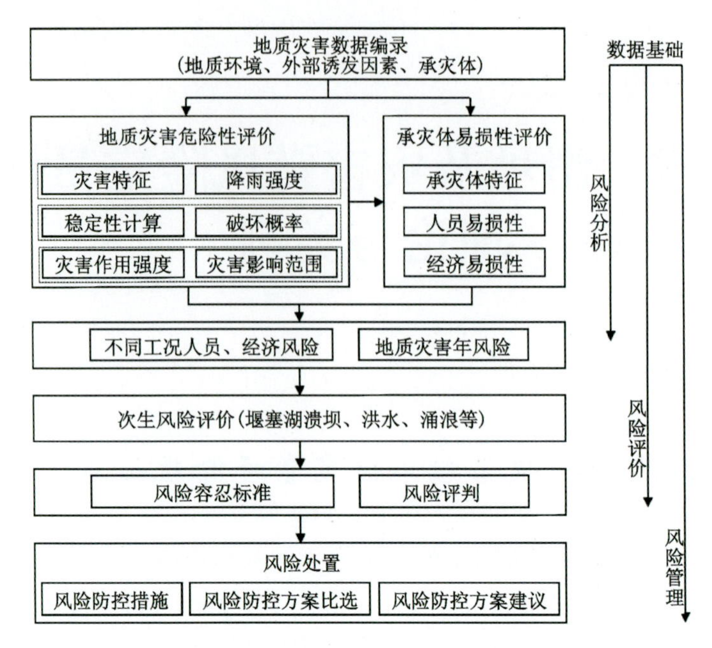

图 6.1 滑坡及灾害链风险评价流程(陈丽霞,2019)

6.1.1 单体滑坡灾害危险性评价

单体滑坡灾害危险性主要指灾害的稳定性、破坏概率、失稳后破坏强度(规模、速度等)和影响范围。

6.1.1.1 滑坡稳定性计算

单体滑坡的稳定性计算用稳定性系数来衡量,稳定性计算方法取决于滑坡的破坏模式。滑坡破坏模式有平面滑动、圆弧滑动等。考虑滑坡物质组成,土质滑坡和岩土混合滑坡常选用基于极限平衡原理的传递系数法、摩根斯坦-普莱斯法、毕肖普法等计算稳定性;顺层岩质滑坡一般选用平面滑动法计算稳定性。

6.1.1.2 滑坡破坏概率计算

滑坡破坏概率是指在一定的工况条件下,滑坡体发生失稳破坏的概率。在滑坡稳定性计算中,涉及大量的岩土参数,这些参数不是确定的,而是服从一定的概率分布。同时,选取的计算模型对边界条件等作了近似和概化等处理,由此带来稳定性计算的不确定性。通过求解滑坡稳定性的可靠度可以得到滑坡的破坏概率，常用的方法有 Monte-Carlo 法、点估计法和一次二阶矩阵法。

6.1.1.3 灾害运动学分析计算

灾害运动学分析计算内容主要包括灾害运动影响范围和运动速度。

(1)灾害运动范围可用经验统计法求解。基于大量已经发生的灾害统计数据和 Heim(1882)提出的滑坡架空等效摩擦系数模型，可以归纳滑动距离的经验公式为

$$\lg(\tan\alpha)=A+B\lg V \tag{6.2}$$

式中：V 为灾害体积；α 为到达角；$\tan\alpha$ 为高差和运动距离之比；A、B 为常数，由区域已发生滑坡统计数据反演得到。

基于滑坡坡度、体积的经验估算也被广泛应用，计算公式为

$$D=a(V\tan\theta)^b \tag{6.3}$$

式中：D 为滑坡后缘至堆积最前缘水平距离；V 为灾害体积；θ 为滑坡平均坡度；a、b 为统计参数。

(2)由于灾害破坏的过程是一个动态的变化过程，其速度的空间分布和时间分布是比较复杂的。通过数值模拟软件，如 DAN3D 等进行建模分析，可以求出不同时刻的灾害运动速度场和灾害破坏的峰值速度分布。

DAN3D 采用 Voellmy 模型，将滑坡等效为流体，并认为其介质连续，通过连续动态方程可计算滑坡运动学过程。Voellmy 模型计算公式为

$$T=A_i\left[\gamma H_i\left(\cos\alpha+\frac{a_c}{g}\right)\tan\varphi+\gamma\frac{v_i^2}{\xi}\right] \tag{6.4}$$

式中：T 为运动阻力；A_i 为计算单元底面积；γ 为边界块的单位重度；H_i 为边界块的高度；α 为坡度；a_c 为向心加速度，它的值取决于运动路径的曲率；φ 为内摩擦角；v_i 为水流的垂直平均速度；ξ 为湍流系数。

在 Voellmy 模型的计算过程中，湍流系数 ξ 和摩擦系数 $\tan\varphi$ 分别反映了运动滑体对地表岩土体的裹挟夹带作用和滑体与滑床之间的摩擦作用，这两者的大小与滑坡物质组成和含水率等密切相关。

6.1.1.4 降雨分析

1. 极值降雨强度分析

滑坡破坏与雨强和降雨过程关系密切，分析降雨极大值分布是滑坡失稳概

率计算的必要过程。极大值分布函数有指数型、柯西型和有界型3种类型。采用指数型的渐近分布(Gumbel分布)对研究区降雨数据进行分析,计算不同重现期的降雨强度。Gumbel分布为

$$A(y)=P(x<y)=\mathrm{e}^{-\mathrm{e}^{-a(y-u)}} \tag{6.5}$$

式中:a为尺度参数;u为分布密度参数;y为降雨量。

用Gumbel法估算参数a、u。重现期为T的极值降雨强度R_T计算为

$$R_T=u-\frac{1}{a}\left[\ln\left(\ln\frac{T}{T-1}\right)\right] \tag{6.6}$$

2. 有效降雨强度分析

当日降雨并不一定诱发滑坡,而前期降雨也只有部分对滑坡发生起作用,因此,累计降雨量不能直接作为计算临界降雨量的参数,需考虑有效降雨系数,表征降雨诱发滑坡的阈值指标。有效降雨系数一般采用幂指数形式和直线递减形式。用直线递减形式计算有效降雨量时,当天降雨量取为1,60d(或30d)的有效降雨系数取为0(认为基本对滑坡无影响),计算公式如式(6.7)所示。基于滑坡发生频次与有效降雨量的相关性分析,取两种计算形式中相关性系数大的计算方法作为有效降雨量的计算模型,公式为

$$R_c=R_0+\frac{n-1}{n}R_1+\frac{n-2}{n}R_2+\cdots+\frac{1}{n}R_n \tag{6.7}$$

式中:R_c为有效降雨量;R_0为当天降雨量;R_n为前n日降雨量;α为系数;n为经过的天数。

6.1.2 承灾体易损性评价

根据国际土力学与岩土工程学会的定义,承灾体易损性是指“灾害影响范围内承灾体的损失程度”。对于单体灾害的研究,逐渐强调定量风险评价。Uzielli(2008)从灾害作用强度和承灾体本身的脆弱性两个方面提出了易损性定量评价方法:

$$V=I\times S \tag{6.8}$$

式中:V为承灾体易损性;I为地质灾害作用强度;S为承灾体的脆弱性。

承灾体脆弱性S指一定强度的灾害作用下,承灾体保证自身完整性和功能不受破坏的能力,计算公式为

$$S=1-\Pi_{i=1}^{n_S}(1-S_i) \tag{6.9}$$

式中：S 为承灾体的脆弱性；S_i 为第 i 个承灾体脆弱性计算指标的值；n_S 为承灾体脆弱性指标个数。

地质灾害作用强度 I 主要考虑岩土体的运动距离、运动速度、冲击力等指标，计算公式为

$$I=1-\Pi_{i=1}^{n_I}(1-I_i) \tag{6.10}$$

式中：I 为地质灾害作用强度；I_i 为第 i 个地质灾害作用强度计算指标的值；n_I 为地质灾害作用强度指标个数。

6.1.3 滑坡风险评价

单体地质灾害风险评价主要评价经济风险和人口伤亡风险。经济风险主要考虑灾害影响范围内建(构)筑物、室内财产、农田和其他设施的价值，人口伤亡主要评价灾害影响范围内人口的损失。地质灾害风险评价模型为

$$R_{(\mathrm{prop})}=P_{(\mathrm{H})}\times P_{(\mathrm{S:H})}\times P_{(\mathrm{T:S})}\times V_{(\mathrm{prop:s})}\times E \tag{6.11}$$

$$R_{(\mathrm{LOL})}=P_{(\mathrm{H})}\times P_{(\mathrm{S:H})}\times P_{(\mathrm{T:S})}\times V_{(\mathrm{D:T})}\times E \tag{6.12}$$

式中：$R_{(\mathrm{prop})}$ 为经济风险；$R_{(\mathrm{LOL})}$ 为人口伤亡风险；$P_{(\mathrm{H})}$ 为地质灾害破坏概率；$P_{(\mathrm{S:H})}$ 为地质灾害到达承灾体概率；$P_{(\mathrm{T:S})}$ 为承灾体时空分布概率，当承灾体为位置固定不变的建筑物、农田等，概率取 1；当承灾体为流动的车辆时，计算其暴露于灾害影响范围内的时空概率；$V_{(\mathrm{prop:s})}$ 为经济类承灾体的易损性；$V_{(\mathrm{D:T})}$ 为人口的易损性；E 为承灾体价值数量。

6.1.4 滑坡灾害链风险评价

大型滑坡灾害链主要包括滑坡堆积体二次垮塌(堰塞体溃坝)和堰塞湖溃坝形成的洪水灾害。

1. 滑坡堆积体二次垮塌

大型滑坡堆积体，在山谷内或山前地带受地形阻挡后，形成厚度超过 10m 甚至数十米的堆积体。由于降雨和堵塞河道蓄水后进一步的浸泡、软化，堆积的岩土体抗剪强度进一步降低，在水体的渗流作用下，堆积体可能会发生局部失稳，甚至整体的二次垮塌。

对于滑坡堆积体的二次垮塌所形成的灾害风险可直接参照滑坡风险进行评价，此处不再展开讨论。

2. 堰塞湖溃坝洪水风险

对于堰塞湖溃坝诱发的洪水属于确定性事件，因此仅需要对不同溃坝条件下的洪水及其淹没过程进行分析，而不需要对洪水的频率进行计算。明确这一关键问题后，在考虑淹没范围、洪水特征等因素的基础上，建立洪灾损失模型，进一步分析洪水可能造成的损失，并以损失值作为评估和区划的依据，完成洪灾的风险评估与区划。由于洪水造成的影响和损失是多方面的，如人口伤亡、农作物损失、经济损失等，因此损失分析也是多方面的，如图 6.2 所示。

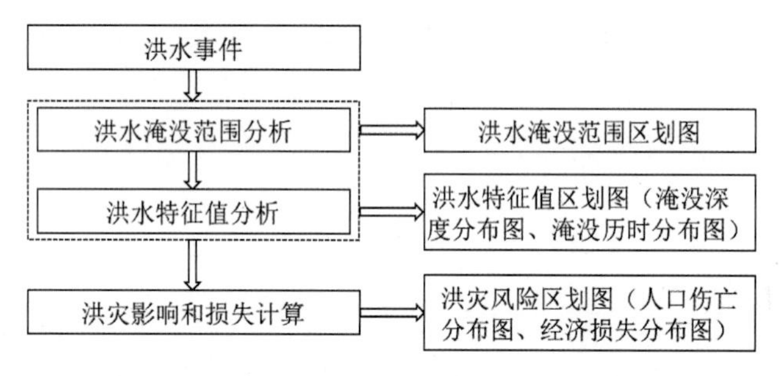

图 6.2　堰塞湖溃坝洪水风险评估与区划基本步骤

洪水特征是指洪水淹没的范围、水深、历时、洪水到达时间等。其中，洪水淹没范围是最基本的洪水特征值。洪水的特征值分析方法包括历史洪水分析法、水文水力学模型方法等。在洪水特征分析的基础上，进一步分析承灾体暴露度、易损性，从而分析受洪灾影响的承灾体种类和数量，即洪灾损失。它是洪水风险评估的最终目标，也是各类防洪减灾措施的实施依据。

采用基于 DME 分析的淹没范围计算方法，先由断面洪峰水位，沿着断面方向（即垂直于沟道的方向）向两岸延伸，求出该断面处洪峰水位线，如图 6.3 所示。对同一小流域内，取若干个（至少 2 个）断面，由相邻两个断面的洪峰水位线线性插值出一个水位面，从而生成洪峰水位面。由洪峰水位与日常水位相减，得到淹没范围。

选取人口和房屋面积为承灾体进行洪灾损失评估。房屋面积通过高精度影像数据提取，人口数据通过现场调查获取。通过空间分析，统计洪水淹没范围内的人口总数和房屋面积。

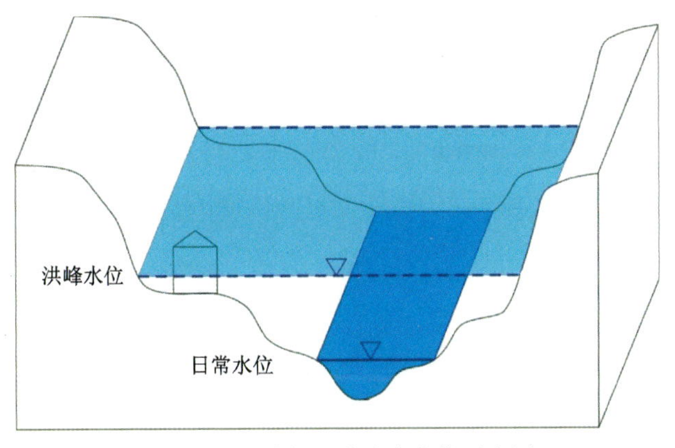

图 6.3 河道断面洪峰水位线示意图

6.2 九华乡上方村北滑坡风险评价

6.2.1 滑坡基本特征

九华乡上方村北滑坡位于柯城区九华乡上方村以北约 500m 处大后源沟右岸，距离镇山寺约 400m，滑坡全貌以及工程地质剖面如图 6.4 和图 6.5 所示。滑坡滑体物质主要由黄褐色-红褐色粉砂土夹碎块石组成，结构零乱，碎石含量较多，土石比 6∶4，块石大小不一，块度 20～50cm。滑床岩性为早白垩世侵入型花岗岩($K_1\gamma$)，岩体节理裂隙发育，主要测得 3 组节理裂隙：L_1 产状 255°∠80°，平直，闭合；L_2 产状 190°∠85°，较平直，闭合；L_3 产状 120°∠85°，平直，微张。滑坡剖面整体呈折线形，滑带土为黄褐色粉质黏土夹碎石，土质较松散，潮湿—饱和，可搓成长条状。

九华乡上方村北滑坡是根据高植被覆盖区大型滑坡风险源识别发生发现的古滑坡，滑体上无人员居住，没有滑动变形的记录。根据多时相光学遥感解译结果，滑坡左右两侧边界均发生过滑动，右侧边界的滑坡十分明显。同时，根据现场调查，滑坡后壁有显著的擦痕，滑带有多次剪切的擦痕，表明滑坡有过滑移变形。滑坡中前部正在修建旅游道路，对滑体有数次切割，形成了多个临空面，对滑坡的整体稳定性有不利作用。滑坡整体坡度陡，受降雨影响强烈，目前切坡有局部的垮塌。滑坡处于潜在不稳定状态，发展趋势为不稳定。旅游景区开放后，道路上人车流量大，若滑坡发生滑移变形，将造成较大危害。

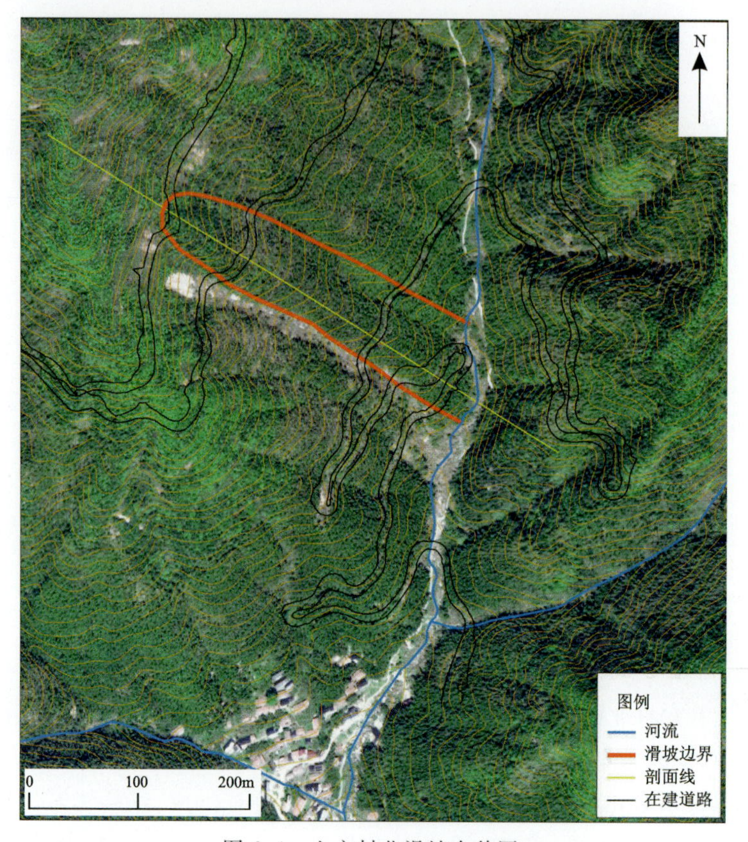

图 6.4 上方村北滑坡全貌图

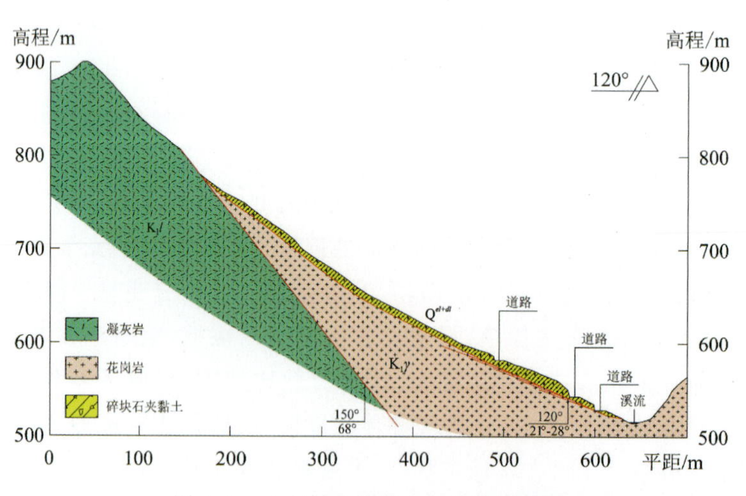

图 6.5 上方村北滑坡工程地质剖面图

6.2.2 滑坡稳定性评价

1. 计算工况与计算参数

根据九华乡上方村北滑坡的现场调查、稳定性现状与发展趋势，采用上述实测滑坡主轴纵剖面作为稳定性计算剖面。根据滑坡开挖与否和降雨等级，确定滑坡稳定性的计算工况如表6.1所示。

表6.1 上方村北滑坡稳定性计算工况表

工况	破坏模式	降雨预警等级
1A	整体滑移	蓝色预警(单日降雨25mm)
1B	整体滑移	蓝色预警(5日有效降雨50mm)
2A	整体滑移	黄色预警(单日降雨40mm)
2B	整体滑移	黄色预警(5日有效降雨80mm)
3A	整体滑移	橙色预警(单日降雨60mm)
3B	整体滑移	橙色预警(5日有效降雨125mm)
4A	整体滑移	红色预警(单日降雨90mm)
4B	整体滑移	红色预警(5日有效降雨180mm)
5A	滑体中上局部滑移	蓝色预警(单日降雨25mm)
5B	滑体中上局部滑移	蓝色预警(5日有效降雨50mm)
6A	滑体中上局部滑移	黄色预警(单日降雨40mm)
6B	滑体中上局部滑移	黄色预警(5日有效降雨80mm)
7A	滑体中上局部滑移	橙色预警(单日降雨60mm)
7B	滑体中上局部滑移	橙色预警(5日有效降雨125mm)
8A	滑体中上局部滑移	红色预警(单日降雨90mm)
8B	滑体中上局部滑移	红色预警(5日有效降雨180mm)

根据室内直剪试验数据、反演分析结果和临近地区工程地质勘察资料，最终确定滑坡稳定性计算参数的建议值如表6.2所示。

表 6.2 上方村北滑坡稳定性计算参数建议值表

重度/(kN·m^{-3})		黏聚力均值/kPa	标准差	内摩擦角均值/(°)	标准差
天然	19.0	18.6	2.5	30.7	2.9
饱和	20.5	16.5	2.2	27.4	2.7

2. 滑坡稳定性分析与破坏概率计算

上方村北滑坡整体坡度陡，局部坡度达到 40°。滑坡地下水的主要补给来源于大气降水以及地下水的侧向补给，由于坡体内地下水排泄条件良好，暴雨工况滑坡储水性能差。根据实际情况，利用 Slope 模块对不同工况下滑坡的稳定性系数和破坏概率进行计算。

表 6.3 是不同工况下，滑坡的稳定性系数和破坏概率。当滑坡处于天然状态无降雨时，稳定性系数为 1.375，破坏概率为 0.70%；在降雨工况下，稳定性系数随着降雨量的不断增大而降低，破坏概率也随之不断增大。随着降雨预警等级的提升，滑坡的稳定性系数迅速降低，破坏概率随之迅速增大。由表中可以看出，滑坡对连续性降雨更加敏感，在连续 5 日的降雨下更加容易发生变形破坏。同时，道路开挖会显著地降低滑坡的稳定性，尤其在道路开挖和连续性降雨的共同作用下，滑坡的稳定性系数会降低到极其危险的水平，在达到连续 5 日降雨黄色预警后，滑坡即处于欠稳定状态。

表 6.3 不同工况下上方村北滑坡稳定性系数和破坏概率表

工况	稳定性系数	破坏概率/%	工况	稳定性系数	破坏概率/%
1A	1.161	6.2	5A	1.085	19.8
1B	1.129	10.2	5B	1.058	27.7
2A	1.156	6.8	6A	1.082	20.5
2B	1.103	16.2	6B	1.032	37.1
3A	1.148	7.5	7A	1.075	22.4
3B	1.058	28.0	7B	0.979	58.6
4A	1.133	9.5	8A	1.063	26.1
4B	0.994	50.8	8B	0.884	91.8

6.2.3 滑坡运动过程计算

综合考虑滑坡地质条件和地形地貌特征，以红色预警降雨强度工况整体滑移为例，通过DAN3D平台，选取Voellmy模型建立滑坡整体运动模拟系统并输入区内滑坡反演参数，对上方村北滑坡的运动过程进行计算，记录滑坡的运动轨迹及运动全程的速度和滑体厚度的变化，为滑体灾害作用强度计算提供依据。为更直观地展示上方村北滑坡运动过程，选取了多个时间点，借助GIS平台对滑体从启动到停止整个过程的运动位置和堆积厚度进行表示，并对上方村北滑坡两侧前缘、中部及后缘的点运动速度进行追踪，记录其速度随时间的变化过程。图6.6记录了 $t=2s$、$t=5s$、$t=8s$、$t=11s$、$t=14s$、$t=17s$、$t=20s$、$t=30s$、$t=100s$

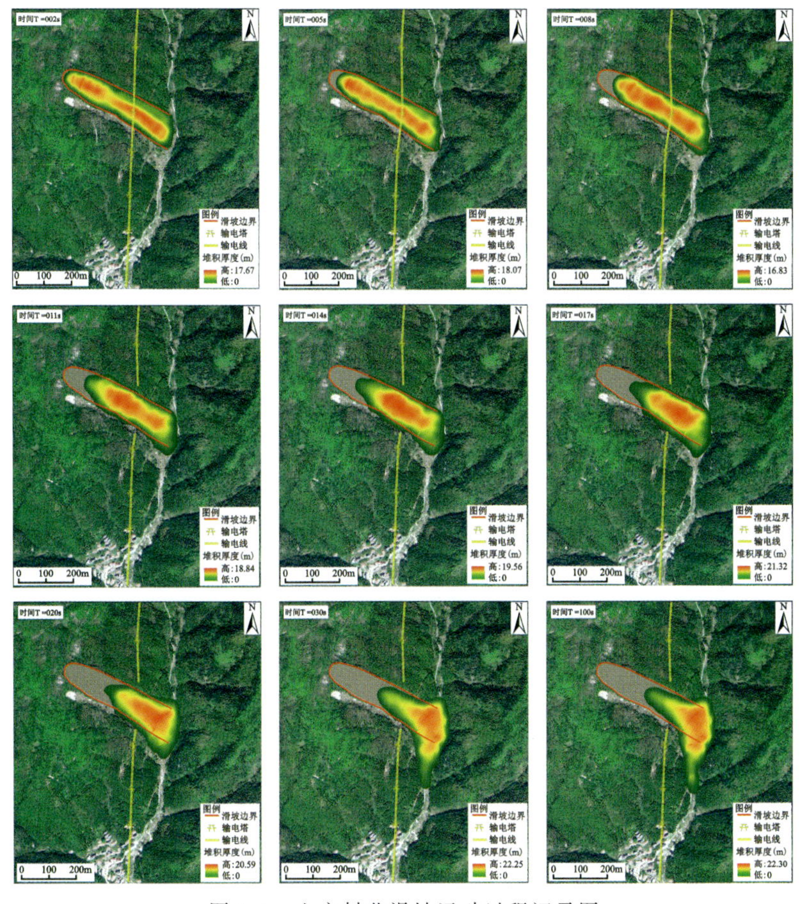

图6.6 上方村北滑坡运动过程记录图

共 9 个不同时刻滑体运动轨迹和滑体物质堆积厚度变化情况，图 6.7 展示了整个运动过程滑坡沿运动主轴速度变化的情况，图 6.8 展示了上述 9 个时刻滑坡推力变化情况。

由图 6.6 展示的滑体运动位置与堆积厚度明显可看出，滑坡启动后速度大，轨迹改变明显，滑体物质迅速从斜坡上搬运至坡脚堆积，当滑坡停止运动时，滑体物质基本下滑至前缘堆积，滑床裸露。对比图 6.7 展示的滑体运动速度可以看出，滑坡后部速度快速上升，并迅速达到峰值速度 14.2m/s，然后缓慢下降；滑坡中部速度前期与后部相似，速度快速达到峰值速度 15.4m/s，中期之后，中部的速度保持在 8m/s 上下波动，到后期下降到较低水平，然后逐渐下降，直至归零；滑坡前缘的速度先上升，然后下降，在滑坡运动中期速度上升至峰值速度 5.3m/s，然后逐渐下降。$t=100$s 之后滑体基本停止运动，速度降低为零，前缘堆积厚度达到最大。

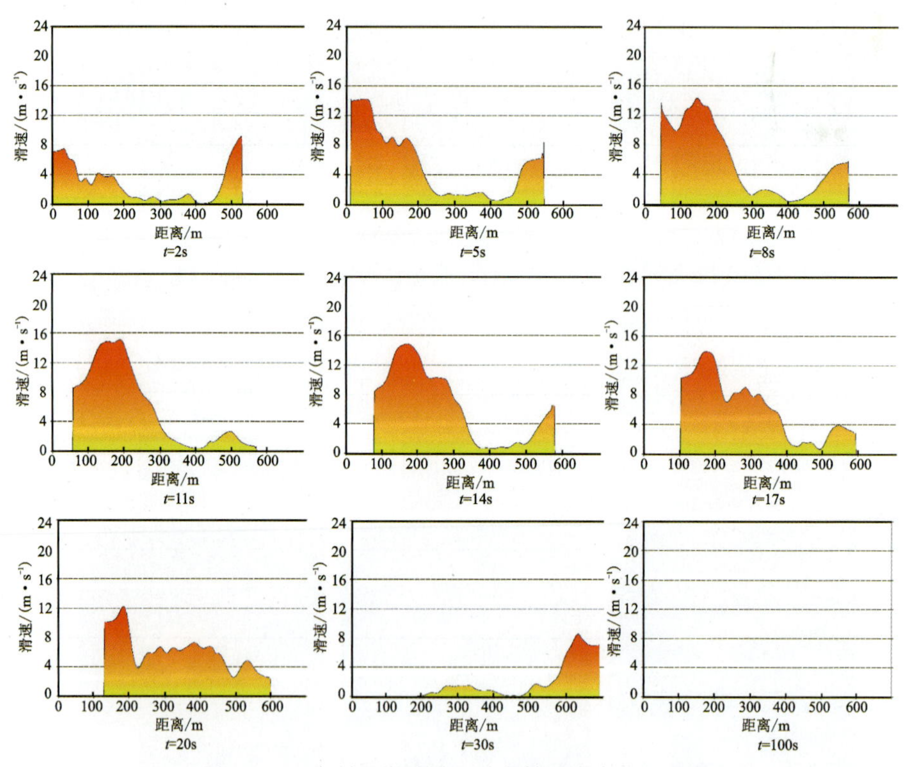

图 6.7　上方村北滑坡沿运动主轴速度变化过程图

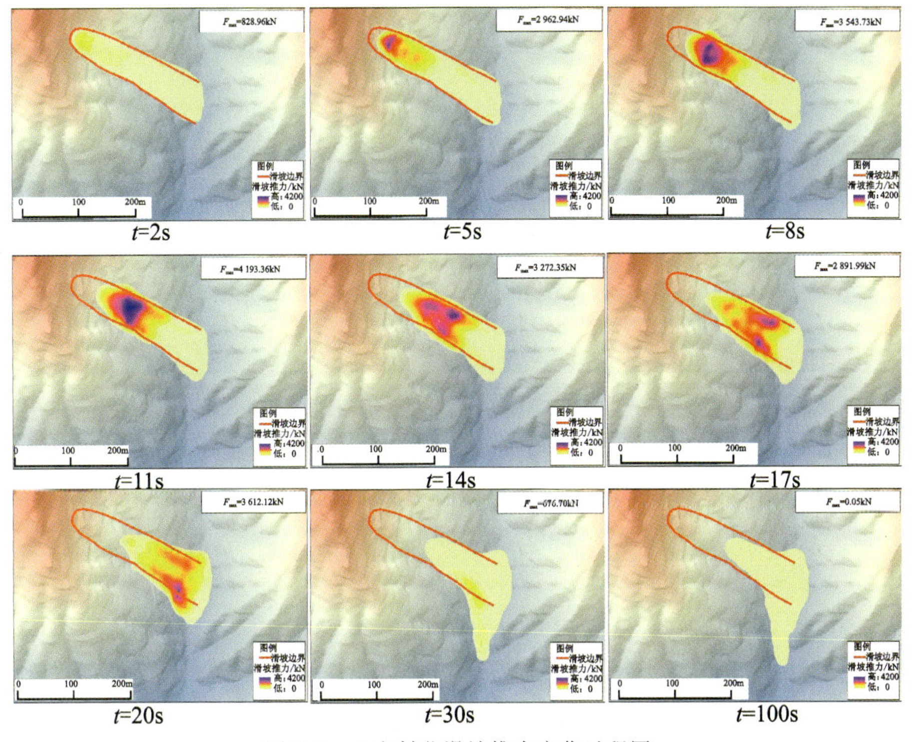

图 6.8 上方村北滑坡推力变化过程图

将滑坡体前缘速度减小为零的时间作为滑坡运动时间的判断标准，滑体的前缘停止运动则滑程已经确定，模型中 $t=100s$ 之后滑坡前、中、后部均停止运动，滑动距离基本确定，滑体物质堆积厚度也基本确定。此时选取研究区内不同部位截取横剖面，获得堆积层厚度，以确定滑体掩埋建筑物承灾体的程度，选取部位与相应堆积厚度如图 6.9、图 6.10 所示。滑体中部剖面 1—1′最大堆积厚度为 0.16m，说明原有滑体物质已经基本下滑，上部和两侧滑床基本裸露；滑坡近坡脚道路下方剖面 2—2′最大堆积厚度为 13.05m；剖面 3—3′为滑体沿沟谷堆积的主轴线，最大厚度达到了 16.47m；剖面 4—4′为滑坡纵剖面，从坡顶至坡脚展示了滑体堆积厚度。

6.2.4 承灾体易损性分析

上方村北滑坡的威胁对象主要为穿越滑坡的梓绶山—孟高寮旅游公路，以及穿越滑坡的 10kV 清泰 8270 线九华山支线（含高压铁塔一座）。考虑到穿越滑坡的道路为将来的旅游道路，目前尚在施工，故进行风险评价时，按照道路投入运

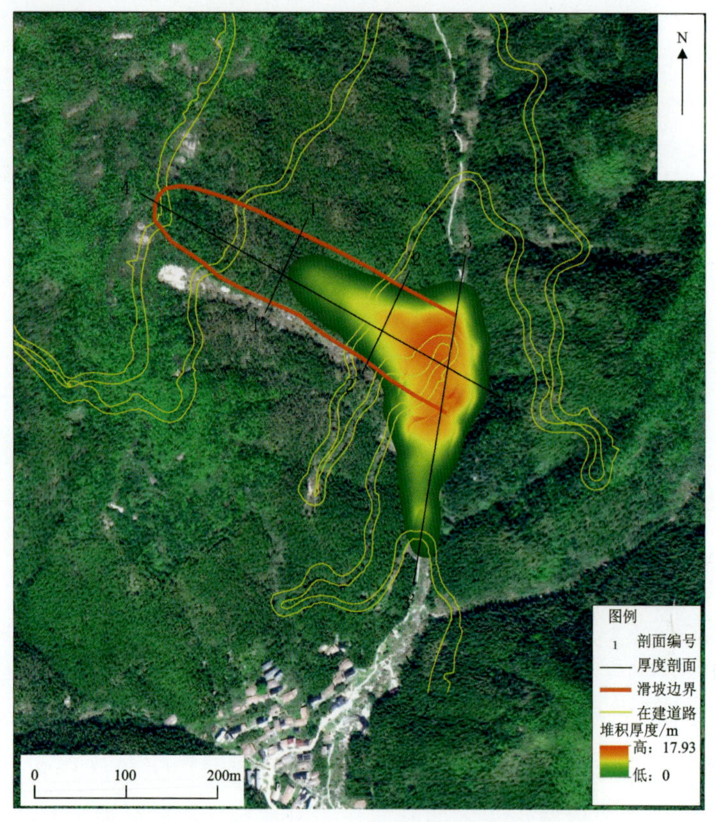

图 6.9　上方村北滑坡不同部位滑坡堆积厚度分布图

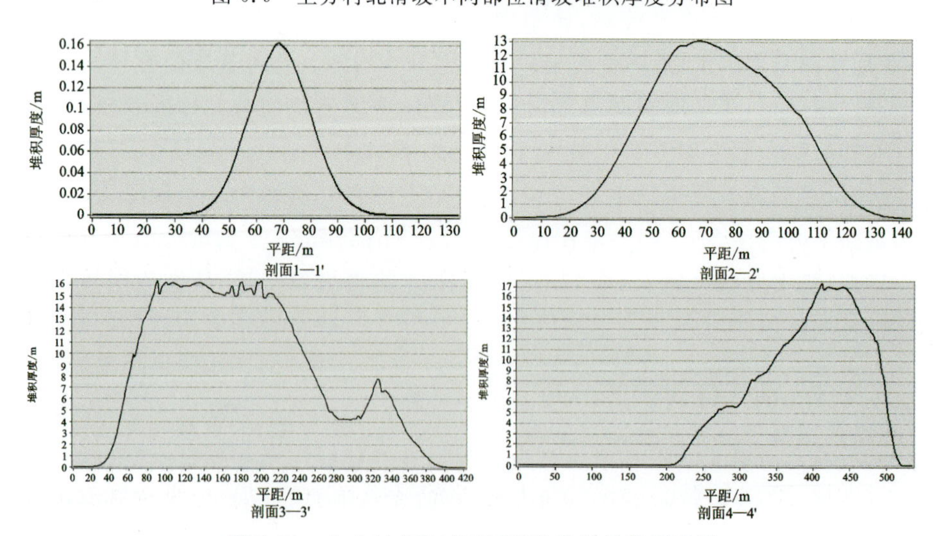

图 6.10　上方村北滑坡不同部位滑体堆积厚度图

营后的人流量计算。按照景区建成开放后，平均客流量为 4000 人/d、车流量 500 辆/d为进行计算。各承灾体详细信息如表 6.4 所示。

表 6.4 上方村北滑坡及其影响范围内承灾体调查表

编号	类型	数量	单位	性质	价值	备注
1	人员	4000	人/d	流动	/	
2	车辆	500	辆/d	流动	25 万元/辆	均价
3	道路	310	m	固定	8832 元/m	
4	输电线	376	m	固定	100 元/m	3 相
5	杆塔	1	座	固定	45 万元/座	

1. 行人及车辆

由滑坡运动模拟结果可知，滑坡运动速度极快，下滑的峰值速度达到 16m/s，整个运动时间为 100s。按照正常人步行速度 1.5m/s，计算通过在滑体上的"U"形段公路(200m)和直线段(110m)公路分别需要 133.3s 和 73.3s，按四级道路限速 20～40km/h(5.56～11.11m/s)计算，车辆通过该两段道路分别需要 18.0～38.0s 和 9.9～19.8s。

根据滑坡运动学和动力学分析的结果，在 0～20s 内，滑坡峰值运动速度达到 16m/s，峰值推力超过 4000kN。综合考虑滑坡速度、推力和人员的反应及躲避速度，判定滑坡发生后，在滑坡影响区内的行人易损性为 1，车辆及车辆内司乘人员的易损性为 0.5。

2. 道路

(1)道路易损性。对于道路本身的易损性，需要分析道路路基与路面结构在滑坡发生后的损坏程度。在实际灾害中，局部的岩土体垮塌掩埋对道路本身没有较大的损伤，可以认为道路的易损性为零。除此以外，一旦滑坡、泥石流破坏了路基，在后期的整治过程中，道路均需要重新修建，因此可以简单地认为此时道路的易损性为 1。

(2)通行能力易损性。相较于道路本体的损坏，在评价过程中也需要关注滑坡、泥石流等对道路通行能力的破坏。对于道路通行能力易损性的评价，核心在于评估地质灾害发生后，坍塌的岩土体阻碍道路的幅度，即未阻碍部分能否通行车辆，以及还能通行几股车流。以双向四车道为例，当堵塞3股车道时，通行能力只有原来的25%，如图6.11所示。

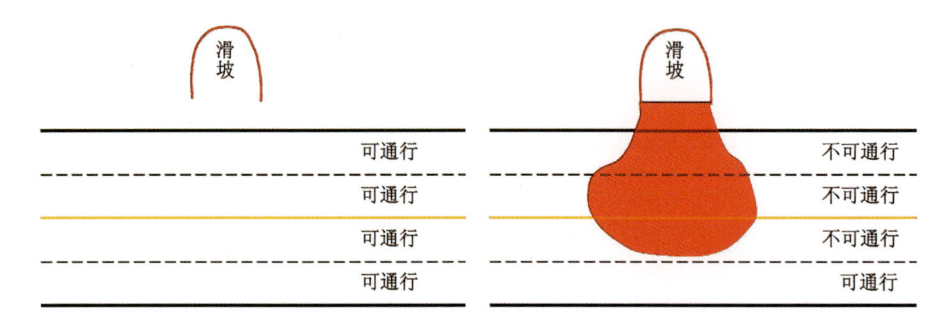

图6.11　道路(双向四车道)易损性计算方法示意图

因此，道路通行能力易损性可表达如下：

$$V_R = 1 - \frac{TV_{ac}}{TV_{de}} \tag{6.13}$$

式中：V_R 为道路易损性；TV_{de} 为设计车流量；TV_{ac} 为实际车流量。

3. 输电杆塔

杆塔基础通过与塔脚连接将杆塔上部荷载传递至稳定的地基。杆塔基础的稳固、安全是整个架空输电线路能否正常运行的根本。对于处于滑坡内部的杆塔而言，滑坡直接作用于杆塔的基础部分。在滑坡推力作用下，杆塔基础将发生变形，滑坡对于杆塔的主要破坏模式为滑坡的局部变形使得杆塔基础产生裂缝，进而造成杆塔倾斜。

当杆塔基础地表因慢速滑坡蠕变而发生缓慢位移时，杆塔基础受到滑坡土体的推挤而产生变形，杆塔基础的4个桩基会产生一定的拉伸变形。由于杆塔是刚性体，因此它会随着基础的变形产生倾斜。在《架空输电线路运行状态评估技术导则》(DL/T 1249—2013)中对于杆塔倾斜度的定义是：杆塔倾斜度＝杆塔顶端与杆塔垂直轴线倾斜距离/杆塔高度×100%，即

$$Q = \frac{d}{H} \times 100\% \tag{6.14}$$

式中：Q 为杆塔倾斜度(%)；d 为塔顶端与杆塔垂直轴线倾斜距离(m)；H 为杆塔高度(m)。

因为一个杆塔有4个基础，杆塔顶端投影几乎与杆塔基础地面中心点重合，考虑到滑坡对于杆塔的破坏是针对杆塔基础的破坏，且杆塔顶端的变形不易测量，参考高压输电线路的杆塔最大允许倾斜度为0.5%，即杆塔允许的倾斜角度θ极小，当θ极小时，可以认为杆塔顶端与杆塔垂直轴线倾斜距离近似地与杆塔基础水平运动距离相等。

因此，输电杆塔的易损性为杆塔倾斜度与最大允许倾斜度的比值，计算公式为

$$V_T = \frac{Q}{Q_{max}} \tag{6.15}$$

6.2.5 滑坡风险评价

1. 人员风险

上方村北滑坡威胁的人员主要为景区旅游的游客和少量当地居民。按照景区平均客流量4000人/d测算，其中10%的人员，即400人步行穿越滑坡区域，其余90%的人员，即3600人，乘车（驾车）通过滑坡区域，按照每日往返各一次计算，则步行人员的时空概率$P_{(S:T)}=0.004\ 784$，乘车人员的时空概率$P_{(S:T)}=0.000\ 861$。

上方村北滑坡在各工况条件下，人员风险值如表6.5所示。在工况8B条件下，人员风险值达到了3.179 6人。

表6.5 上方村北滑坡人员风险值计算表

工况	破坏概率/%	行人风险值	乘车人员风险值	人员风险值
1A	6.20	0.118 6	0.096 1	0.214 7
1B	10.20	0.195 2	0.158 1	0.353 3
2A	6.80	0.130 1	0.105 4	0.235 5
2B	16.20	0.310 0	0.251 1	0.561 1
3A	7.50	0.143 5	0.116 3	0.259 8
3B	28.00	0.535 8	0.434 0	0.969 8

续表 6.5

工况	破坏概率/%	行人风险值	乘车人员风险值	人员风险值
4A	9.50	0.181 8	0.147 3	0.329 0
4B	50.80	0.972 1	0.787 4	1.759 5
5A	19.80	0.378 9	0.306 9	0.685 8
5B	27.70	0.530 1	0.429 4	0.959 4
6A	20.50	0.392 3	0.317 8	0.710 0
6B	37.10	0.709 9	0.575 1	1.285 0
7A	22.40	0.428 6	0.347 2	0.775 8
7B	58.60	1.121 4	0.908 3	2.029 7
8A	26.10	0.499 4	0.404 6	0.904 0
8B	91.80	1.756 7	1.422 9	3.179 6

2. 经济风险

上方村北滑坡及其影响范围内的经济类承灾体主要为车辆、道路和输电线及杆塔。按照景区开放后每日车流量 500 辆、平均车辆价值 25 万元进行测算，总车辆价值为 12 500 万元，车辆的时空概率 $P_{(S:T)}=0.000\ 861$。道路价值按照孟高寮—梓绶山道路单位造价为 8832 元/m 计算，滑坡影响长度为 310m，则受影响的道路总价值为 273.8 万元，道路的时空概率 $P_{(S:T)}=1$。高压线路和杆塔总价值为 58.3 万元，其时空概率 $P_{(S:T)}=1$。

上方村北滑坡在各工况条件下，经济风险值如表 6.6 所示。在工况 8B 条件下，经济风险值达到了 312.9 万元。

表 6.6　上方村北滑坡经济风险值计算表

工况	破坏概率/%	承灾体风险值			总经济风险值/万元
		车辆	道路	杆塔	
1A	6.20	0.67	16.98	3.49	21.13
1B	10.20	1.10	27.93	5.74	34.77

续表 6.6

工况	破坏概率/%	承灾体风险值			总经济风险值/万元
		车辆	道路	杆塔	
2A	6.80	0.73	18.62	3.83	23.18
2B	16.20	1.74	44.36	9.12	55.22
3A	7.50	0.81	20.54	4.22	25.56
3B	28.00	3.01	76.66	15.76	95.44
4A	9.50	1.02	26.01	5.35	32.38
4B	50.80	5.47	139.09	28.60	173.16
5A	19.80	2.13	54.21	11.15	67.49
5B	27.70	2.98	75.84	15.60	94.42
6A	20.50	2.21	56.13	11.54	69.88
6B	37.10	3.99	101.58	20.89	126.46
7A	22.40	2.41	61.33	12.61	76.35
7B	58.60	6.31	160.45	32.99	199.74
8A	26.10	2.81	71.46	14.69	88.96
8B	91.80	9.88	251.35	51.68	312.91

6.2.6 滑坡灾害链风险评价

九华乡上方村北滑坡在发生后会堆积在原有山谷沟道中形成堰塞堆积体，在蓄积上游沟谷来水后形成堰塞湖，具有堰塞湖溃坝的可能性。

1. 主沟道分析

在对滑坡运动进行分析之后，对滑坡堆积体进行评价和分析。根据滑坡最后的堆积物分布和厚度，得到滑坡发生后局部地形地貌的变化。图 6.12 为滑坡发生前后的地形对比，滑坡坡脚为主要的堆积物。

对滑坡发生前后的主沟道进行分析：滑坡发生前，上方村北滑坡评价区整体纵坡降为 202.04‰，中间部分纵坡降为 185.71‰。当滑坡发生后，沟道中部堵塞，形成一处约 75m 长的负地形区。同时，向下局部纵坡降增大，达到 237.14‰。

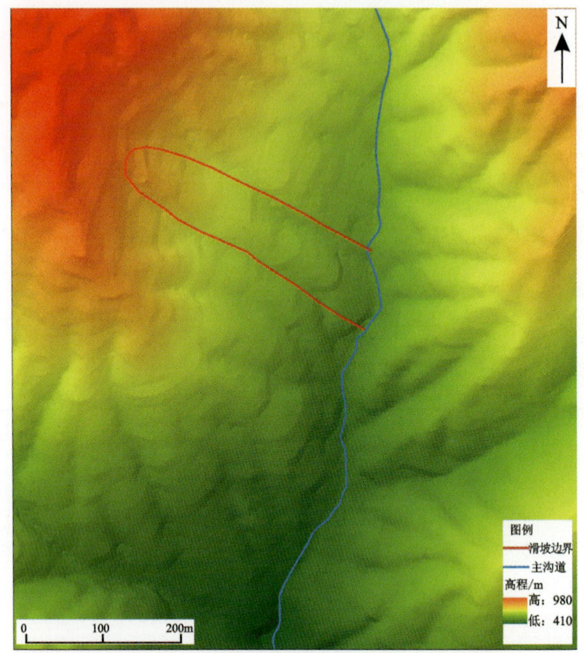

(a)滑坡发生前

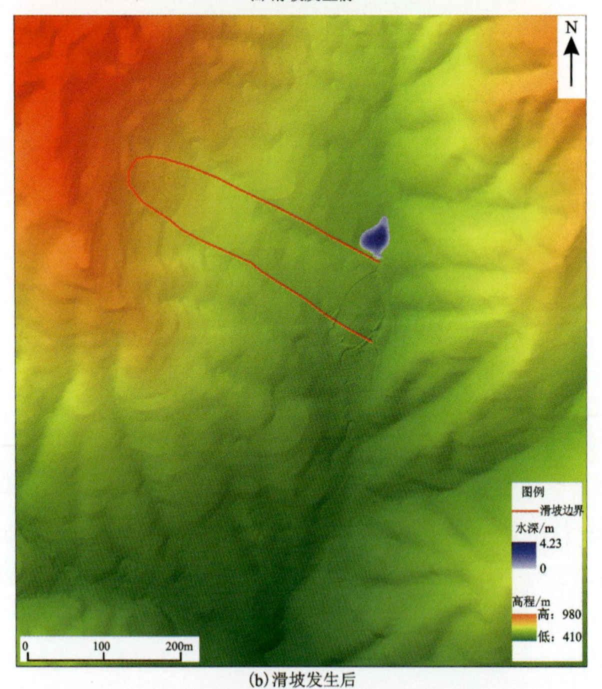

(b)滑坡发生后

图 6.12　滑坡发生前后地形变化对比

2. 堰塞湖分析

分析滑坡发生后主沟道中的负地形，对形成堰塞湖的可能性进行评估。滑坡发生时为降雨工况，上游有不断来水，汇水面积达到800 000m^2，同时原滑体为粉质黏土夹碎块石，渗透系数较低，可以积蓄洪水。根据水平面分析计算结果，预测形成的堰塞湖面积可达1912m^2，最大蓄水量为3442m^3，最大深度为4.23m，平均深度为1.8m。

6.2.7 滑坡风险管控建议

6.2.7.1 不同风险防控方案对比

上方村北滑坡在红色预警暴雨工况下发生的概率为91.80%，可能造成的人口伤亡为3.18人，造成的直接经济损失保守估计312.9万元，此处的直接经济损失不包含环境损失和间接经济损失。如果间接经济损失和直接经济损失按4∶1计算，那么间接经济损失高达1 251.6万元。上方村北滑坡一旦失稳造成的人员和经济损失都很高，并且它位于旅游区，社会影响极大，因此是需要重点防治的灾害点。为了减小该滑坡所造成的损失，需要采取减小滑坡风险的措施。

1. 方案A——整体治理

根据该滑坡的稳定性现状和发展趋势，建议在滑坡前缘采用抗滑挡墙和抗滑桩、滑坡周边设置截排水沟的工程措施进行治理。

(1)抗滑桩。在滑坡前缘设置，桩截面2m×2m，桩长15m，共15根。

(2)截排水沟。长度大约450m，设计为矩形，宽深各0.5m，沟帮和沟底厚0.3m。开挖土石方400m^3，按土石4∶1的比例分配开挖的方量，开挖土方300m^3，开挖石方100m^3；浆砌石方量约290m^3。

(3)抗滑挡墙。取平均高8m，总长107m，截面面积取22.4m^2，浆砌石方量约2397m^3。

根据滑坡的治理工程项目和治理工作量，治理该滑坡的费用大致为408.4万元，本次治理工程的估算并未包含征地拆迁的费用以及施工监测的费用，明细如表6.7所示。

表 6.7　上方村北滑坡治理工程估算费用明细表　　单位:万元

项目	抗滑桩	截排水沟	抗滑挡墙	总计
费用	270	18.4	120	408.4

2. 方案 B——局部治理

在滑坡前缘设置抗滑挡墙,在滑坡周边设置截排水沟,减小滑坡外围地表水的渗入。

(1)截排水沟。长度大约 450m,设计为矩形,宽深各 0.5m,沟帮和沟底厚 0.3m。开挖土石方 400m^3,按土石 4∶1 的比例分配开挖的方量,开挖土方 300m^3,开挖石方 100m^3;浆砌石方量约 290m^3。

(2)抗滑挡墙。取平均高 8m,总长 107m,截面面积取 22.4m^2,浆砌石方量约 2397m^3。

工程治理费用参照表 6.7,挡土墙费用为 120 万元,截排水沟费用为 18.4 万元,总费用为 138.4 万元。

3. 方案 C——监测预警

根据该滑坡的稳定性现状和发展趋势,可采用监测预警的方法减小该滑坡的风险。建议在滑坡上布设 4 个 GNSS 监测点、4 个地表裂缝位移监测点。监测工程费用主要包括监测仪器购置费、工程建设费、监测工程运行费、群测群防监测费 4 个部分。

监测仪器购置费和工程建设费:根据滑坡稳定现状、发展趋势以及地质灾害风险大小设计监测工程量,根据设计监测工程量计算。

监测工程运行费:取决于监测内容、监测周期以及监测时间的长短等因素。本次监测工程运行期可按 2021—2031 年(10 年)计算,地表 GNSS 监测、维护按 1925 元/(a·站)计算,水文、气象资料收集按3000 元/期次计算(每年 1 次,共 10 次),地表裂缝位移按每点 1000 元/(a·点)计算。

群测群防监测费:参照浙江省已建的群测群防监测网,上方村北滑坡需建设边界桩 20 个、告示牌 2 个、简易地表裂缝监测点 8 个、监测工具 2 套,材料和监测点的安置费为 0.8 万元。监测频率一般每月 1 次,汛期每月监测 2 次,与其他监测手段同步进行。预警阶段每 5 天监测 1 次或根据变化速率调整至每 3 天监测

1次;警报阶段每天监测1次,临灾警报阶段每天监测2～4次。群测群防运行费每年每个灾害点5000元,按10年的运行期,则费用为5万元。

综上所述,综合专业监测(表6.8)和群测群防的费用,此方案需要费用34.5万元。

表6.8　上方村北滑坡专业监测工程匡算费用明细表(10年的运行期)

项目	GNSS购置、建设	GNSS运行	地表裂缝仪购置、建设	地表裂缝仪运行	水文气象资料收集	总费用
费用/万元	10	7.7	4	4	3	28.7

4. 方案D——搬迁避让

上方村北滑坡主要威胁对象为通过滑坡的道路及道路上的行人车辆,如果采取搬迁避让的方案,则需要重新规划选线,并进行勘测施工,参考原有孟高寮—梓绶山公路,其总投资达到了8256万元。重新选线并施工的工程价格不会低于原有投资造价,因此暂按原有造价计算,方案D的费用为8256万元。

6.2.7.2　滑坡风险控制方案比选

上方村北滑坡风险防控方案比选情况如表6.9所示,因此该滑坡推荐采用抗滑桩+抗滑挡墙+截排水沟的整体治理措施。图6.13～图6.16给出了风险管控的初步设计建议,具体方案需要进行工程地质施工详细勘查与设计。

表6.9　上方村北滑坡风险防控方案比选表

<table>
<tr><th>风险控制方案</th><th>防治措施</th><th>投资预算/万元</th><th>红色预警破坏概率/%</th><th>残余风险/%</th><th>推荐方案</th></tr>
<tr><td>A</td><td>15根抗滑桩(桩长15m)+450m截排水沟(宽深各0.5m)+107m抗滑挡墙(高8m)</td><td>408.4</td><td rowspan="4">91.8</td><td>0</td><td rowspan="4">A</td></tr>
<tr><td>B</td><td>450m截排水沟(宽深各0.5m)+107m抗滑挡墙(高8m)</td><td>138.4</td><td>80</td></tr>
<tr><td>C</td><td>专业监测+群测群防</td><td>34.5</td><td>95</td></tr>
<tr><td>D</td><td>避让</td><td>8256</td><td>0</td></tr>
</table>

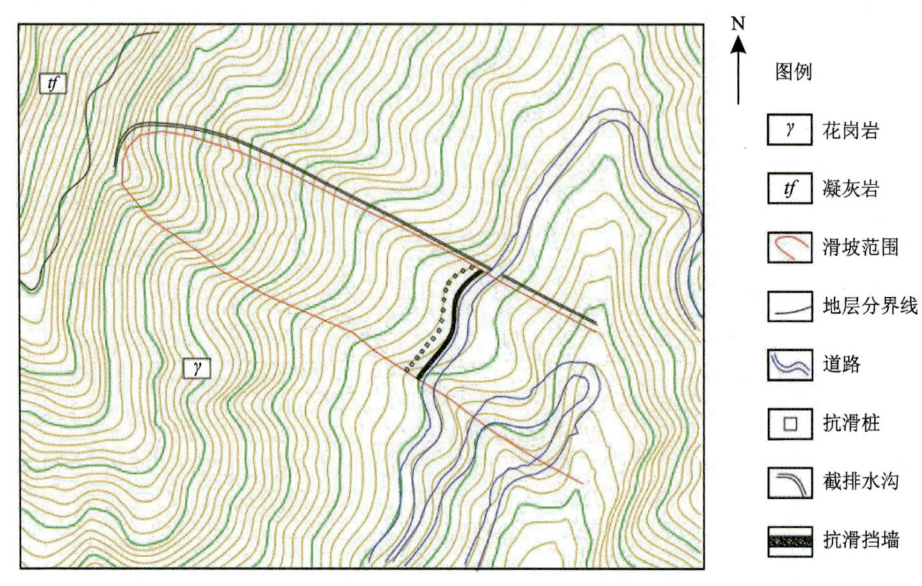

图 6.13 上方村北滑坡方案 A 整体治理工程地质平面图

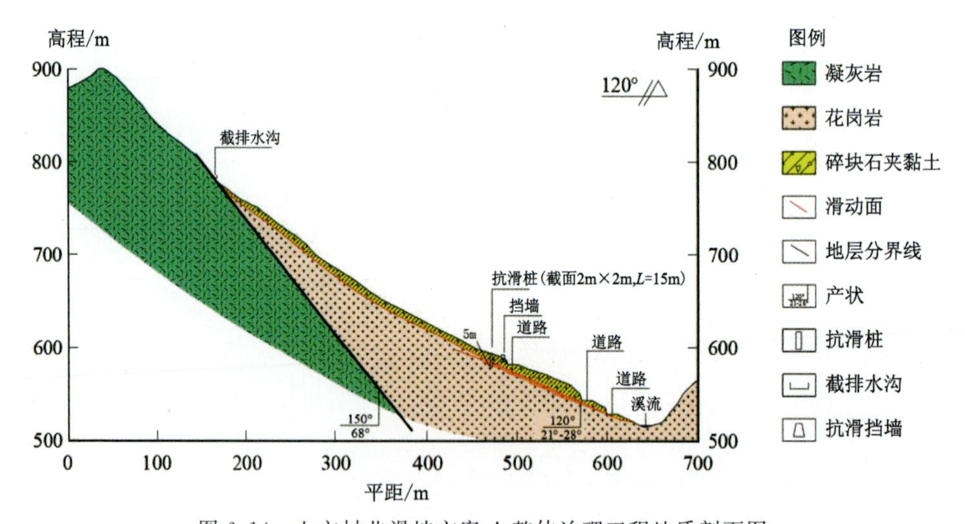

图 6.14 上方村北滑坡方案 A 整体治理工程地质剖面图

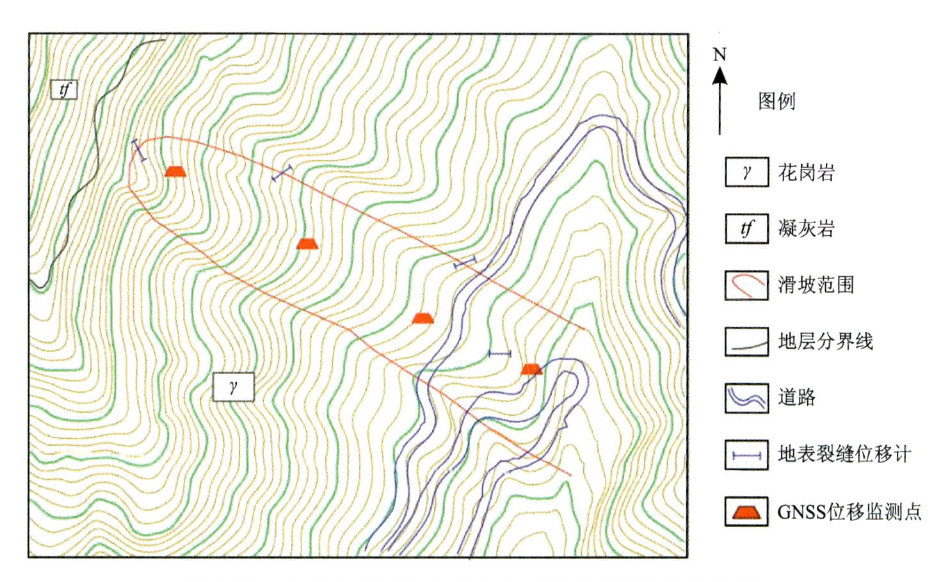

图6.15 上方村北滑坡方案C监测预警工程地质平面图

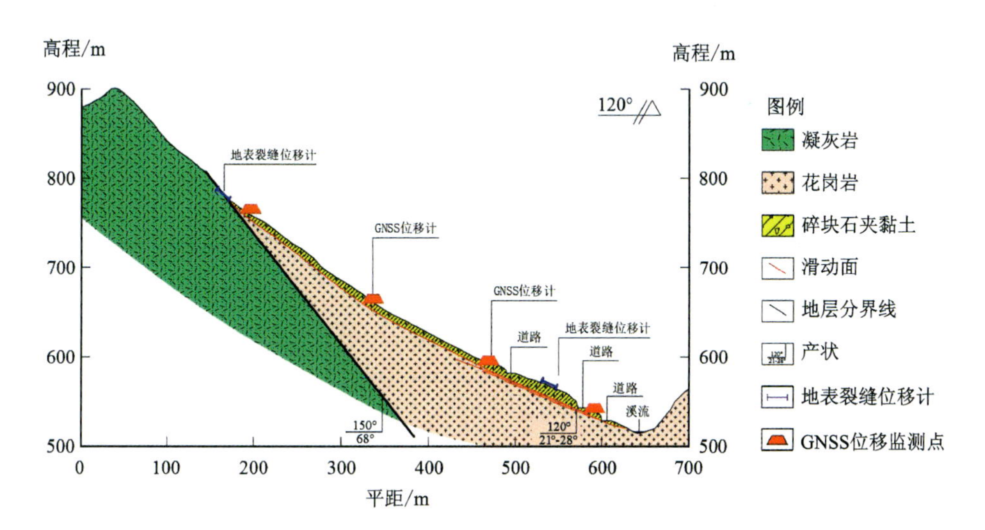

图6.16 上方村北滑坡方案C监测预警工程地质剖面图

第7章 滑坡灾害风险气象预警阈值模型

7.1 滑坡灾害降雨阈值研究的主要方法

诱发滑坡灾害的降雨阈值也称为临界雨量，是指达到阈值会导致系统状态的变化。阈值表示气象水文条件（如降雨量、土壤含水量）达到或超过某一条件很可能诱发滑坡灾害。国内外学者就滑坡灾害与降雨之间的关系做了大量研究，针对不同地质环境背景、不同气候条件、不同尺度区域提出了针对性的降雨阈值，并广泛应用于滑坡灾害的预测预报中。

7.1.1 数理统计阈值

数理统计阈值是通过统计分析诱发滑坡灾害的降雨事件确定的阈值，将诱发滑坡的降雨事件信息（如降雨强度、持续时间、降雨量）拟合出数据点的不同百分位线来表征不同概率水平的降雨阈值。根据研究区范围大小，可将降雨阈值划分为全球、区域和局部3种尺度的阈值。全球性阈值一般指诱发滑坡的最小降雨量，建立时未考虑地形地貌、地层岩性、土地利用、降雨特征的区别。区域阈值建立时考虑了气象、气候和地形地貌等条件的区别。局部阈值考虑了当地气候条件和地质环境条件，适用区域面积更小，阈值结果更可靠。3类阈值建立背景不同、适用条件有别，在小尺度阈值不易获得的情况下，大区域阈值成果具有参考意义。

阈值在滑坡灾害预警预报中具有独特作用，学者们就阈值建立方法进行了多样的尝试。Endo（1970）第一个提出了诱发滑坡所需最小降雨量的概念。Onodera（1974）确定了第一个诱发滑坡的降雨阈值。Campbell（1975）指出是前期降雨和降雨强度共同作用诱发滑坡。Caine（1980）利用全球范围内73个灾害点及其降雨资料分析了诱发滑坡的降雨强度和降雨历时关系，建立了全球性的降雨强度和降雨历时 *I-D* 阈值曲线。基于前人开创性的工作，学者们提出了众多方法来确定诱发滑坡的降雨阈值。Guzzetti(2007)将降雨阈值模型分为降雨强度-持续时间阈值(*I-D*)、累计降雨量阈值(*E*)、累计降雨量-持续时间阈值(*E-D*)、累计降雨量-降雨强度阈值(*E-I*)4 个类别。这种基于历史灾害数据和降雨数据统计得出的统计降雨阈值得到迅速发展，并广泛作为预测滑坡灾害的判据。

降雨强度 I 和持续时间 D 是表征降雨事件的主要参数，也是影响滑坡发生的关键因素。*I-D* 阈值建立了诱发滑坡的降雨强度随持续时间的变化关系。Caine(1980)建立了第一个 *I-D* 阈值，形式如式(7.1)所示，*I-D* 阈值也是目前应用最广泛的阈值模型。

$$I=c+\alpha\times D^{\beta} \tag{7.1}$$

式中：I 为诱发滑坡降雨事件的降雨强度，短时降雨事件取峰值降雨强度，长期降雨事件取平均值；D 为诱发滑坡的降雨事件持续时间；α 和 β 为拟合参数，其中 α 为幂函数的截距，β 控制了幂函数的斜率，$\beta<0$，$c\geqslant0$；c 为常数。

E-D 阈值建立了诱发滑坡降雨事件的累计降雨量和降雨持续时间之间的关系，随着降雨持续时间增加，诱发滑坡所需的累计降雨量增大，*E-D* 模型使用也较为广泛，形式如下：

$$E=c+\alpha\times D^{\beta} \tag{7.2}$$

式中：E 为累计降雨量；D、α、β、c 意义同上。

E-I 阈值建立了诱发滑坡降雨事件的累计降雨量和降雨强度之间的关系，形式如下：

$$E=c+\alpha\times I^{\beta} \tag{7.3}$$

殷坤龙在浙江省重大科技攻关项目“浙江省突发性地质灾害预警预报系统与应用示范”中针对浙江省的气候条件，对诱发滑坡的降雨阈值进行了统计分析(殷坤龙，2003)。该成果考虑了浙江有梅雨和台风暴雨两种降雨形式。台风暴雨袭击地区主要分布在浙江东南部沿海，而梅雨主要影响浙江中西部内陆。

通过分析台风和梅雨两类区域滑坡发生和前期降雨及天数的相关性，发现非台风区的滑坡发生和累计 5 天的降雨最相关，如表 7.1 所示。由此，提出有效降雨量模型来计算前期有效降雨量，确定台风区和非台风区前期有效降雨量的有效降雨系数。通过统计滑坡发生密度和当日降雨量关系确定诱发滑坡的当日降雨阈值，通过统计不同易发区滑坡发生密度确定诱发滑坡的前期有效降雨量阈值。

表 7.1 滑坡发生前 2 个月内降雨量因子与滑坡数的相关性分析结果(据殷坤龙,2003)

	台风区滑坡		非台风区滑坡	
降雨量	相关系数	排序	相关系数	排序
1 日降雨量	0.930	5	0.584	6
2 日降雨量	0.947	3	0.600	5
3 日降雨量	0.950	2	0.644	3
4 日降雨量	0.960	1	0.660	2
5 日降雨量	0.945	4	0.670	1
1 周降雨量	0.900	6	0.640	4
事件累计降雨量	0.730	8	0.550	8
1 月降雨量	0.770	7	0.580	7
2 月降雨量	0.690	9	0.490	9

降雨型滑坡的形成过程包括降雨入渗、吸水饱和、结构劣化、坡体失稳等阶段。滑坡发生时间较降雨过程可能存在滞后性。一般可将触发滑坡的降雨过程分为两个阶段。

(1)前期降雨阶段。此阶段降雨持续入渗会抬升地下水位,产生水压力,增大土体容重,滑面遇水后抗剪强度弱化,为滑坡发育成熟提供条件。

(2)触发降雨阶段。此阶段的降雨直接导致了滑坡发生。因此,前期降雨和当日降雨共同作用导致滑坡发生。前期降雨在土层缓慢饱和的过程中影响土壤含水量和地下水位等因素从而导致滑坡发生。因地下水位和土壤含水量取决于土壤性质(粒径、颗粒分布和排列、密度、孔隙度、渗透性等)、降雨和温度等因素,难以准确确定,有学者通过统计滑坡发生当日降雨和前期降雨的关系来表示前期降雨在诱发滑坡时的作用。

在降雨诱发滑坡的过程中,由于水分蒸发和地表径流等作用,实际作用于滑坡的降雨量不是前期雨量的简单累加,要考虑雨量的衰减。因此采用有效降雨模型计算实际作用于滑坡的前期有效降雨量,有效降雨量由滑坡发生前及滑坡发生当日的降雨量分别乘以各自对应的有效降雨系数并求和所得,计算公式如下:

$$R_e = R_0 + \alpha R_1 + \alpha^2 R_2 + \cdots + \alpha^n R_n \tag{7.4}$$

式中：R_e为有效降雨量；R_0为滑坡发生当日降雨量；R_n为滑坡发生前 n 日降雨量；α 为有效降雨系数，反映了前期降雨的实际入渗情况，$\alpha=0.8$ 是最适合本研究区的有效降雨系数。

7.1.2 数值分析阈值

基于历史灾害和降雨数据建立的统计降雨阈值具有局限性。一是统计阈值是滑坡和降雨之间关系的简化，滑坡发生的根本原因是斜坡水文条件的改变，统计阈值建立过程未考虑滑坡发育的内在规律；二是用于建立阈值的数据类型和质量有局限性，阈值建立过程中所使用的数据越准确、精度越高，所建立的阈值越可靠。由于数据精度的限制，阈值的准确度受到影响。数理统计阈值建立过程中没有考虑滑坡发育过程和失稳机制的局限性可以通过适当的数值分析进行完善。在统计阈值的基础上，建立基于研究区典型斜坡的地质模型，对不同降雨工况下斜坡失稳过程进行分析，对统计阈值合理性进行检验。GeoStudio 能实现边坡等地质模型的渗流场模拟和稳定性分析，其内置的 SEEP/W 模块可以模拟降雨条件下岩土体的渗流变化情况，自带的数据库具有多种材料的计算参数，能够实现较好的模拟效果。边坡稳定性分析的理论依据是极限平衡法，其中的主体模块为 SLOPE/W 模块，用于边坡稳定性模拟分析和计算，能够与其他有限元法模块相结合，为组合研究和计算提供便利。Min Lee Lee（2014）引入 GeoStudio 模拟结果，与 *I-D* 阈值结果相结合分析诱发滑坡灾害的降雨阈值。Li（2020）利用 GeoStudio 模拟结果分析验证了基于历史灾害和降雨数据分析确定的降雨阈值。

为研究降雨工况下斜坡土体含水量和孔隙水压力的变化情况，基于饱和-非饱和入渗理论，采用 GeoStudio 中的 SEEP/W 模块，对斜坡模型的渗流进行模拟分析。为研究斜坡在不同降雨工况下的稳定性系数随时间变化规律，采用 SLOPE/W 耦合 SEEP/W 的方式对斜坡模型进行模拟分析。

7.2 降雨特征分析

7.2.1 典型台汛和梅汛降雨过程

从浙江全省的降雨特征来看，受台风和梅雨影响，各季节降雨分布很不均匀。按照台风和梅雨影响程度的不同可在空间上将浙江省划分为台风区和非台风区。台风区内降雨分布受台汛降雨影响明显，往往呈现短时长、大强度的降雨特点。受台风影响的降雨过程持续时间短，雨量大，前期降雨量小，临近滑坡发生降雨量大。图 7.1 为台汛降雨诱发滑坡的典型过程。在为期 31d 的历史降雨记录中，12d 有降雨发生，其中 6d 为小雨(24h 降雨量小于 10mm)，4d 中雨(24h 降雨量 10～25mm)，1d 大雨(25～50mm)，滑坡发生当天为特大暴雨(大于 250mm)，累计降雨量 494mm。滑坡发生前期累计降雨量较小，滑坡发生前降雨持续时间短，诱发滑坡的主要因素为台风控制的短时强降雨。

浙江省内另一诱发滑坡的典型降雨过程为梅汛期间的持续降雨。图 7.2 为梅汛期间诱发滑坡灾害的典型降雨过程。为期 30d 的降雨过程中，20d 有降雨发生，其中小雨 12d、中雨 4d、大雨 2d、暴雨 2d，累计降雨量 317mm。梅雨期间降雨

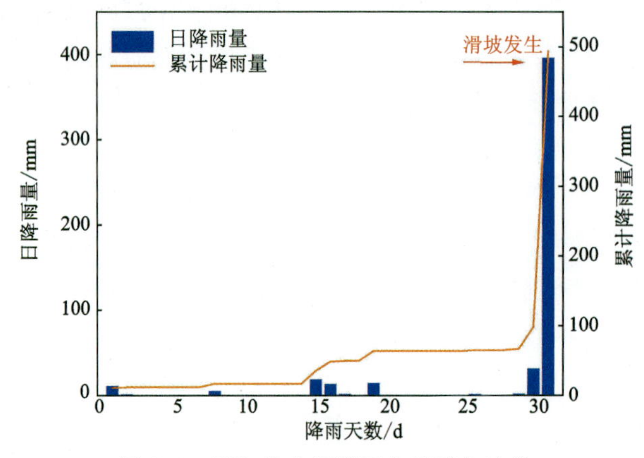

图 7.1　浙江省台汛降雨典型诱灾过程

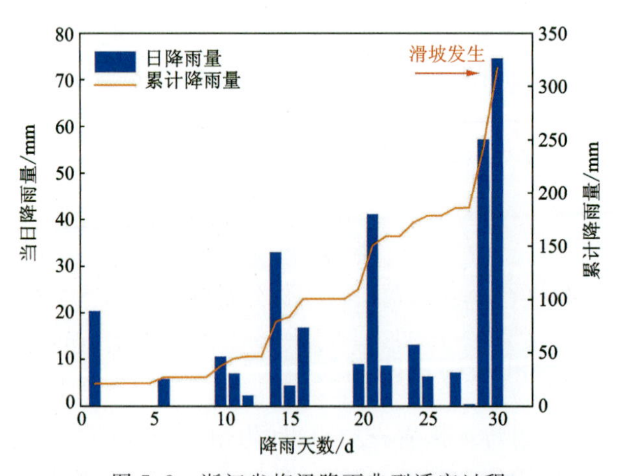

图 7.2　浙江省梅汛降雨典型诱灾过程

持续时间长，前期累计降雨量大，平均降雨强度小于台风控制的短时强降雨，具有典型的梅汛特征。滑坡发生前便有持续的降雨过程，且整体降雨量较大，持续时间较长，降雨的长期持续入渗是滑坡发生的主要诱因。

7.2.2 梅汛降雨特征

衢州市多年月平均降雨量呈单峰型，降雨过程具有典型的梅汛特征。统计2013—2018年衢州市年度降雨量，如图7.3所示，虽然各年度降雨总量相差较大(2015年降雨量为2560mm，2013年降雨量仅为1315mm)，但在6—7月梅汛期降雨量均较大，降雨总量在梅汛期间陡增，累计降雨量变化趋势基本一致。每年1、2月份降雨量较小，累计雨量曲线平缓上升。3、4、5月春雨期到来，降雨量增加，累计雨量曲线出现明显抬升。衢州市一般在6月份进入汛期，期间降雨量陡增，累计雨量曲线出现跃升。7月份出梅后，一般会出现一段过渡时期，期间降雨量小，雨量曲线平稳发展。

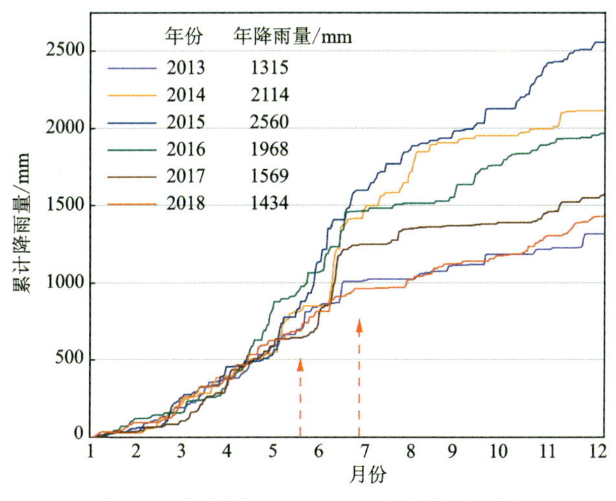

图7.3 衢州市2013—2018年累计降雨量

以2011年和2017年梅汛降雨过程为例分析衢州市降雨特征。2011年6月梅汛降雨过程如图7.4所示，降雨过程持续20d，降雨发生时间为18d，其中小雨7d、中雨3d、大雨3d、暴雨3d、大暴雨2d，6月19日出现日极值降雨量，为206mm，累计降雨量711mm，降雨量达全年降雨量的1/3以上，降雨过程平均日降雨量为35.6mm；降雨呈多峰型，日均降雨量较小，其间穿插发生多次暴雨甚至大暴雨事件。滑坡发生在降雨过程的中后期且日降雨量达峰时，整个降雨过程连续诱发两次滑坡。

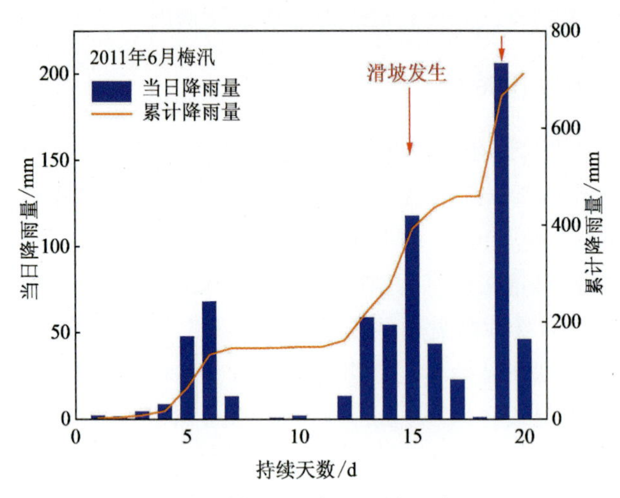

图 7.4　衢州市 2011 年 6 月梅汛降雨过程

2017 年 6 月梅汛降雨过程持续 17d，其中小雨 8d、中雨 3d、大雨 2d、暴雨 2d、大暴雨 2d，降雨极值出现在降雨过程的第 11 天，单日降雨量 135.7mm，累计降雨量 561mm，降雨过程平均日降雨量为 33mm。在降雨过程的第 4、6、7 天诱发了滑坡，如图 7.5 所示。

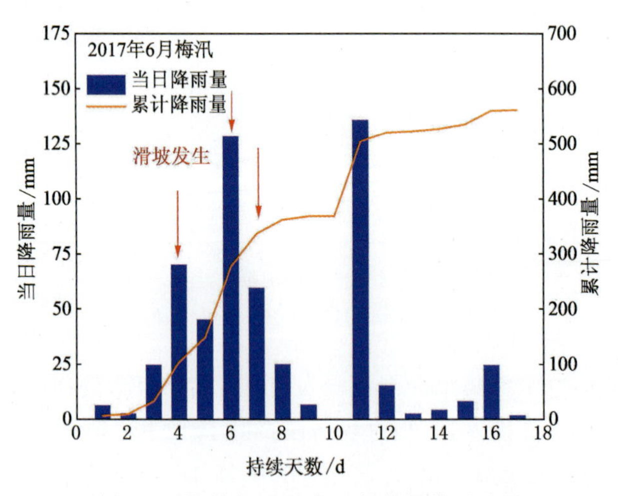

图 7.5　衢州市 2017 年 6 月梅汛降雨过程

7.2.3 暴雨特征

暴雨诱发滑坡的作用已被广泛证实。衢州市39%的暴雨事件发生在6月份，正值梅汛期，如图7.6所示。6月为滑坡最频发时期，数量占全年的46.3%。5、6、7三个月的暴雨事件占全年的67%，同时期滑坡灾害占全年的72%，灾害发生和暴雨事件具有良好相关性。衢州市50年内暴雨次数为267次，年平均暴雨次数为5.34次。其中88.4%的暴雨日降雨量小于100mm，累计为236次，大暴雨事件累计31次，无特大暴雨事件。

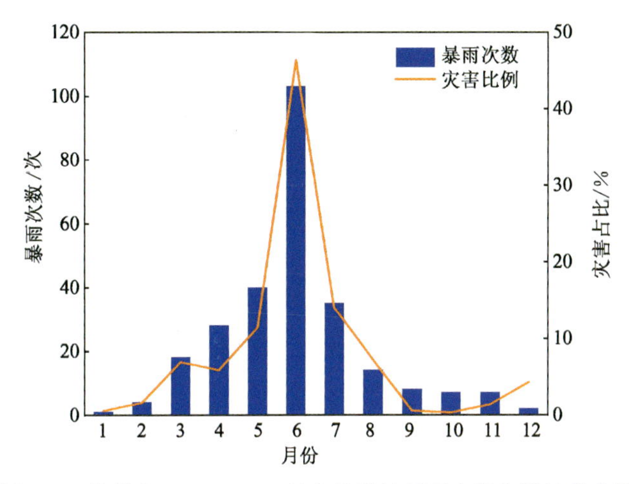

图7.6　衢州市1970—2019年各月累计暴雨次数和滑坡分布图

综上所述，衢州市诱发滑坡的梅汛降雨过程具有两大特点：

(1)日均雨量小，持续时间长，累计雨量大，降雨过程中微雨、中小雨和暴雨交替出现。

(2)降雨诱发滑坡是中小雨持续入渗叠加短时暴雨作用的结果。梅汛期间动辄持续两周以上的降雨可深入土体内部，软化斜坡土体，减小抗剪强度，其间叠加多次暴雨作用进一步加大滑坡发生的可能性。

7.3 降雨强度-降雨历时(*I-D*)阈值

建立数理统计阈值所需的基础数据包括历史滑坡发生时间、地点和对应的降雨资料。本书选择具有明确发生时间地点、具有对应降雨资料的灾害点进行阈值建模。为保证阈值建模结果的可靠性，需对数据进行筛选，剔除非降雨诱发和发生时间、地点模糊的灾害点以及滑坡发生前一段时间内无降雨或降雨量明显不足的点。最终，78处滑坡灾害满足要求。按照建立分级阈值的常用方法，先拟合各降雨阈值模型的幂函数，确定阈值曲线的斜率，再以滑坡数量的15%、30%、60%和85%确定各曲线的截距，得到4个等级的阈值曲线。

以降雨持续时间 D 为横轴，有效降雨强度 I 为纵轴，统计诱发滑坡降雨事件的持续时间和有效降雨强度作双对数坐标散点图，以区域滑坡15%、30%、60%和85%的发生概率，按式(7.1)建立 I-D 阈值曲线为 $I_{15\%}=25D^{-0.568}$、$I_{30\%}=40D^{-0.568}$、$I_{60\%}=62D^{-0.568}$ 和 $I_{85\%}=90D^{-0.568}$，结果如图7.7所示。诱发滑坡降雨事件的降雨规律表明，诱发滑坡的降雨事件持续时间主要集中在1～15d内，大于15d的降雨事件为少数，说明降雨诱发滑坡需要一定时间的持续作用，同时大部分滑坡在经历一定的降雨影响后便会发生。诱发滑坡也需要一定的启动降雨强度，由图7.7可知，即使经过较长的降雨作用后，平均降雨强度小于3mm/d时，也没有滑坡发生，说明滑坡发生需要一定的最小降雨强度。同时，滑坡主要发生在8～50mm/d的降雨强度内，较大的降雨强度诱发滑坡常见于持续时间较短的降雨事件。I-D 阈值曲线表明诱发滑坡所需的降雨强度和降雨持续时间总体呈反比，持续时间短的降雨事件诱发滑坡所需的降雨强度大，但是经过一段时间的降雨积累后，强度较小的降雨也能够诱发滑坡。这说明在前期降雨对滑坡的持续浸润下，岩土体趋于饱和，抗剪强度降低，后续诱发滑坡所需的降雨强度变小。I-D 阈值模型所呈现的降雨诱发滑坡规律也印证了衢州市梅汛降雨诱灾特点。

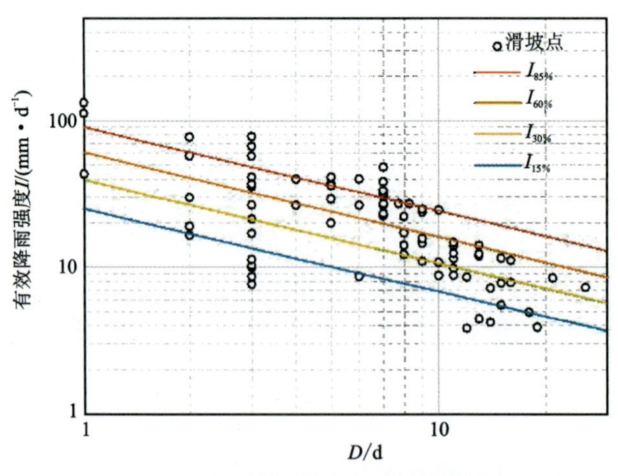

图7.7　降雨诱发滑坡的 I-D 阈值曲线

7.4 前期降雨作用和气象预警判据

前期降雨和持续时间是影响滑坡发生的重要因素，在分析降雨型滑坡时，既要考虑滑坡发生时降雨事件的影响，也要考虑前期降雨诱发滑坡的作用。为研究滑坡发生与前期降雨的关系，本次研究统计了滑坡当天降雨量和前期有效降雨量的分布，如图 7.8 所示。31％的滑坡发生当天降雨量小于 25mm，甚至无降雨，而前期有效降雨量分布于 30～217mm 之间。当日降雨很小也有可能发生滑坡，说明前期降雨是诱发滑坡的重要因素。

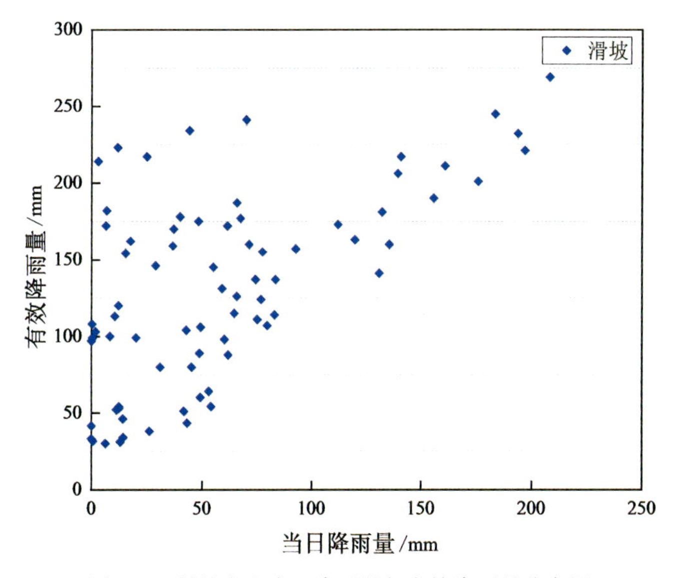

图 7.8　滑坡发生当日降雨量与有效降雨量分布图

统计滑坡发生当天的降雨量与滑坡发生前 3 日、5 日、7 日、10 日、15 日和 20 日的累计降雨量，绘制两者关系图（图 7.9），对比滑坡发生当天降雨量和前期降雨量的大小。对角线上的点表示当日降雨量和前期累计降雨量相等。对角线偏左的点表示当日降雨量大于前期累计降雨量，说明滑坡发生更多受当日降雨控制。对角线偏右的点表示当日降雨量小于前期累计降雨量，说明滑坡发生更多受前期降雨控制。如图 7.9 所示，在前期不同持续时间的降雨下，大量滑坡事件点偏向对角线右侧，说明衢州市前期降雨在诱发滑坡的过程中扮演了重要角色，在设计滑坡气象预警指标时要充分考虑前期降雨的作用。

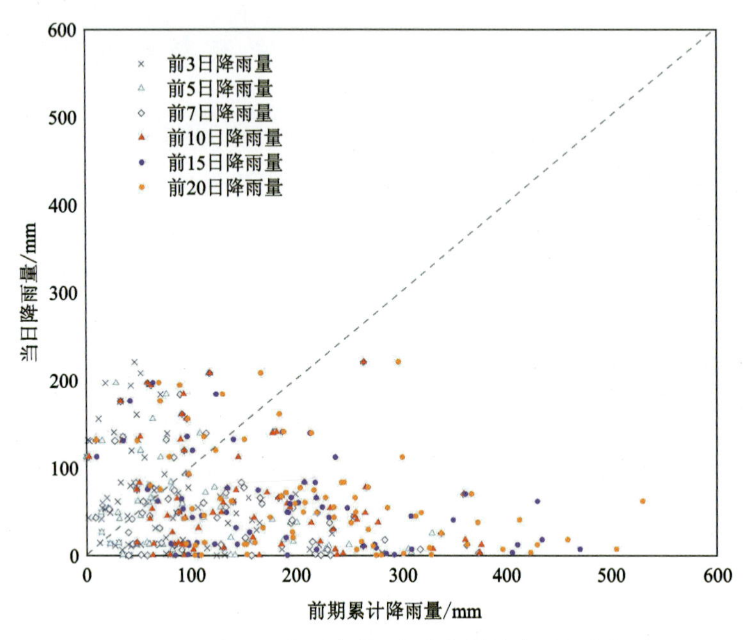

图 7.9 滑坡发生当日降雨量与前期累计降雨量分布图

7.4.1 滑坡气象预警双指标模型

I-D 阈值曲线反映了诱发滑坡的降雨强度随降雨持续时间变化的关系，由 *I-D* 曲线可反演获得不同持续时间的降雨诱发滑坡所需的平均降雨强度，并在此基础上设计适用于研究区的滑坡气象预警指标。梅汛期是研究区滑坡最频发的时期，本次研究针对梅汛期持续时间长、中小雨和暴雨交替出现的特点设计预警指标，同时考虑受前期降雨和短时强降雨作用的情况。研究区内数量众多的滑坡发生前已有较长持续时间的降雨发生，其中降雨持续时间达到 5 日及以上的滑坡数量占比为 69.2%，说明 5 日及以上的持续降雨对于滑坡的诱发作用明显。殷坤龙(2003)对研究区内滑坡与降雨相关性研究表明，滑坡发生与前期 5 日降雨最相关，故选择前期 5 日有效降雨量 R_5 作为预警指标以表征前期降雨的影响。对梅汛期间交替出现的多次短时暴雨诱发滑坡的特点以当日降雨量 R_0 进行预警。综合对比 R_5 和 R_0 两类指标预警情况，选取较高等级预警发布，实现针对研究区降雨特征的双指标综合预警。

将本次研究设计的 4 个等级阈值与浙江省滑坡灾害气象预警等级结合：$I_{15\%}$ 阈值对应Ⅳ级低风险蓝色预警；$I_{30\%}$ 对应Ⅲ级中风险黄色预警，提醒预报区内人员开展巡查监测，关注降雨和实时预警信息；$I_{60\%}$对应Ⅱ级高风险橙色预警，停止预报区内户外作业，密切关注降雨和实时预警信息，做好受地灾威胁居民转移准备，落实应急措施；$I_{85\%}$对应Ⅰ级极高风险红色预警，加强预报区内风险管控，密切关注降雨和实时预警信息，可根据实际情况提前疏散受地灾威胁的人员，做好应急准备。按照浙江省地质灾害气象预警各等级的相应措施，可分为警告级和行动级预警。其中Ⅲ、Ⅳ级为警告级，主要目的是提高滑坡灾害防范意识；Ⅰ、Ⅱ级为行动级，需采取诸如停止作业、转移安置等避险行动。基于 *I-D* 阈值计算得出滑坡气象预警双指标判据如表 7.2 所示。

表 7.2　基于 *I-D* 阈值的滑坡气象预警双指标判据

预警指标	预警等级			
	Ⅳ	Ⅲ	Ⅱ	Ⅰ
日降雨量 R_0/mm	[25,40)	[40,60)	[60,90)	≥90
5 日累计有效降雨量 R_5/mm	[50,80)	[80,125)	[125,180)	≥180

影响滑坡灾害发生的因素主要包括控制滑坡灾害发育的地质环境条件等内部因素，以及降雨、人类工程活动等外部诱发因素。根据历时灾害和降雨数据统计分析建立的 *I-D* 阈值，虽然考虑了降雨特征和气候条件的差异，但未考虑不同地质环境条件在孕育滑坡灾害时的区别。根据历史灾害发育情况建立的滑坡易发性区划反映了滑坡灾害的空间分布规律，反映的是不同地质环境条件的孕灾区别。将滑坡灾害发育的地质环境条件和气象预警判据相结合，建立基于易发性分区的滑坡灾害风险气象预警模型，实现兼顾滑坡发生空间概率和时间概率的分区分级综合预警。该模型以矩阵形式表达(表 7.3)，危险性等级相应划分为低危险性区、中危险性区、高危险性区和极危险性区。

滑坡灾害分区分级预警判据矩阵是叠加分级降雨阈值和易发性区划的滑坡灾害危险性预警结果。易发性区划为低易发时，区内基本不具备滑坡发育条件，滑坡发育困难，发育数量极少，因此认为在各阈值等级下滑坡灾害的危险性等级为低危险性；易发性区划为中易发时，区内已具备滑坡发育条件，但区内斜坡整体较为稳定，在较低的降雨阈值等级(Ⅳ级和Ⅲ级)时，滑坡灾害危险性仍处于较低水平，若降雨预警等级提高，区内可能面临更大的滑坡灾害威胁，对应的危险性预警等级升高；易发性区划为高易发时，说明区内地质环境条件利于滑坡发育，在降雨作用下斜坡易发生失稳破坏，且随着降雨预警等级的提升，滑坡灾害危险性预警等级随之提升，在降雨预警等级达到Ⅰ级红色预警时，滑坡灾害危险性也达到极高危险性等级；易发性区划为极高易发时，说明区内地质环境条件脆弱，人类工程活动频繁，利于滑坡发育的因素较多，面临的滑坡灾害风险大，在降雨发生时，极有可能面临滑坡的威胁，因此极高易发区内滑坡灾害的危险性等级也最高，当降雨阈值等级到达Ⅱ级和Ⅰ级时，面临极高的滑坡灾害危险性。

表 7.3　滑坡灾害气象风险预警判据

易发性	降雨阈值分级			
	Ⅳ	Ⅲ	Ⅱ	Ⅰ
低易发	低	低	低	低
中易发	低	低	中	高
高易发	低	中	高	极高
极高易发	中	高	极高	极高

以二维预警判据矩阵为基础，同时引入反映短时强降雨的预警指标 R_0 和反映前期降雨过程的预警指标 R_5 建立三维滑坡灾害风险气象预警判据模型，如图 7.10 所示。三维判据模型更直观地展示了研究区滑坡灾害危险性情况。在滑坡灾害易发性等级较低的区域，即三维风险图的左下部分，叠加各等级的降雨后，风险等级仍然维持在较低的水平。随着易发性等级升高，滑坡灾害风险等级变化明显。在三维风险图的右上部分是高和极高易发性等级叠加高等级降雨工况后的滑坡灾害风险，此部分高风险和极高风险占比大，说明汛期对滑坡灾害高易发区域的防范十分重要。三维风险图展示了不同情况下的风险等级，风险等级高低有别，防控区域重点明晰，可用于灾害风险管控人员针对性地开展风险防控工作。

需要指出的是，三维风险图是以二维滑坡灾害分区分级预警判据矩阵为基础建立的。图中各风险等级占比不代表实际防控中滑坡灾害危险性等级出现的概率。因为无论是滑坡灾害易发性区域还是降雨预警等级，高易发区和高预警等级的降雨工况出现概率远小于低等级出现概率。例如，在极高易发等级内，极高风险占比大，但是极高易发性区域在全区面积占比小。同时，高预警等级的降雨事件出现次数少，两者同时出现的概率更低。所以综合各等级的易发区和气象预警等级的占比来看，极高危险性预警出现的概率并不大。分区分级综合预

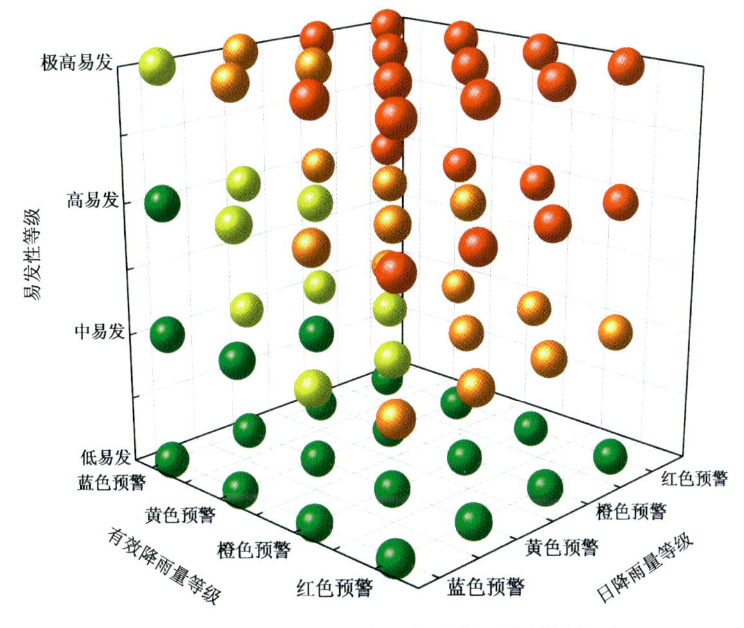

图 7.10 滑坡灾害风险气象预警三维判据模型

警模型图可作为滑坡灾害危险性等级判断依据，但不能作为各等级危险性出现概率的判断依据。

7.4.2 降雨诱发滑坡的数值分析

在统计阈值的基础上，建立典型斜坡模型，对研究区不同降雨工况下斜坡失稳过程进行分析，并对降雨阈值可靠性进行检验。

1. 斜坡稳定性影响因素分析

数值模拟方法用于分析降雨诱发滑坡时作用机理、检验阈值的合理性时，由于模型数量限制，很难对区域各类型岩土体、水文条件、几何形状的斜坡进行模拟，且由于参数的变异性和地质环境的复杂性，准确确定某具体斜坡模型的各项参数几乎不可能实现。在此背景下，学者们转而讨论斜坡的各要素在斜坡稳定性中的作用，探索降雨条件下斜坡稳定性变化规律。Rahardjo(2007)探讨了土壤性质、降雨强度、初始地下水位和边坡几何形状(坡度、坡高)等因素在诱发土质边坡失稳中的影响。结果显示，初始地下水位和斜坡的几何形状等是决定斜坡初始稳定性的主要因素，对降雨过程中斜坡稳定性变化的过程影响小。如果要研究降雨过程中斜坡稳定性的变化情况，应该重点关注降雨工况（降雨强度和持续时间）和土壤性质（土体渗透系数）。

研究斜坡稳定性随降雨过程的变化时，应将关注点转移到初始稳定性较低的斜坡上来，此类斜坡在降雨工况下，稳定性系数下降空间不足，易发生失稳。另外，相较于关注降雨过程中滑坡稳定性系数是否下降到1及以下，即确定斜坡是否发生失稳，更为重要的是斜坡在降雨过程中稳定性系数变化趋势。受岩土参数变异性和斜坡模型初始条件的影响，稳定性系数的绝对值参考价值较小，稳定性系数变化的相对值可反映降雨对斜坡稳定性的影响。

2. 典型斜坡模型和降雨工况

基于以上论述和现场调查情况，结合实际条件建立研究区典型斜坡模型（表7.4）。选取20°、30°和40°斜坡坡度设置不同类型斜坡，根据物质成分将斜坡划分为土质斜坡和岩土混合斜坡。根据区内第四系堆积物厚度分布调查情况，确定岩土混合斜坡上覆土层厚度3m作为斜坡模型土层厚度值。根据研究区土样室内试验结果和数值模拟规律确定岩土体参数。

表 7.4　研究区典型斜坡模型

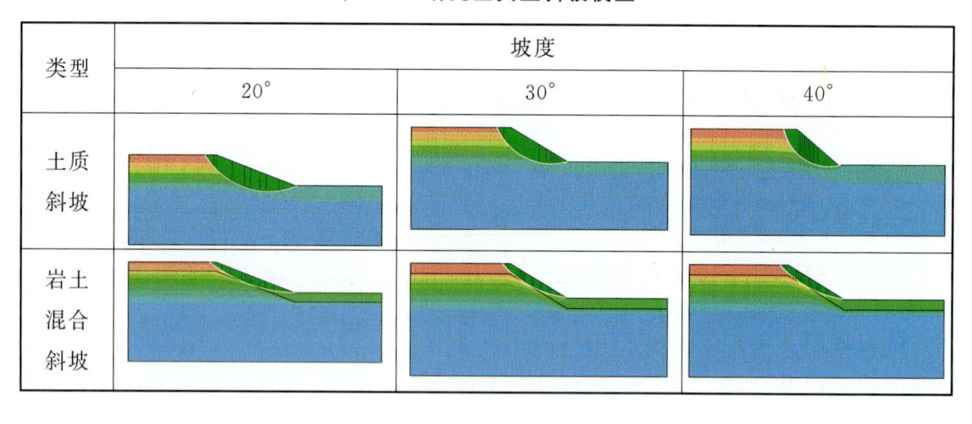

类型	坡度		
	20°	30°	40°
土质斜坡			
岩土混合斜坡			

降雨强度和持续时间是影响斜坡稳定性状态的重要参数。本次模拟主要考虑短时强降雨和前期持续降雨对斜坡稳定性的影响。根据气象预警指标设置两类降雨工况：短时降雨和5日持续降雨。短时降雨的计算工况：降雨强度为90mm/d、60mm/d、40mm/d，持续时间为1d。五日持续降雨工况：降雨强度为54mm/d、37mm/d、24mm/d，持续时间为5d。

3. 不同工况下斜坡稳定性分析

数值分析结果表明，土质斜坡潜在滑移面为坡顶延伸到坡脚的圆弧滑面，岩土混合斜坡破坏模式是沿岩土接触界面的浅层滑移(图 7.11)。模拟结果符合研究区斜坡破坏实际情况。

短时降雨工况下，土质斜坡和岩土混合斜坡降雨前均处于稳定状态，斜坡稳定性系数下降与降雨关系明显。在 40mm/d 和 60mm/d 的降雨工况下，斜坡虽未发生失稳，但稳定性系数下降明显(图 7.12～图 7.14)。在最高等级的降雨工况下(90mm/d)，斜坡坡度为 40°的土质斜坡和岩土混合斜坡稳定性系数均下降到 1 以下，这意味着斜坡在高等级短时降雨工况下失稳可能性大。

(a)土质斜坡

(b)岩土混合斜坡

图 7.11　研究区斜坡典型破坏模式

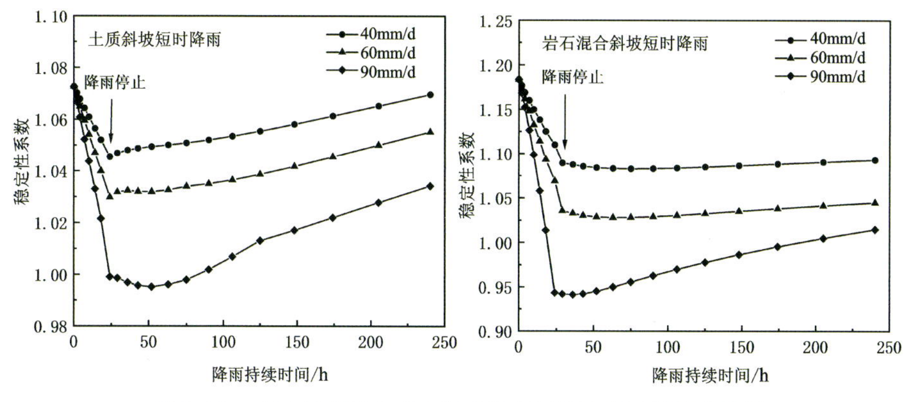

图 7.12　40°土质斜坡和岩土混合斜坡短时降雨工况模拟结果

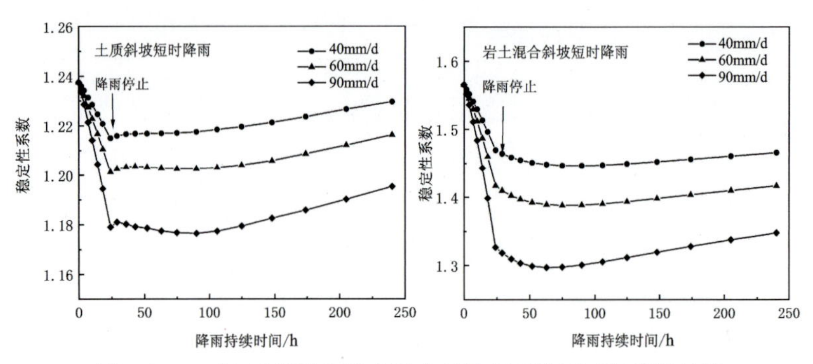

图 7.13　30°土质斜坡和岩土混合斜坡短时降雨工况模拟结果

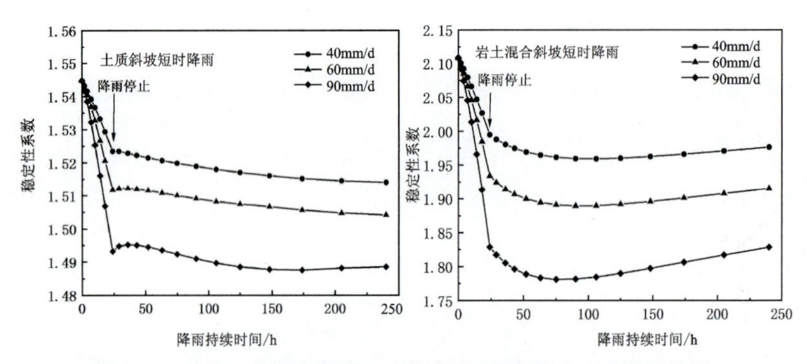

图 7.14　20°土质斜坡和岩土混合斜坡短时降雨工况模拟结果

5 日持续降雨工况下，土质斜坡和岩土混合斜坡降雨前均处于稳定状态，降雨后斜坡稳定性系数显著下降(图 7.15～图 7.17)。在最高等级的降雨工况下(270mm/5d)，30°和 40°的土质斜坡模型以及岩土混合斜坡所有模型稳定性系数均下降到 1 以下，说明斜坡在持续降雨工况下失稳可能性大。

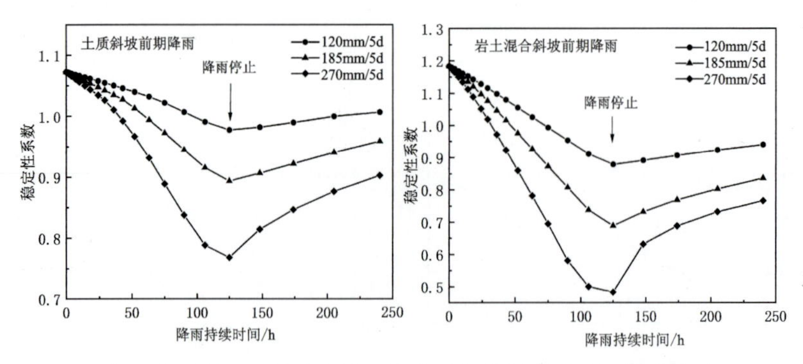

图 7.15　40°土质斜坡和岩土混合斜坡前期降雨工况模拟结果

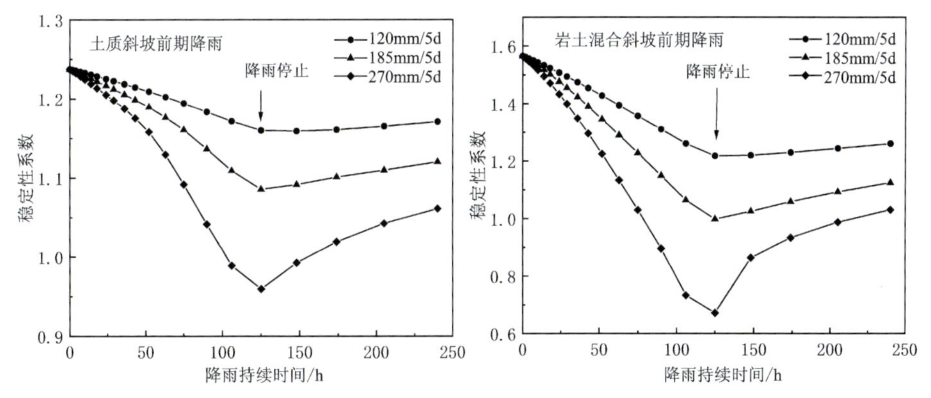

图 7.16 30°土质斜坡和岩土混合斜坡前期降雨工况模拟结果

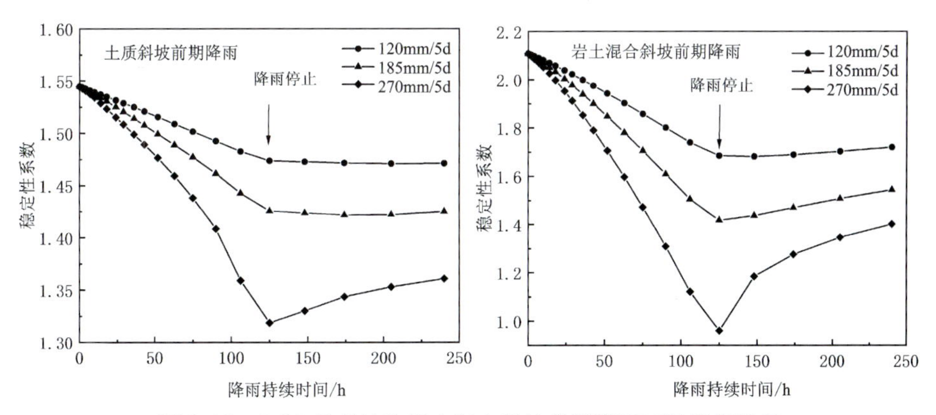

图 7.17 20°土质斜坡和岩土混合斜坡前期降雨工况模拟结果

降雨工况下各斜坡模型的稳定性变化趋势：同类斜坡模型初始稳定性系数 F_s 相等，在降雨工况下，F_s 均显著下降，说明斜坡稳定性受降雨影响明显。土质斜坡一般发生圆弧滑动，岩土混合斜坡一般沿岩土接触界面发生浅层滑移。F_s 变化趋势与斜坡物质组成和降雨工况关系密切。相同坡度的土质斜坡初始 F_s 小于岩土混合斜坡，在短时降雨和持续降雨两种工况下岩土混合斜坡 F_s 下降较土质斜坡明显。通过数值分析斜坡模型在各降雨工况下的稳定性系数变化趋势，检验阈值合理性，完善统计阈值未考虑斜坡失稳发育规律的缺陷，说明阈值在预测斜坡失稳方面具有实际意义。

7.5 气象预警模型检验

7.5.1 基于历史降雨的预警情况反演

衢州市1970—2019年共18 262个自然日，获取所有自然日当日降雨量R_0，并计算5日累计有效降雨量R_5，按双指标模型对比日降雨量和5日有效降雨量进行预警情况反演分析。50年综合预警总计1728次，其中红色预警76次、橙色预警162次、黄色预警463次(表7.5)。双指标模型触发的各等级年均预警次数合理，便于政府管理部门发布预警，可避免因频繁发布预警造成预警信号可信度下降。图7.18为衢州市50年按双指标模型统计的预警分布情况。红色、橙色行动级预警点广泛散布在高日降雨量和高有效降雨量的扇形外围区域，呈现量少、分散的特点，小部分降雨事件点紧靠扇形边缘，具有超大的前期降雨量或日降雨量，是衢州市极端降雨天气诱发滑坡的代表。数量众多的非预警点和警告级预警点集中分布在扇形中心区域，处于日降雨量和5日有效降雨量均较小的区域。

表7.5 衢州市双指标模型50年预警反演情况 单位:次

预警等级	蓝色预警	黄色预警	橙色预警	红色预警
按R_0预警	550	267	115	53
按R_5预警	878	355	95	35
综合预警	1027	463	162	76
年均次数	20.5	9.3	3.2	1.5

7.5.2 基于历史灾害的模型可靠性分析

检验预警模型可靠性最直接、最可靠的方式是对比历史灾害发生情况与预警等级的一致性。通过衢州市多年梅汛期间诱发滑坡的20场降雨事件检验双指标模型的可靠性，统计滑坡发生当日降雨量和5日有效降雨量，判断其触发的预警等级，如图7.19所示。单一日降雨量指标R_0成功预警了全部的20处滑坡，其中橙色和红色预警11处。单一5日累计有效降雨量指标R_5预警了17处滑坡，其中红色和橙色预警10处，漏报3处灾害。双指标模型综合预警了全部的20处滑坡，其中红色和橙色预警达15处，预警效果显著，如表7.6所示。

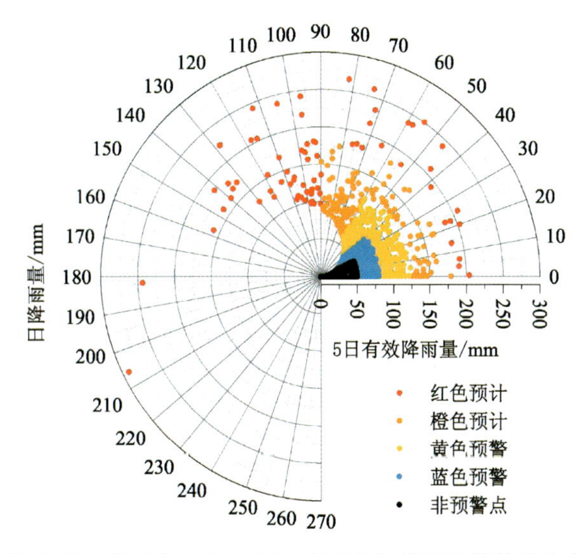

图 7.18 衢州市 1970—2019 年双指标模型预警等级分布

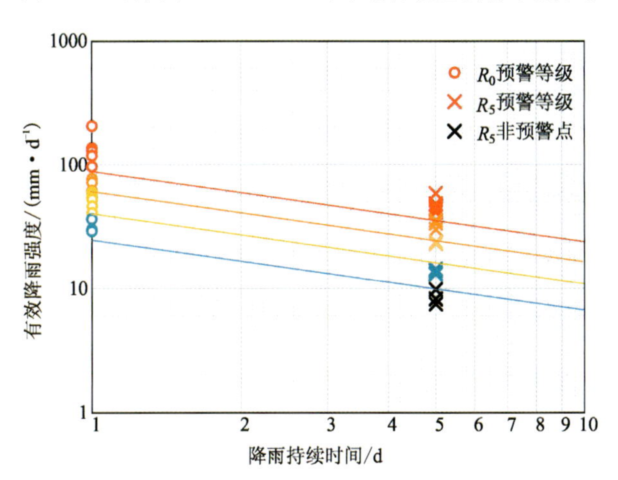

图 7.19 双指标模型预警可靠性验证

表 7.6 基于双指标模型的滑坡预警可靠性验证　　单位:次

预警等级	蓝色预警	黄色预警	橙色预警	红色预警
按 R_0 预警	3	6	4	7
按 R_5 预警	4	3	3	7
综合预警	3	2	5	10

利用衢州市 2014 年滑坡实际发生情况和预警发布情况检验双指标模型的可靠性，统计情况如表 7.7 所示。衢州市 2014 年总降雨量为 2114mm，远超 1700mm 的年均降雨量，其中 6 月下旬汛期连续降雨 15d，累计降雨量达 553mm，占全年降雨量的 26%。其间日降雨量多次达到暴雨、大暴雨级别。全年发生 8 处降雨型滑坡，诱发滑坡的降雨事件所触发的预警等级均为行动级预警。6 月梅汛期是滑坡发生最频繁的时期，也是预警发布最频繁、等级最高的时期，共有 7d 发生了滑坡。发布的 4 次红色预警全部成功预警滑坡，发布的 6 次橙色预警 4 次成功预警滑坡，行动级预警的较高命中率说明了双指标模型的可靠性。同时要注意的是，警告级预警命中率较低，但并不表示此等级预警是不必要的。梅汛期间降雨量大，持续时间长，滑坡灾害往往具有突发性、多发性。双指标预警模型的特点使其在梅汛期间预警发布往往具有连续性和阶梯性特征，即预警信息随降雨的持续连续发布，预警等级随降雨情况改变而改变，等级具有过渡性。滑坡灾害风险管控的重要手段之一是提高群众认识灾害、躲避灾害的能力。这种预警特征对于提高汛期群众对滑坡灾害的警惕性及减轻灾害损失是必要的。

表 7.7　衢州市 2014 年滑坡发生和预警发布反演情况

1月	1	2	3	4	5	6	7	8	9	10	11	12	13	14	15	16	17	18	19	20	21	22	23	24	25	26	27	28	29	30	31
2月	1	2	3	4	5	6	7	8	9	10	11	12	13	14	15	16	17	18	19	20	21	22	23	24	25	26	27	28			
3月	1	2	3	4	5	6	7	8	9	10	11	12	13	14	15	16	17	18	19	20	21	22	23	24	25	26	27	28	29	30	31
4月	1	2	3	4	5	6	7	8	9	10	11	12	13	14	15	16	17	18	19	20	21	22	23	24	25	26	27	28	29	30	
5月	1	2	3	4	5	6	7	8	9	10	11	12	13	★	15	16	17	18	19	20	21	22	23	24	25	26	27	28	29	30	31
6月	1	2	3	4	5	6	7	8	9	10	11	12	13	14	15	16	17	18	19	★	21	★	★	★	★	26	★	★	29	30	
7月	1	2	3	4	5	6	7	8	9	10	11	12	13	14	15	16	17	18	19	20	21	22	23	24	25	26	27	28	29	30	31
8月	1	2	3	4	5	6	7	8	9	10	11	12	13	14	15	16	17	18	19	20	21	22	23	24	25	26	27	28	29	30	31
9月	1	2	3	4	5	6	7	8	9	10	11	12	13	14	15	16	17	18	19	20	21	22	23	24	25	26	27	28	29	30	
10月	1	2	3	4	5	6	7	8	9	10	11	12	13	14	15	16	17	18	19	20	21	22	23	24	25	26	27	28	29	30	31
11月	1	2	3	4	5	6	7	8	9	10	11	12	13	14	15	16	17	18	19	20	21	22	23	24	25	26	27	28	29	30	
12月	1	2	3	4	5	6	7	8	9	10	11	12	13	14	15	16	17	18	19	20	21	22	23	24	25	26	27	28	29	30	31

红色预警　橙色预警　黄色预警　★ 发生滑坡灾害

2011 年 6 月 15 日，柯城区发生群发性滑坡灾害，全区爆发 15 处滑坡泥石流。当日降雨量为 117.7mm，前期五日累计有效降雨量为 205.5mm，日降雨量和前期累计有效降雨量均处于红色预警区间。图 7.20 展示了衢州市 2011 年 6 月 15 日及前期 10 日的降雨过程。从图中可以看出，6 月 15 日出现的极端降雨已经达到日降雨量的红色预警标准，前期 5 日有效降雨量也已达到红色预警标准，说明无论是短时降雨量还是前期累计降雨量都达到风险极高的值。以上降雨触发的预警判据和滑坡灾害发生情况的一致性说明建立的降雨阈值具有较好的可靠度，若能通过气象预报提前进行滑坡灾害预警，可有效降低灾害造成的损失。

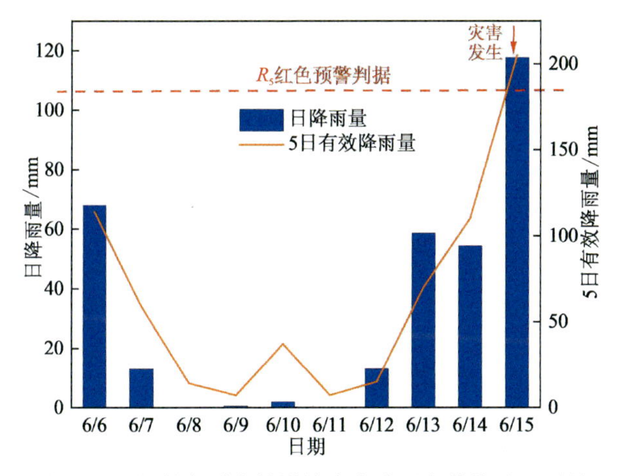

图 7.20　衢州市群发性滑坡灾害降雨事件的过程雨量

2020 年入梅以来，柯城区连续出现强降雨天气。2020 年 6 月 4 日九华乡大侯村突发泥石流地质灾害。据统计，九华乡 2020 年 6 月 3 日至 4 日 24 小时累计降雨量为 91.8mm，按照日降雨量预警判据，处于红色预警状态。图 7.21 是 2020 年 6 月 4 日诱发大侯村泥石流的降雨事件过程雨量。降雨持续 10h 后累计雨量即达到了黄色预警标准，降雨持续 13h 后累计雨量达到橙色预警标准。此后数小时内降雨量略有减小，但累计降雨量增长。直到泥石流发生前 1 小时，累计降雨量达到红色预警标准。

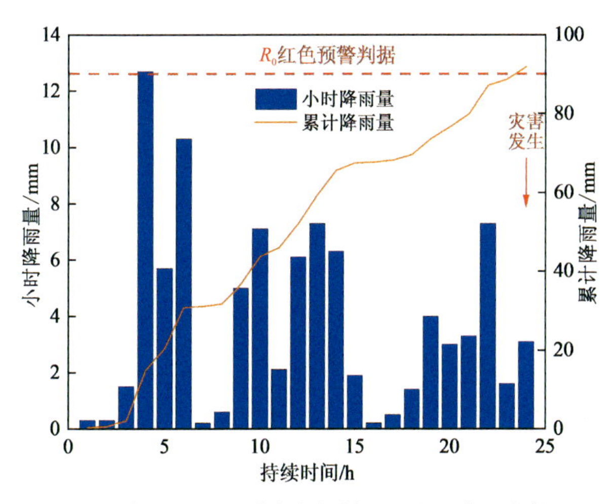

图 7.21　2020 年 6 月 4 日诱发大侯村泥石流的降雨事件过程雨量

7.5.3 滞后性滑坡的预警

从较长的时间尺度来看，大部分滑坡发生在雨季。从预警预报的角度，则需要确定更准确的滑坡发生时间。大暴雨和持续降雨诱发滑坡往往具有即雨即滑或同步发生的特点，这种特点有利于滑坡的预警预报。但部分滑坡相对于降雨事件表现出明显的滞后性，滑坡发生前曾经历长期持续降雨，滑坡发生时降雨量小，甚至无降雨，滑坡发生主要受前期降雨控制。双指标模型考虑了滑坡的历史降雨过程，具备预警滞后性滑坡的能力，如图 7.22 所示。在图中 7 处滞后性滑坡的预警中，由于滑坡发生当日降雨量小，不足以触发日降雨量预警指标。根据前期降雨指标 R_5 成功预警，其中 3 处橙色预警，3 处黄色预警，1 处蓝色预警。

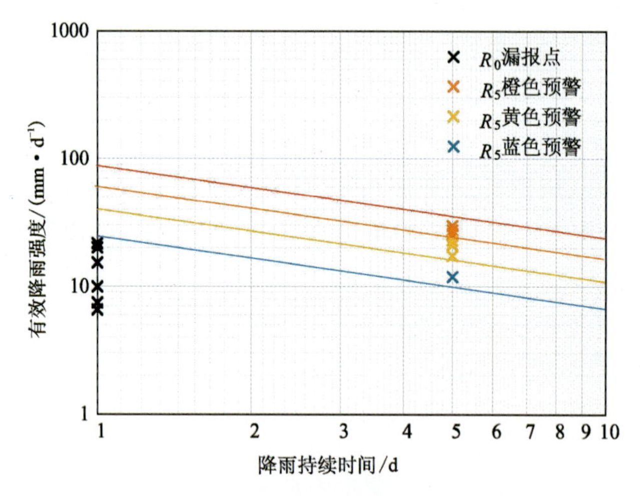

图 7.22 双指标模型预警滞后性滑坡

针对衢州市汛期降雨过程主要受梅雨控制的特征，采用历史灾害和降雨数据建立了基于 *I-D* 阈值曲线的降雨阈值模型。降雨阈值模型依据日降雨量和 5 日累计有效降雨量进行预警预报。采用降雨预警等级和易发性等级两类指标建立研究区气象风险预警判据，可服务于研究区滑坡灾害风险精细化风险预警。通过反演衢州市 50 年历史降雨对应的预警情况说明了预警次数的合理性，典型历史灾害发生情况和预警反演情况的一致性验证了降雨阈值的可靠性、典型斜坡模型降雨工况下的稳定性分析阐明了降雨在诱发滑坡时的作用。降雨阈值建立过程考虑了不同降雨历时的短时强降雨过程和多日持续降雨过程，与研究区内典型诱灾降雨特征一致，有效提高了滑坡灾害气象预警精度。

第8章　建房切坡"一屋一卡"地质灾害风险调查与评价

随着美丽乡村建设的不断发展，农村山区建房过程中通过开挖坡体增大建筑基础面积的现象逐渐增多，建房切坡后形成的高陡人工边坡给崩塌、滑坡等地质灾害的发生埋下了隐患。在山区房屋修建中，为了满足房屋用地的需求，会通过切割山体的方式扩大土地面积，从而形成大量的建房切坡，致使山体失去原本稳定的状态，在外在因素（降雨、爆破开挖）的破坏下，各种形式的切坡病害发生，严重威胁居民的生命财产安全。因此，研究建房切坡防治技术是非常必要的。根据《衢州市柯城区农村山区地质灾害调查评价报告》（浙江省地质矿产研究所，2018），柯城区地质灾害以滑坡中78.9%为屋后建房切坡开挖坡脚形成。建房切坡风险评价与管理主要开展3部分研究：

（1）"一屋一卡"建房切坡风险调查与评价研究；

（2）建房切坡危险性区划研究；

（3）建房切坡方案设计及防治工程应用场景建设。

8.1　建房切坡风险调查评价方法

8.1.1　"一屋一卡"建房切坡风险评价

1. 评价流程

"一屋一卡"建房切坡风险评价是指通过测绘、钻探、物探、山地工程等手段，对辖区内所有可能威胁人员生命和财产安全的建房切坡进行综合调查并建档立卡的一项调查与评价体系，是建房切坡灾害风险识别、风险防范区划定、风险阈值确定、风险管理和应急撤离等工作的基础。

"一屋一卡"评价流程如下：

(1)根据切坡型滑坡的影响因素及层次分析模型结构建立方法确定分析指标体系；

(2)对每一类指标进行评价，计算相应权重及指标相对的指数值；

(3)对全体评价指标进行综合累加，分级评价屋后切坡易发性，叠加有效降雨预警分级，确定滑坡的危险性及预警等级。

按照岩土类型将切坡型滑坡分为岩质、土质和岩土混合切坡，野外判断3种类型切坡的根据为覆盖层厚度 h_s 与切坡高度 H 的比值 ζ，即

$$\zeta = \frac{h_s}{H} \tag{8.1}$$

当 $\zeta \leqslant 0.1$ 时，将切坡视为岩质切坡；当 $0.1 < \zeta \leqslant 0.9$ 时，将切坡视为岩土混合切坡；当 $0.9 < \zeta$ 时，则将切坡视为土质切坡。

2. 评价方法

基于"一屋一卡"的建房切坡风险评价方法需要确定所调查指标的权值及分值，本次研究采用SIM-AHP方法进行评价。SIM-AHP是将综合指数法(syntheticac index method，SIM)和层次分析法(the analytic hierarchy process，AHP)相结合的综合评价方法。综合指数法是把不同性质、不同类别、不同计量单位的指标经过指数化变成指标，按照异类指标相加的方法进行指标综合。层次分析法由20世纪70年代美国著名运筹学家Saaty提出，通过将复杂的问题分解成层级结构，并且利用判断矩阵来分析各个因素的重要性，在各类工程、信息、管理问题中广泛应用，是获取权重的重要方法之一。层次分析法的核心思想是根据专家自身的经验对指标的判断矩阵进行打分，从而获得属性权重，因此该方法是一种比较常见的主观赋权方法。对于切坡型滑坡评价问题，各个评价指标之间是相互制约、相互关联的，因此需要用层次分析法来进行建模分析。具体步骤如下：

(1)建立层次结构。本次研究采用7类一级指标和18项二级指标构建层次结构。

(2)构造准则层判断矩阵，计算准则层权重。根据层次分析法，由专家自身经验对准则层进行两两比较，按照1～9标度法进行打分，判断两两指标间的相对重要性，赋值方法如表8.1所示。

表 8.1 层次分析法赋值方式

标度	含义
1	2个因素相比,具有相同重要性
3	2个因素相比,前者比后者稍重要
5	2个因素相比,前者比后者稍重要
7	2个因素相比,前者比后者强烈重要
9	2个因素相比,前者比后者强烈重要
2,4,6,8	表示上述相邻判断的中间值

注:若因素 i 与因素 j 的重要性之比为 a_{ij},那么因素 j 与因素 i 重要性之比为 $a_{ji}=1/a_{ij}$。

(3)计算判断矩阵 **S** 的最大特征根$\lambda_{\max}$及其对应的特征向量并归一化。本次研究采用方根法求解最大特征根,计算方法为

$$\overline{w}_i = \sqrt[n]{\prod_{j=1}^{n} a_{ij}} \quad (i=1,\ 2,\ \cdots,\ n) \tag{8.2}$$

$$\overline{\boldsymbol{w}} = [\overline{w}_i]^{\mathrm{T}} \tag{8.3}$$

a_{ij}因素 i 与因素 j 的重要性之比,$\overline{\boldsymbol{w}}$ 为特征向量。对 $\overline{\boldsymbol{w}}$ 进行归一化处理,可得

$$w_i = \frac{\overline{w}_i}{\sum_{i=1}^{n} \overline{w}_i} \tag{8.4}$$

由公式(8.4)可得到第 i 层相关元素相对于该层的权重 w_i。判断矩阵 **S** 的最大特征根为

$$\lambda_{\max} = \sum_{i=1}^{n} \frac{(AW)_i}{nW_i} \tag{8.5}$$

(4)检验一致性,确定层次排序权向量。为了避免专家的主观偏向性,保证权重分配合理,应对判断矩阵进行一致性验证。一致性比率 CR 为

$$CR = \frac{CI}{RI} \tag{8.6}$$

式中：RI 为 S 的随机一致性指标，数据如表 8.2 所示；CI 为 S 的一致性指标，计算公式为

$$CI = \frac{\lambda_{\max} - n}{n - 1} \tag{8.7}$$

当 $CR<0.1$，阶数 $n>2$ 时，即认为判断矩阵 $\boldsymbol{S}$ 的不一致程度在容许范围之内，具有满足一致性的要求，可用标准化后的特征向量作为权向量，否则就要对判断矩阵 $\boldsymbol{S}$ 进行重新调整。

表 8.2　指标 *RI* 数值表

N	1	2	3	4	5	6	7	8	9	10
RI	0	0	0.58	0.90	1.12	1.24	1.32	1.41	1.45	1.49

2. 评价指标

边坡地质环境是一个复杂的系统，它既包含自然地质条件因素，又包含人类工程活动的因素。不仅因素之间的相互关系极为复杂，因素的量化也很困难。指标体系的合理性将在很大程度上直接影响到评价预测的结果。指标的选取应遵循以下原则：

(1)系统性和普适性。柯城区位于浙西地区金衢盆地西段。区内地形多样而有序，以河谷平原、低山丘陵为主，地形层次分明，形成以中部衢江为轴，南北两侧海拔依次升高，由河谷平原—低丘岗地—高丘—中低山过渡的特征。地势北高南低，总体由北向南倾斜。降雨季节性明显。4 月中旬至 7 月中旬为梅汛期，常出现连续的降雨；7 月中旬至 9 月中旬为台汛期，易出现大雨或暴雨，连续的降雨或大暴雨常常发生洪灾或诱发地质灾害。对这样一套复杂的地质环境条件，评价指标体系应尽量满足不同地区评价的需要。具体地区在应用时，又要根据具体情况进行指标优化和筛选。

(2)规范性和可比性。虽然地质环境条件具有显著的区域性，但在建立主要指标体系时，应尽量避免这种区域差异，该指标体系应相对规范和通用，内容包括术语表达、指标界定和具体的描述标准等。

(3)简明性和可操作性。通常研究人员为全面系统描述地质环境，往往选择较多的评价指标。多指标情况下，不但指标之间可能在内涵上存在重叠交叉，而且往往可操作性较差，对问题的研究解决无大裨益。因此，本次研究在针对具体

问题选择指标体系时，考虑了问题的阶段性、针对性，尽量选择有代表性的指标，避免指标之间的重叠交叉。

目前国内外学者大多选取极限平衡法或者数值模拟进行定量计算，因此需要详细的岩土体物理力学参数及降雨强度等信息。对每个屋后切坡获取岩土体参数会耗费大量的经费及人力。本研究旨在提供一种快速、易推广的易发性评价体系，可以通过野外观察快速获取评价指标。综合考虑国内外学者对边坡稳定性影响因素的研究成果，并参考《浙江省乡镇(街道)地质灾害风险调查评价技术要求》，在大量调查山区切坡发育特征的基础上，选取对于易发性评价与实际边坡检查有重要意义的7类一级指标和18项二级指标进行分析，即地形地貌(切坡高度、切坡坡度、自然坡角、剖面形态)；岩体性质(基岩岩性、岩体结构、基岩坚硬程度、风化程度)；覆盖层性质(覆盖层厚度、覆盖层土分类)；地质构造(斜坡结构、节理密度、节理组数)；水文条件(汇水条件、地下水状态)；植被作用(植被覆盖度、植被类型)；稳定性现状(变形迹象)，建立反映切坡型滑坡易发性特点的指标评价体系。根据易发性程度，将切坡型滑坡划分为低易发性、中易发性、高易发性和极高易发性4个等级。根据降雨阈值分级，可以得到切坡型滑坡的危险性及预警分级。

8.1.2 建房切坡方案设计方法

8.1.2.1 稳定性评价方法分析

边坡开挖一方面改变了原有的地表形态，形成了较陡的边坡，如果缺乏保护措施，新的切坡很容易失稳，从而形成以滚石或浅层滑坡为主的边坡破坏。另一方面，开挖有可能会改变原有坡体的结构，降低坡体的安全系数，引起较大规模的滑坡，造成更为严重的灾害。本次研究将采用GeoStudio软件中的SLOPE/W模块开展稳定性系数求解。

1. 土体抗剪强度理论

滑体中包括饱和土与非饱和土，其中饱和土的抗剪强度通常用莫尔-库伦准则来描述，采用有效状态参数来定义抗剪强度，即

$$\tau_f = c' + (\sigma_n - u_w)\tan\varphi' \tag{8.8}$$

式中：τ_f 为土体抗剪强度；c' 为有效黏聚力；φ' 为有效内摩擦角；σ_n 为条块底面法向正应力；u_w 为孔隙水压力。

相比于饱和土体中的抗剪强度，非饱和土中基质吸力对滑体抗剪强度有很大的影响。Fredlund 和 Morgenstern(1997)提出的双应力变量理论，将基质吸力和应力作为独立变量来描述非饱和土的强度与变形特性。Fredlund 等(1996)为讨论抗剪强度随着基质吸力的增加而增加的本质，引入吸力内摩擦角，将正应力与基质吸力作为变量，提出扩展的莫尔-库伦准则来表征非饱和土抗剪强度，即

$$\tau_f = c' + (\sigma_n - u_a)\tan\varphi' + (\sigma_a - u_w)\tan\varphi^b \tag{8.9}$$

式中：τ_f 为土体抗剪强度；φ^b 为吸力内摩擦角；u_a 为孔隙气压力；$(\sigma_n - u_a)$ 为破坏面上的净法向应力；$(\sigma_a - u_w)$ 为破坏面上的基质吸力。

2. Morgenstern-Price 法

滑坡的稳定性计算采用极限平衡法 Morgenstern-Price(M-P)法，M-P 法建立满足力的平衡及力矩平衡条件的微分方程式，根据整个滑动土体的边界条件求出问题的解：

$$E_n(F_s, \lambda) = 0 \tag{8.10}$$

$$M_n = \int_{x_0}^{x_n}\left(X - E\frac{\mathrm{d}y}{\mathrm{d}x}\right)\mathrm{d}x = 0 \tag{8.11}$$

其中，$y = Ax + B$ 。

式中：E_n 为法向条间力；M_n 为条块侧面力矩；F_s 为安全系数；X 为切向条间力；E 为法向力；n 为条块数；λ 、A 、B 均为任意常数。

8.1.2.2 滑坡运动距离分析方法

地质灾害的运动距离实际上反映了灾害风险的展布空间，提前预知灾害的风险空间能为九华乡灾害风险应急管理提供重要参考。基于经验统计的灾害运动距离成果，能服务于未开展任何灾害勘察工作的斜坡体风险应急处置。

根据滑坡灾害的特征与运动距离分析要求，统计图 8.1 所示的各项指标。其中，D 细化为 $L+d$。

通常依据滑坡现场调查和滑坡滑移距离估算得出滑坡可能影响范围。基于经验公式和历史数据的统计是估算滑坡滑移距离的常用方法。国内外学者在确定滑坡影响范围方面做了大量研究，基于滑坡坡度、滑坡体积的经验估算属最广泛，即

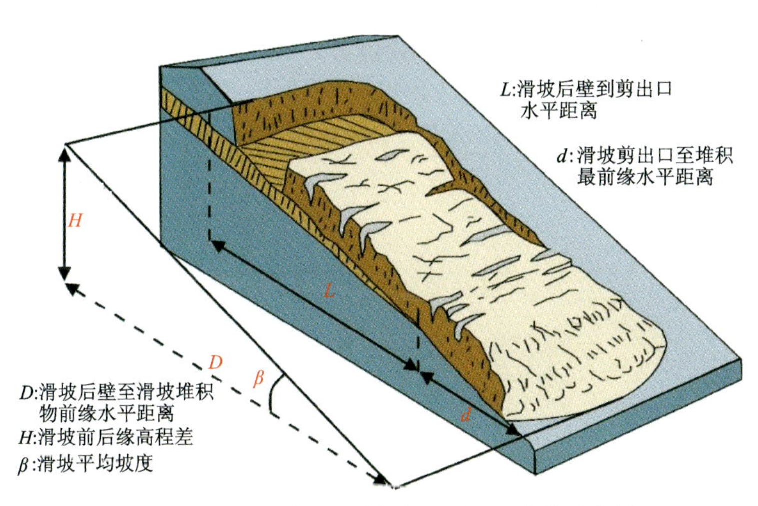

图 8.1　滑坡灾害运动特征与运动距离参数示意图

$$d = a\,(V\tan\beta)^{b} \tag{8.12}$$

式中：d 为滑坡至堆积最前缘水平距离；β 为滑坡坡体自然坡角；V 为滑动体体积；a、b 为经验参数。

8.2 “一屋一卡”建房切坡风险调查与评价实例分析

庙源溪流域位于浙江省衢州市柯城区北部，面积约 35km²，近中心地理坐标约为东经 118°47′58.0″，北纬 29°06′07.0″，西北为七里乡，南为九华乡和石梁镇，东临衢江区。研究区属于侵蚀剥蚀岩浆岩丘陵—低山—中山地貌，最高海拔为九华山 1050m，最低海拔为 160m，高差 890m，山体自然地形坡度 25°～35°，植被发育，以毛竹为主，覆盖率约 70%。该地区大部分地表上覆盖第四系风化层，厚度为 2～5m。

山区内农民建房切坡、“农家乐”等旅游景点开发和修建公路等常会对山坡进行开挖，山体遭受破坏。选址不当、修路建房削坡等都使得地质灾害风险增大，加之梅雨季节突发性强降雨多，已建或新建成的切坡极易发生浅层滑坡，严重威胁人民的生命财产安全。

8.2.1 切坡型滑坡发育特征

如图 8.2 所示，本次研究共核查历史灾害点 14 处，实地调查人工切坡

130处。调查的人工切坡中建房切坡53处，其中8处为欠稳定—不稳定；公路切坡77处，其中63处为欠稳定—不稳定。按照岩土类型划分有31处土质切坡、59处岩质切坡及40处岩土混合切坡，典型灾害照片见图8.3。按照“一屋一卡”的调查方法，调查内容包括地形地貌、岩体性质、覆盖层性质、地质构造、水文条件、植被作用及稳定性现状等，分析得出了小流域切坡型滑坡灾害发育特征和影响因素。

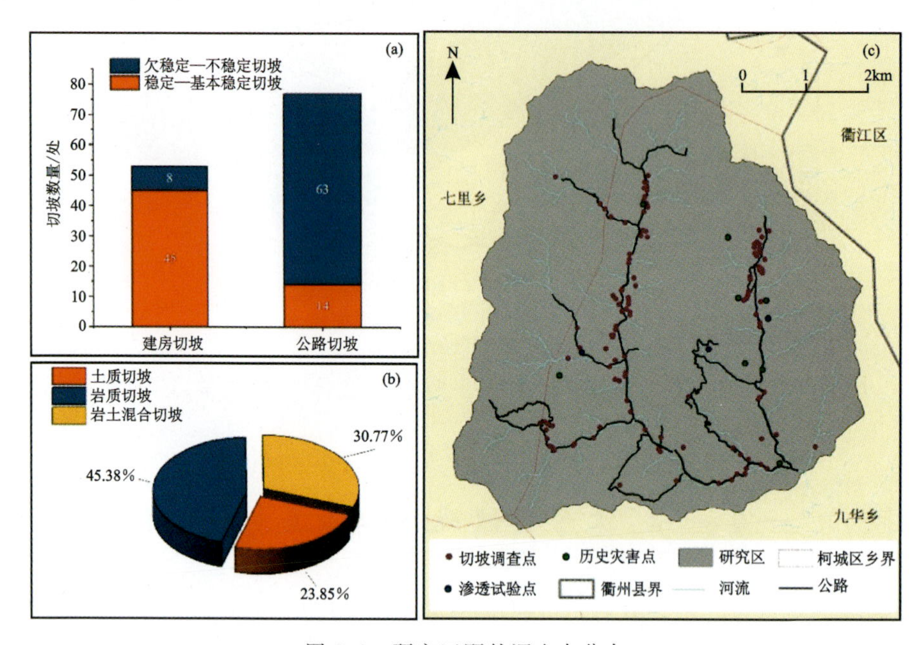

图8.2 研究区野外调查点分布

1. 地形地貌

切坡型滑坡的地形地貌条件包括切坡高度、切坡坡度、自然坡角和剖面形态。剖面形态主要包括直线形、阶梯形、凹形和凸形(图8.4)。地形条件是边坡稳定状态的外部表现，直接影响边坡变形破坏的方式。从地形地貌来看，边坡变形破坏主要集中发育于山区，尤其是河谷强烈切割的地带。从局部地形看，只有坡度和坡高适宜，才能形成临空面发生灾害。如图8.5所示，根据调查数据，研究区的切坡高度大多为3～5m，少部分公路切坡达到了10m以上，欠稳定—不稳定切坡多分布在3～5m之间，这是由于研究区覆盖层厚度大部分为0～6m，切坡极易诱发浅层滑动。切坡平均自然坡角为28°，最大值为50°，最小值为10°。欠

图 8.3　研究区典型灾害图

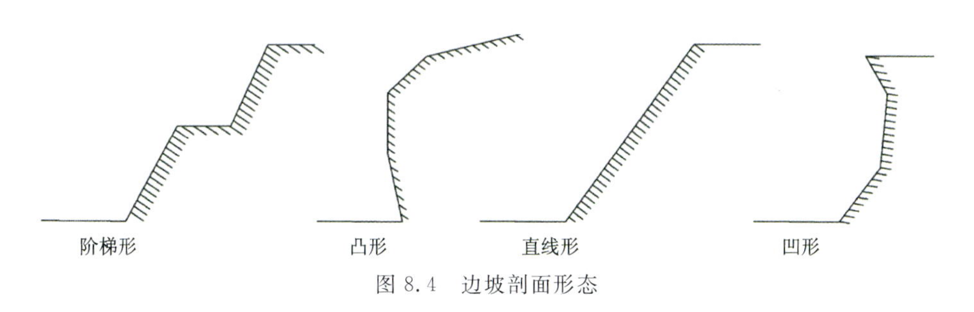

图 8.4　边坡剖面形态

稳定—不稳定切坡多分布在 20°～35°,岩土界面往往构成滑坡的主要滑动面。切坡坡度平均为 77°,大部分都在 60°以上,坡度越陡,边坡阻滑段越短,易发性越高。剖面形态中欠稳定—不稳定切坡多分布于直线形,阶梯形切坡的数量多但是欠稳定的数量少于凹形和凸形,大部分居民会通过挖掘阶梯形切坡来提高边坡的稳定性。

2. 岩体性质

岩体性质主要是针对岩质切坡和岩土混合切坡,是影响切坡的稳定性根本因素之一。通常,岩土体愈坚硬,抗变形能力愈强,则斜坡的稳定性愈好,反之斜坡的稳定性就愈差。岩体性质包括基岩岩性、岩体结构、基岩坚硬程度和风化程

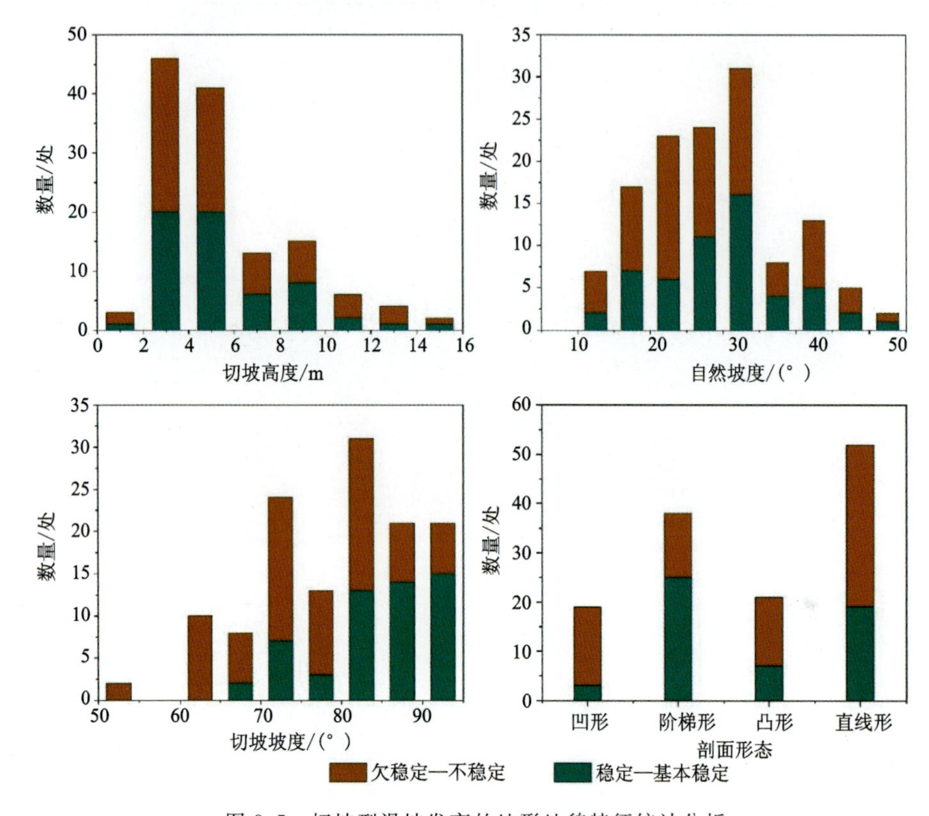

图 8.5 切坡型滑坡发育的地形地貌特征统计分析

度。研究区内基岩岩性主要为花岗斑岩及凝灰岩。花岗斑岩总体工程地质性能较好,但局部构造发育带易形成厚度较大、密实度低、黏土矿物丰富的全—强风化层,区内花岗斑岩分布区内局部易发生地质灾害。由凝灰岩组成的火山碎屑岩岩组,岩石完整性较好,风化残坡积层较薄,结构较稳定,风化程度主要受构造及地形影响。由统计可知,基岩为花岗斑岩的欠稳定切坡比例和数量高于凝灰岩切坡(图 8.6)。

岩体结构分为块状、层状、碎裂状和散体状。块状结构的岩性较单一,为受轻微构造作用的巨厚层沉积岩和变质岩、火成岩侵入体。层状结构的岩性较单一,为受轻微构造作用的巨厚层沉积岩和变质岩、火成岩侵入体。碎裂状结构处于岩性复杂、构造破碎较强烈的弱风化带。散体状结构位于构造破碎带,为全风化带。花岗斑岩主要呈块状,凝灰岩则易形成层状,在构造及地形作用下会变成碎裂状和散体状。研究区内欠稳定—不稳定切坡多分布于块状和散体状结构中。

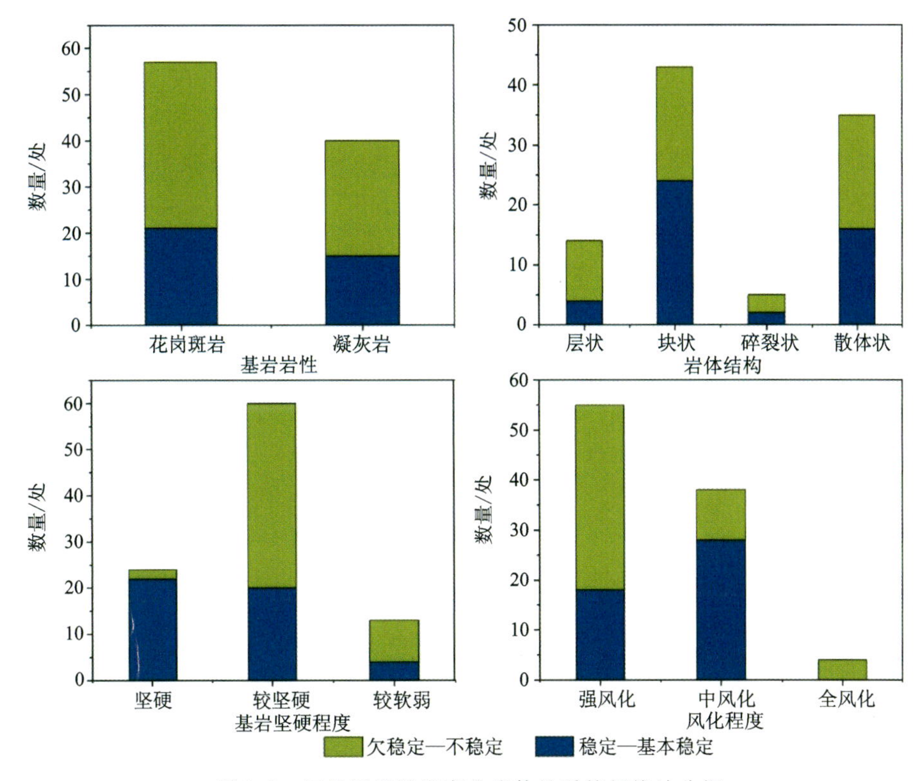

图 8.6 切坡型滑坡发育的岩体性质特征统计分析

对于岩性坚硬、新鲜的未风化岩体来说，其特点是岩体内岩块的强度很高，而软弱结构面的强度相对很低，基岩坚硬程度主要由软弱结构面的强度和产状特征决定。对于岩性软弱的（风化的、破碎的）岩体来说，其岩块的强度很低，软弱结构面的作用就显得不那么突出。

岩体风化程度是风化作用对岩体的破坏程度，它包括岩体的解体和变化程度及风化深度。强风化作用会导致岩石的稳定性和强度显著降低，对建筑工程条件产生不良影响。基岩风化程度可以分为全风化、强风化、中风化和微风化，野外仅对出露于切坡面的基岩进行评价，因为很有可能在坡脚形成剪出口。

3. 覆盖层性质

由于裂隙切割、风化作用等，上部倾向山里的基岩发生倾倒、崩塌破坏，破坏后的产物在重力作用下向坡体下部运动、堆积。持续的堆积、坡表雨水入渗以及地质环境扰动，导致堆积体自后缘到前缘的推挤过程和由表及里的固结压密变形。覆盖层性质主要考虑覆盖层厚度和覆盖层土分类(图 8.7)。覆盖层厚度是指岩体上部残坡积层、崩坡积层或冲洪积层的厚度,当滑面在全-强风化界面时,也可将全风化层当作覆盖层。根据调查,研究区大部分切坡覆盖层厚度为 0~3.5m,有少量覆盖层厚度为 4~5m 的切坡都采取了加固措施(浆砌石挡土墙)。土体常以残坡积成因的含碎石黏性土及全风化成因的粉质黏土为主,岩土混合切坡一般上部为残坡积层,下部为强风化层,其接触界面也以强中风化面为主。表层为碎石土的切坡都存在一定的失稳现象,这是由于覆盖层一般由强度较低、结构较松散的堆积体及下覆基岩组成,土石二元结构的堆积体为非均质各向异性介质,在开挖卸荷及连续降雨、强降雨作用下易沿土岩界面滑移失稳。

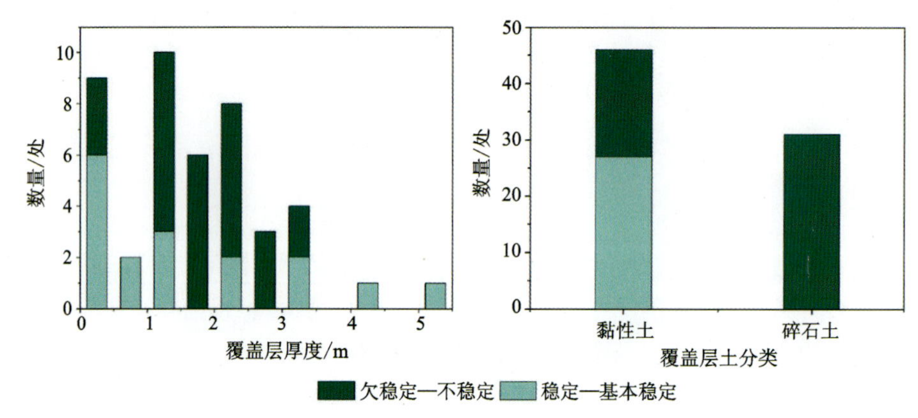

图 8.7 切坡型滑坡发育的覆盖层性质特征统计分析

4. 地质构造

地质构造主要考虑斜坡结构、节理密度和节理组数。斜坡结构分为以下4 种类型:

(1)顺向坡。岩层倾向与坡向夹角小于 30°的斜坡类型。

(2)横向坡。岩层倾向与坡向交角在 60°~120°之间的斜坡类型。

(3)斜向坡。岩层倾向与坡向交角在 30°~60°、120°~150°之间的斜坡类型。

(4)逆向坡。岩层倾向与坡向交角在 150°~180°之间的斜坡类型(图 8.8)。

如图 8.9 所示,斜坡结构为横向时切坡相对较稳定,存在倾斜软弱夹层时,可能发生块体滑移失稳,边坡不高时稳定。研究区顺层边坡多发育两组以上构造节理,层间软弱面分布较多,基岩坚硬程度对边坡稳定性有影响但不起控制作用,软弱面一般为滑移面,当上覆岩体的下滑力大于滑面上的抗滑力时,边坡岩体沿下伏软弱面向坡前临空方向滑移，并使滑移体拉裂解体。当坡体下部滑移受阻时，坡体易发生弯曲变形。当边坡倾角大于岩层倾角时，坡体易产生完全平面型顺层滑坡。斜向结构层间软弱面和层间软弱夹层与倾向临空的构造结构面组合，常形成楔形滑动、阶梯状滑动。发育的节理和组合方式往往控制着整个坡体的变形模式，同时，节理的存在也给地下水的活动提供了通道，间接降低了切坡的稳定性。研究采用节理组数和节理密度来反映节理特征，随着数量的增加，切坡稳定性减弱。

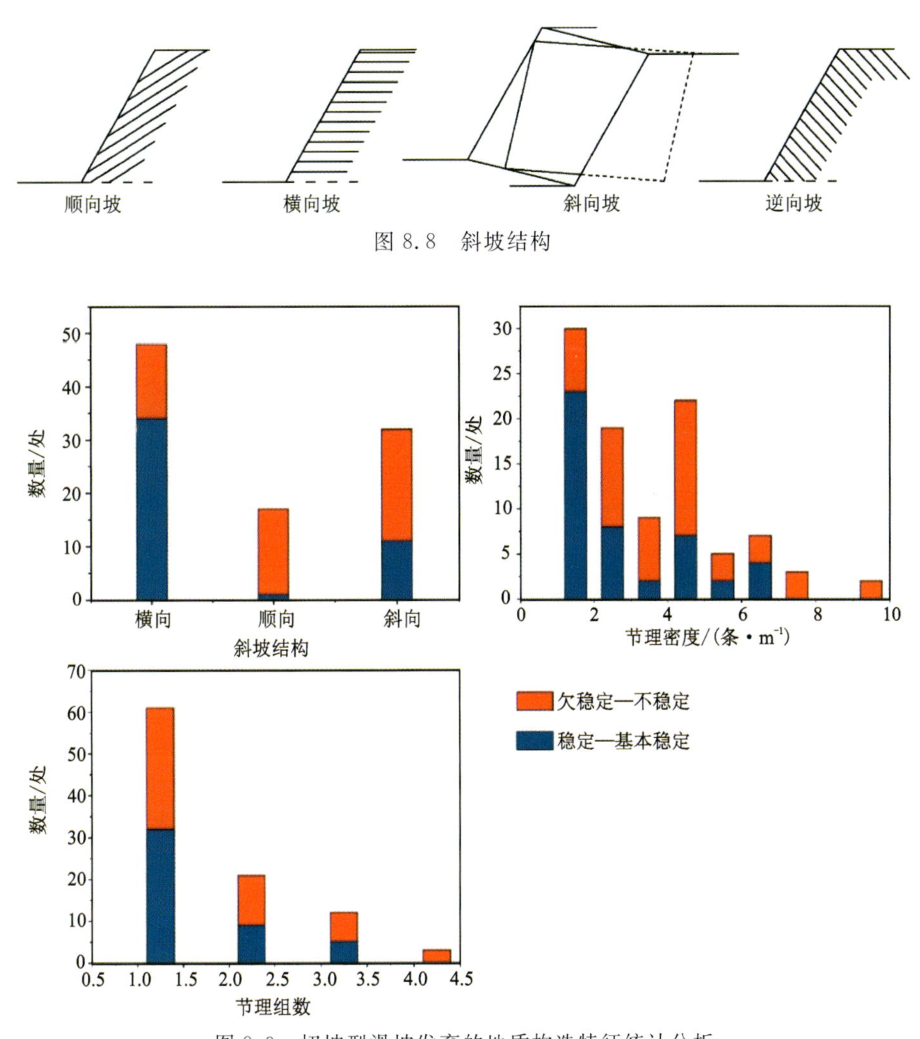

图8.8　斜坡结构

图8.9　切坡型滑坡发育的地质构造特征统计分析

5. 水文条件

水对边坡稳定性有显著的影响，主要包括软化作用、冲刷作用、静水压力作用和动水压力作用等。降雨，尤其是暴雨，是切坡失稳的重要诱发因素，主要原因是雨水下渗后降低了岩土体的力学性能，通过地下水升高增加坡体的重力，在汇水条件好的情况下能够集水冲刷表层土体及贯通滑动面。汇水条件可以分为集水地形(好)、等效集水地形(较好)、平坦地形(一般)和非集水地形(差)4种类型，调查时可以通过野外观察获取切坡的汇水类型(图8.10)。集水地形和等效集水地形条件下，切坡欠稳定—不稳定数量要大于平坦地形，平坦地形通常表明了切坡上部开挖了台阶，一定程度上增加了边坡的稳定性。非集水地形虽然在水文条件下集水能力差，但是剖面形态中的凸形坡也会产生这种地形，因此一部分切坡稳定性较差。地下水状态分为干燥、潮湿、泉水出露和潜水面出露，野外观察一般需在非雨天进行，这样能够直观地查看地下水出露的位置及状态。调查区切坡型滑坡发育的水文条件统计分析见图8.11。

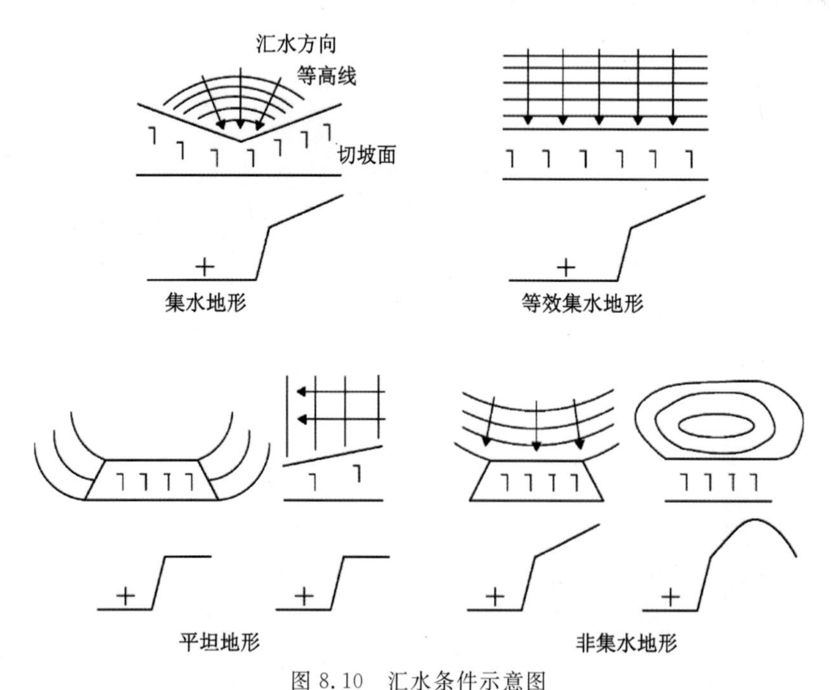

图8.10　汇水条件示意图

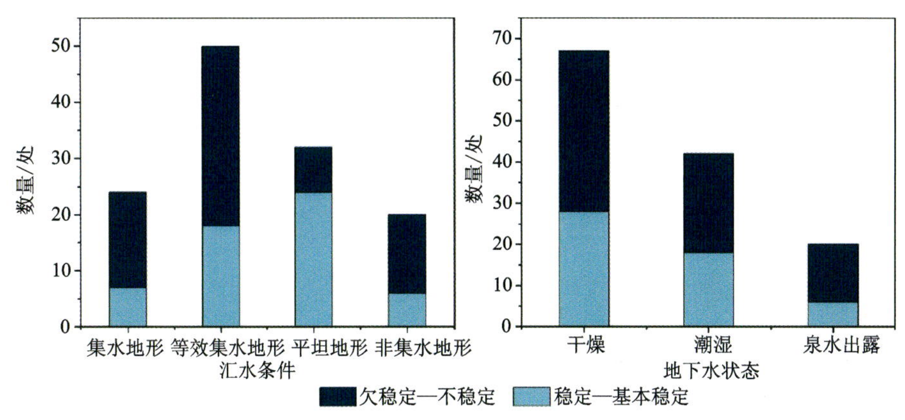

图 8.11　调查区切坡型滑坡发育的水文条件特征统计分析

6. 植被作用及稳定性现状

植被对边坡稳定性的作用分为两类，一是植物根茎对坡面的加固作用；二是有效减缓和拦截坡面水流的冲刷和地下水的下渗。由图 8.12 所知，植被覆盖率

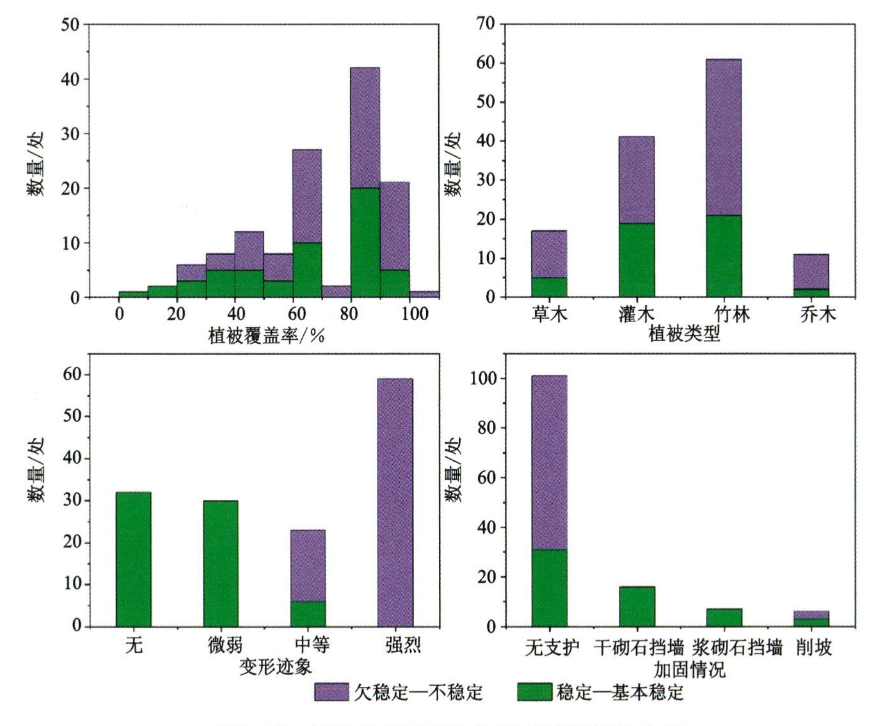

图 8.12　植被作用及稳定性现状特征统计分析

对切坡的稳定性不会起到决定性的作用，当覆盖率较高时存在失稳切坡，当覆盖率较低时，存在稳定的切坡。植被类型会对切坡起到一定的作用，竹林乔木等根系较发达，会对切坡表层一定范围土壤起到加固作用，当切坡卸荷后，植被加固作用被削弱，会随着表层土整体滑塌(图 8.13)。切坡的稳定性现状通过变形迹象来表达，如坡脚存在落石、后缘存在裂缝、坡表植被分布不均匀等。地面变形情况在一定程度上反映了切坡变形的发展阶段，为从宏观上确定切坡的稳定性提供有力证据。通过野外调查发现，部分切坡存在一定变形迹象，通过支护措施加固使其处于基本稳定。对于没有支护措施的边坡，大多数都处于欠稳定—不稳定状态，坡表变形强烈，甚至出现了整体滑移现象。边坡的加固措施能够很好地提高切坡型滑坡的稳定性，因此在评价易发性时，可通过加固情况来降低切坡的易发性等级。

图 8.13　植被根系作用

8.2.2　评价指标权重

对切坡易发性状态及潜在失稳方式进行评价，可对边坡治理工程起到更好的指导作用。针对不同类型的切坡，依照国内外文献及专家评价进行打分。岩质切坡和岩土混合切坡一级指标打分如表 8.3、表 8.4 所示。土质切坡由于一级指标下二级指标较少，因此全部选择二级指标进行打分，如表 8.5 所示。岩土混合切坡地形地貌、覆盖层性质打分如表 8.6、表 8.7 所示，岩质切坡地形地貌打分如表 8.8 所示，其余的岩土混合切坡和岩质切坡二级指标采用相同的打分形式如表 8.9～表 8.12 所示。

表 8.3　岩质切坡一级指标打分

指标	地形地貌	岩体性质	地质构造	水文作用	植被作用	变形迹象
地形地貌	1	0.33	0.50	0.50	3.00	0.33
岩体性质	3	1	2.00	1.00	3.00	0.50
地质构造	2	0.5	1	1/2	3	1/3
水文作用	2	1	2	1	4	1/2
植被作用	1/3	0.333 333	1/3	1/4	1	1/4
变形迹象	3	2	3	2	4	1

表 8.4　岩土混合切坡一级指标打分

指标	地形地貌	岩体性质	覆盖层性质	地质构造	水文作用	植被作用	变形迹象
地形地貌	1	0.50	1/3	1.00	0.50	5.00	0.33
岩体性质	2	1	1/3	2.00	0.33	3.00	0.20
覆盖层性质	3	3	1	4.00	0.50	5.00	0.50
地质构造	1	0.5	1/4	1	1/2	3	1/4
水文作用	2	3	2	2	1	4	1/2
植被作用	1/5	0.333 333	1/5	1/3	1/4	1	1/5
变形迹象	3	5	2	4	2	5	1

表 8.5　土质切坡指标打分

指标	坡高	自然坡度/(°)	切坡坡度/(°)	剖面形态	覆盖层土分类	汇水条件	地下水状态	植被覆盖程度	植被类型	变形迹象
坡高	1.00	0.33	0.50	3.00	0.33	0.50	0.33	3.00	3.00	0.20
自然坡度/(°)	3.00	1.00	4.00	3.00	0.33	0.50	0.50	3.00	3.00	0.33
切坡坡度/(°)	2.00	0.25	1.00	1.00	0.25	0.33	0.33	2.00	2.00	0.20
剖面形态	0.33	0.33	1.00	1.00	0.20	0.25	0.20	2.00	2.00	0.20
覆盖层土分类	3.00	3.00	4.00	5.00	1.00	2.00	3.00	5.00	5.00	0.50

续表 8.5

指标	坡高	自然坡度/(°)	切坡坡度/(°)	剖面形态	覆盖层土分类	汇水条件	地下水状态	植被覆盖程度	植被类型	变形迹象
汇水条件	2.00	2.00	3.00	4.00	0.50	1.00	3.00	4.00	3.00	0.33
地下水状态	3.00	2.00	3.00	5.00	0.33	0.33	1.00	2.00	2.00	0.20
植被覆盖程度	0.33	0.33	0.50	0.50	0.20	0.25	0.50	1.00	0.50	0.17
植被类型	0.33	0.33	0.50	0.50	0.20	0.33	0.50	2.00	1.00	0.17
变形迹象	5.00	3.00	5.00	5.00	2.00	3.00	5.00	6.00	6.00	1.00

表 8.6　岩土混合切坡地形地貌指标打分

指标	坡高/m	切坡坡度	自然坡度/(°)	剖面形态
坡高/m	1.00	4.00	0.33	3.00
切坡坡度/(°)	0.25	1.00	0.20	0.50
自然坡度/(°)	3.00	5.00	1.00	4.00
剖面形态	0.33	2	0.25	1.00

表 8.7　岩质切坡地形地貌指标打分

指标	坡高/m	切坡坡度/(°)	剖面形态
坡高/m	1.00	3.00	2.00
切坡坡度/(°)	0.33	1.00	0.50
剖面形态	0.50	2	1.00

表 8.8　岩体性质指标打分

指标	基岩岩性	岩体结构	基岩坚硬程度	风化程度
基岩岩性	1.00	0.33	0.20	2.00

续表 8.8

指标	基岩岩性	岩体结构	基岩坚硬程度	风化程度
岩体结构	3.00	1.00	0.33	3.00
基岩坚硬程度	5.00	3.00	1.00	5.00
风化程度	0.50	0.33	0.20	1.00

表 8.9　覆盖层性质指标打分

指标	覆盖层土分类	覆盖层厚度/m
覆盖层土分类	1	3
覆盖层厚度/m	0.33	1

表 8.10　地质构造指标打分

指标	斜坡结构	节理密度/(条·m^{-1})	节理组数/组
斜坡结构	1.00	2.00	3.00
节理密度/(条·m^{-1})	0.50	1.00	3.00
节理组数/组	0.33	0.33	1.00

表 8.11　水文条件指标打分

指标	汇水条件	地下水状态
汇水条件	1	3
地下水状态	0.33	1

表 8.12　植被作用指标打分

指标	植被类型	植被覆盖度/%
植被类型	1	3
植被覆盖度/%	0.33	1

3 种类型切坡的指标权重由表 8.3～表 8.12 求得，按照野外调查及文献调研结果，对二级指标进行等级划分，按照易发性从小到大的顺序对每一种等级分别取 1～5 指数，最终得到 3 种类型切坡的易发程度评价指标体系及量化分值如表 8.13～表 8.15 所示。

表 8.13　土质切坡易发程度评价指标体系及量化分值表

评价指标	权重	分类	赋值
切坡坡高/m	0.058 4	(0,2]	1
		(2,4]	2
		(4,6]	3
		(6,8]	4
		>8	5
自然坡度/(°)	0.095 9	≤10	1
		(10,20]	2
		(20,30]	3
		(30,40]	4
		>40	5
切坡坡度/(°)	0.049 1	(0,50]	1
		(50,60]	2
		(60,70]	3
		(70,80]	4
		>80	5
剖面形态	0.037 7	凹形	1
		阶梯形	2
		直线形	3
		凸形	5
覆盖层土分类	0.190 1	硬黏土	1
		黏土	2
		碎石土	3
		砂土	5

续表 8.13

评价指标	权重	分类	赋值
汇水条件	0.133 5	差	1
		一般	2
		较好	4
		好	5
地下水状态	0.100 8	干燥	1
		潮湿	3
		泉水出露	4
		潜水面出露	5
植被覆盖程度/%	0.028 5	(80,100]	1
		(60,80]	2
		(40,60]	3
		(20,40]	4
		≤20	5
植被类型	0.033 6	乔木	1
		竹林	2
		灌木	3
		草本	5
变形迹象	0.272 3	无	1
		微弱	2
		中等	3
		强烈	5

表 8.14　岩土混合切坡易发程度评价指标体系及量化分值表

一级指标	权重	二级指标	权重	分类	赋值
地形地貌	0.087 5	切坡坡高/m	0.269 4	(0,2]	1
				(2,4]	2
				(4,6]	3
				(6,8]	4
				>8	5
		切坡坡度/(°)	0.075 3	(0,50]	1
				(50,60]	2
				(60,70]	3
				(70,80]	4
				>80	5
		自然坡度/(°)	0.535 2	≤10	1
				(10,20]	2
				(20,30]	3
				(30,40]	4
				>40	5
		剖面形态	0.120 0	凹形	1
				阶梯形	2
				直线形	3
				凸形	5
岩体性质	0.096	基岩岩性	0.114 6	凝灰岩	1
				花岗岩	2
				玄武岩	3
				砂岩	5
		岩体结构	0.248 5	块状	1
				层状	3
				碎裂	4
				散体	5

续表 8.14

一级指标	权重	二级指标	权重	分类	赋值
岩体性质	0.096	基岩坚硬程度	0.556 1	坚硬	1
				较坚硬	3
				较软弱	4
				软弱	5
		风化程度	0.080 9	微	1
				中	3
				强	4
				全	5
覆盖层性质	0.197 1	覆盖层厚度/m	0.250 0	(0,1]	1
				(1,2]	2
				(2,3]	3
				(3,6]	4
				>6	5
		覆盖层土分类	0.750 0	硬黏土	1
				黏土	2
				碎石土	3
				砂土	5
地质构造	0.072 5	斜坡结构	0.528 5	逆向	1
				横向	2
				斜向	3
				顺向	5
		节理密度/(条·m^{-1})	0.332 6	≤2	1
				(2,5]	2
				(5,10]	4
				>10	5

续表 8.14

一级指标	权重	二级指标	权重	分类	赋值
地质构造	0.072 5	节理组数	0.138 8	1	1
				2	2
				3	3
				4	4
水文条件	0.201 2	汇水条件	0.750 0	差	1
				一般	2
				较好	4
				好	5
		地下水状态	0.250 0	干燥	1
				潮湿	3
				泉水出露	4
				潜水面出露	5
植被作用	0.035 0	植被覆盖程度/%	0.250 0	(80,100]	1
				(60,80]	2
				(40,60]	3
				(20,40]	4
				≤20	5
		植被类型	0.750 0	乔木	1
				竹林	2
				灌木	3
				草本	5
稳定性现状	0.310 7	变形迹象	0.310 7	无	1
				微弱	2
				中等	3
				强烈	5

表 8.15　岩质切坡易发程度评价指标体系及量化分值表

分类指标	权重	岩土混合边坡	权重	分类	赋值
地形地貌	0.095 4	切坡坡高/m	0.540 0	(0,2]	1
				(2,4]	2
				(4,6]	3
				(6,8]	4
				＞8	5
		切坡坡度/(°)	0.162 9	(0,50]	1
				(50,60]	2
				(60,70]	3
				(70,80]	4
				＞80	5
		剖面形态	0.297 1	凹形	1
				阶梯形	2
				直线形	3
				凸形	5
岩体性质	0.204 0	基岩岩性	0.114 6	凝灰岩	1
				花岗岩	2
				玄武岩	3
				砂岩	5
		岩体结构	0.248 5	块状	1
				层状	3
				碎裂	4
				散体	5
		基岩坚硬程度	0.556 1	坚硬	1
				较坚硬	3
				较软弱	4
				软弱	5

续表 8.15

分类指标	权重	岩土混合边坡	权重	分类	赋值
岩体性质	0.204 0	风化程度	0.080 9	微	1
				中	3
				强	4
				全	5
地质构造	0.126 8	斜坡结构	0.528 5	逆向	1
				横向	2
				斜向	3
				顺向	5
		节理密度/(条·m^{-1})	0.332 6	≤2	1
				(2,5]	2
				(5,10]	4
				>10	5
		节理组数/组	0.138 8	1	1
				2	2
				3	3
				4	4
水文条件	0.197 1	汇水条件	0.750 0	差	1
				一般	2
				较好	4
				好	5
		地下水状态	0.250 0	干燥	1
				潮湿	3
				泉水出露	4
				潜水面出露	5

续表 8.15

分类指标	权重	岩土混合边坡	权重	分类	赋值
植被作用	0.052 6	植被覆盖程度/%	0.250 0	(80,100]	1
				(60,80]	2
				(40,60]	3
				(20,40]	4
				≤20	5
		植被类型	0.750 0	乔木	1
				竹林	2
				灌木	3
				草本	5
稳定性现状	0.324 1	变形迹象	0.324 1	无	1
				微弱	2
				中等	3
				强烈	5

地质灾害易发性综合指数计算公式为

$$Q_j = \sum_{i=1}^{n} W_i \lambda_i \tag{8.13}$$

式中：Q_j为某一切坡的易发性指数；W_i为该切坡易发性程度的某个因子作用权重；λ_i为影响该边坡易发性程度的数值。

一到四级分别对应的评分为(1,2]、(2,3]、(3,4]、(4,5]。按照评分将最终的评价结果分为低易发性、中易发性、高易发性、极高易发性。加固措施能够降低切坡的易发性，可通过评价加固措施的优劣来判断降低的易发性程度，采取削坡、喷浆措施的可以降低一级易发性、采取干砌石挡墙和浆砌石挡墙可以降低两级易发性。最终通过指标权重及赋值对调查的130个切坡进行易发性评价，与野外初判稳定性进行对比，得到结果如图8.14所示。指标体系与野外初判基本类似，在稳定状态下的切坡都属于低易发性，基本稳定状态下的切坡属于低—中

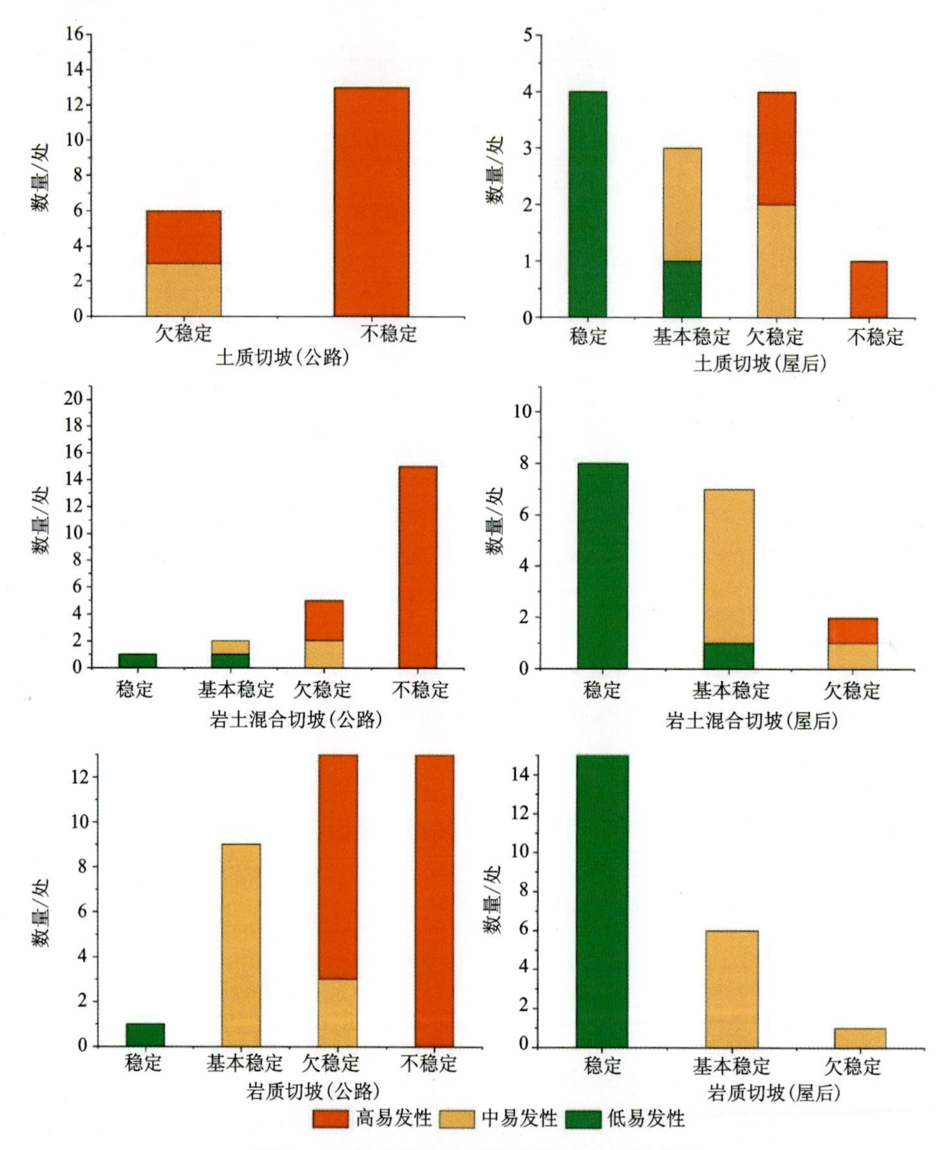

图 8.14　调查区切坡型滑坡易发性评价结果

易发性,欠稳定状态下的切坡则属于中—高易发性,不稳定状态下的切坡都属于高易发性。调查的大部分公路切坡都属于中高易发性,建房切坡为低—中易发性。由野外评价与模型得分对比可以得出模型适用于切坡评价。利用此模型对柯城区北部山区进行评价,能够获取现状切坡的易发性评价结果,有利于查清农村建房切坡风险隐患,及时采取支护措施,防止灾害发生。

8.3 建房切坡方案设计

8.3.1 建房切坡危险性分析

研究区切坡型滑坡受地质环境和人类工程活动控制，土质类型数量较多。花岗斑岩受构造作用易形成厚度较大、密实度低、黏土矿物丰富的全-强风化层，坡体表层土体遇长时间降雨，强度显著降低。这种类岩体可按均质土或一般黏性土考虑。由凝灰岩组成的火山碎屑岩岩组岩石完整性较好，风化残坡积层较薄。造成土质类斜坡不稳定的主要原因是土体本身松散，且下伏岩层透水性弱，在土岩界面处形成了渗流面，部分斜坡曾出现过地表裂缝或有明显差异变形迹象。岩土混合切坡类主要见于高度不大的人工边坡，其岩坡和土坡厚度大致相当，土层盖于岩层之上，下部岩层多为全强风化物，容易造成边坡失稳。在切坡治理设计时主要参考《工程岩体分级标准》(GB/T 50218—2014)和《建筑边坡工程技术规范》(GB 50330—2013)。土质切坡和岩土混合切坡易发生圆弧滑动和平面滑动，采用 GeoStudio 对其进行危险性分析。

1. 土质切坡

为分析土质切坡稳定性，现场取土进行直剪试验，获取研究区土体抗剪强度参数值如表 8.16 所示。

表 8.16　室内试验及土工试验取值

参数	编号												
	TY1	TY2	TY3	TY4	TY5	TY6	TY7	TY8	TY9	ZK2	ZK6	ZK7	平均值
c/kPa	4.98	6.29	18.28	4.5	18.9	9.09	4.6	6.2	17.19	25.50	21.30	25.40	13.51
φ/(°)	26.4	21.0	21.0	22.0	33.0	30.2	29.9	24.0	26.4	29.2	31.2	29.7	27.0

如图 8.15 所示，控制建模高度为 25m，改变自然坡度β(20°，30°，40°)、切坡高度 H(2m，4m，6m，8m)和切坡坡度α(60°，70°，80°，90°)，组成 48 种切坡方案进行稳定性模拟计算。例如，设计一个自然坡度为 40°、切坡坡度为 80°、切坡

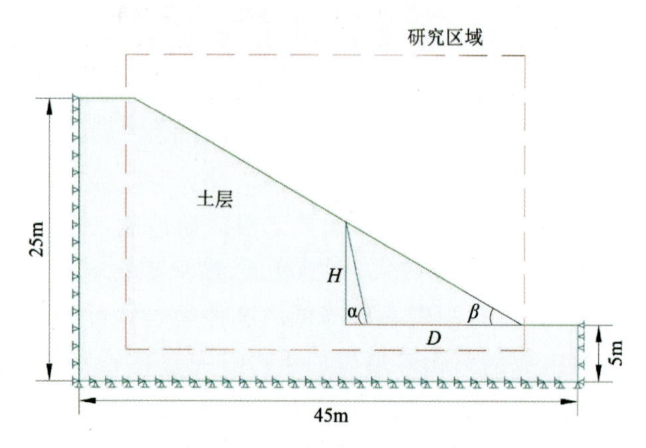

图 8.15　土质切坡模型示意图

高度为 6m 的切坡，自动搜索最不利滑动面如图 8.16 所示，稳定性系数为0.885，潜在方量约为 23.54m³，滑面剪出口位于切坡坡脚处。利用这种方式得到所有切坡方案计算结果如表 8.17 所示。结果表明，随着自然坡度和切坡高度增加，切坡稳定性逐渐降低，这说明降低切坡坡度可以提高切坡的稳定性（图 8.17）。同时发现，自然坡度为 20°时，切坡稳定性较好；切坡高度大于 5m，切坡处于欠稳定—不稳定状态。自然坡度为 30°时，切坡稳定性一般，切坡坡度为 90°时，切坡高度大于 4m 就可能出现失稳。自然坡度为 40°时，切坡稳定性较差，切坡高度大于 4m 就易发生失稳现象。

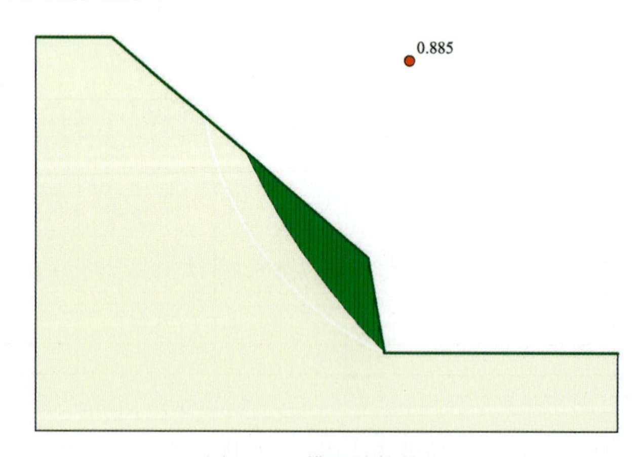

图 8.16　模型计算结果

表 8.17 所有切坡方案数值模拟计算结果

自然坡度/(°)	切坡坡度/(°)	切坡高度/m	稳定性系数	潜在方量/m^3
20	60	2	2.312	6.21
20	60	4	1.547	10.26
20	60	6	1.263	11.01
20	60	8	1.078	16.5
20	70	2	2.157	7.65
20	70	4	1.495	11.03
20	70	6	1.155	12.01
20	70	8	1.007	18.2
20	80	2	2.088	8.69
20	80	4	1.296	12.14
20	80	6	1.001	15.28
20	80	8	0.805	20.2
20	90	2	1.855	10.12
20	90	4	1.1	13.8
20	90	6	0.85	19.5
20	90	8	0.678	23.11
30	60	2	2.013	8.36
30	60	4	1.376	9.25
30	60	6	1.184	14.11
30	60	8	1.022	25.35
30	70	2	1.822	9.12
30	70	4	1.299	10.21
30	70	6	1.066	16.35
30	70	8	0.941	27.11
30	80	2	1.689	10.65

续表 8.17

自然坡度/(°)	切坡坡度/(°)	切坡高度/m	稳定性系数	潜在方量/m^3
30	80	4	1.215	11.1
30	80	6	0.928	18.69
30	80	8	0.797	28.31
30	90	2	1.576	11.25
30	90	4	1.052	12.32
30	90	6	0.811	20.59
30	90	8	0.694	30.12
40	60	2	1.536	10.69
40	60	4	1.171	12.65
40	60	6	1.035	20.91
40	60	8	0.945	27.58
40	70	2	1.452	11.25
40	70	4	1.095	14.35
40	70	6	0.99	21.58
40	70	8	0.871	30.68
40	80	2	1.391	12.43
40	80	4	1.031	16.21
40	80	6	0.885	23.54
40	80	8	0.768	33.12
40	90	2	1.352	13.45
40	90	4	0.999	18.32
40	90	6	0.809	25.62
40	90	8	0.665	36.54

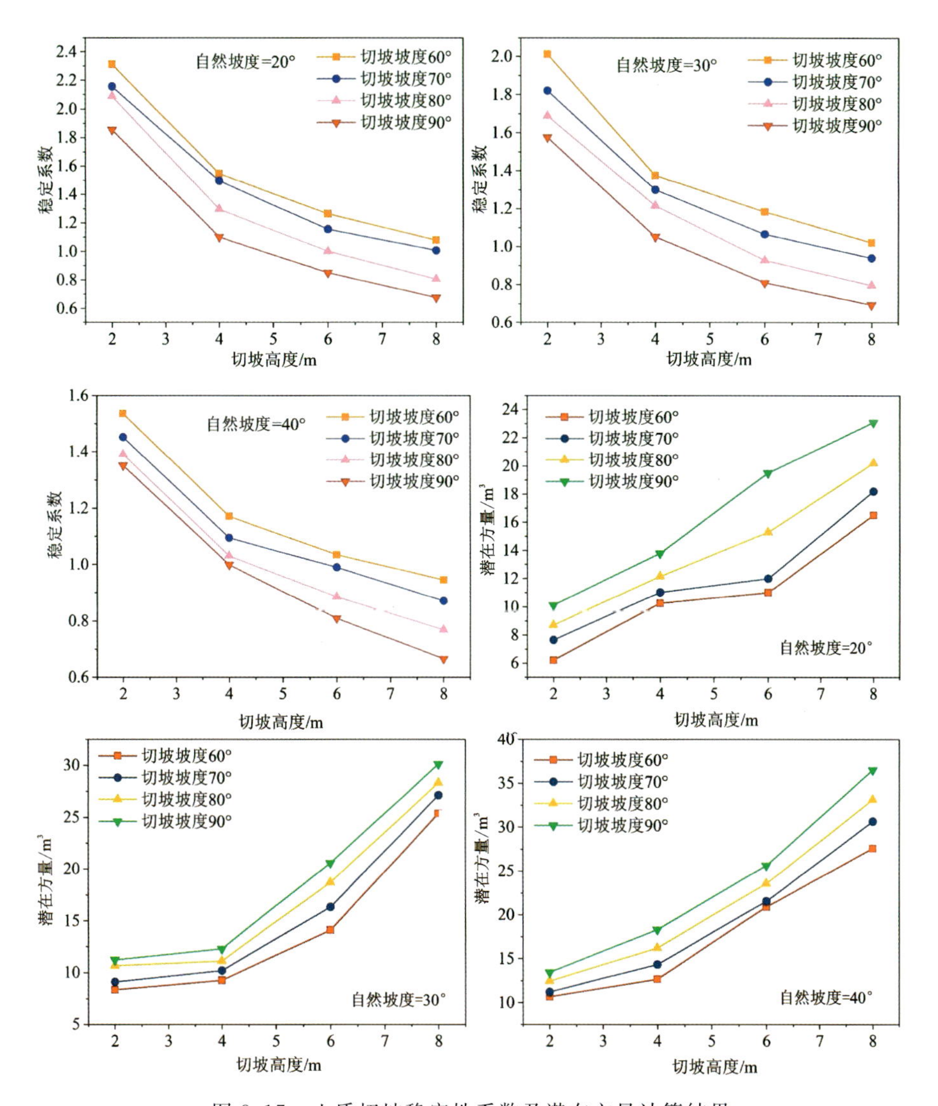

图 8.17　土质切坡稳定性系数及潜在方量计算结果

针对管理措施，图 8.18 给出了农村建房切坡建议值。根据数值模拟计算结果，按照稳定性系数大小分为不允许切坡（$F_s \leqslant 1.1$）、专项评估（$1.1 < F_s \leqslant 1.5$）和允许切坡（$1.5 < F_s$），其中 F_s 分区值取 1.1 和 1.5 是为了提高边坡安全储备。当自然坡度小于或等于 20°时，切坡高度小于 4m 时，允许切坡；切坡高度处于4～8m时，需要采取支护措施；当切坡高度大于 8m 时，不允许切坡。当自然坡度为 30°且切坡高度小于 2m 时，允许切坡；切坡高度小于 4m 且切坡坡度小于 90°时，切坡后应采取

支护措施；切坡高度大于4m时，需要进行专项评估判断是否能够进行切坡以及是否需要采取支护措施。当自然坡度为40°且切坡高度小于2m时，需要采取支护措施，并且不建议开挖高度大于2m的切坡。最终的建议值可以参考表8.18。

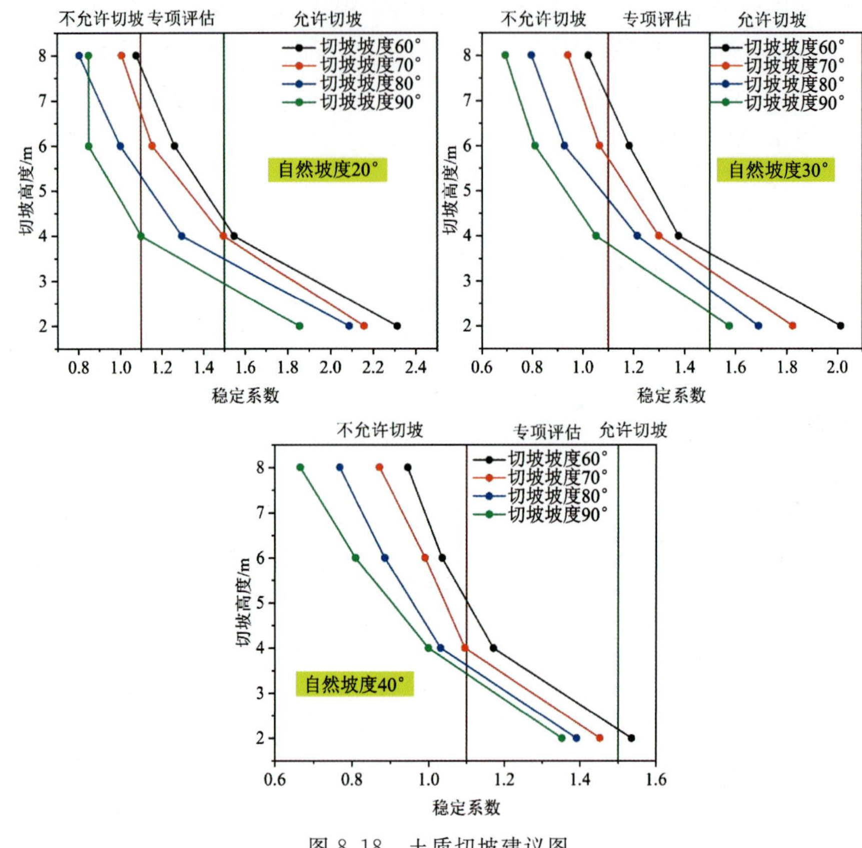

图8.18 土质切坡建议图

表8.18 土质切坡建议表

自然坡度/(°)	切坡高度/m		
	≤2	(2,4]	>4
≤20	允许切坡	允许切坡	专项评估
(20,30]	允许切坡	专项评估	专项评估
(30,40]	专项评估	专项评估	不允许切坡
>40	专项评估	不允许切坡	不允许切坡

2. 岩土混合切坡

岩土混合切坡由表层残坡积土及下部基岩组成。分析岩土混合切坡的失稳机制，为表层残坡积土引起的浅层滑动，将下部基岩视为不会滑动的地层。考虑基岩为不滑动层，滑动的部分仅为上覆土体，因此可以采用刚体极限平衡方法进行分析。作出如下基本假定：

(1)岩土界面近似平行于坡面；

(2)土体破坏服从莫尔-库伦准则；

(3)不考虑条间作用力。

如图 8.19 所示。设 H 为建房边坡到坡顶的高度，H_c 为切坡高度，h 为观测覆盖层厚度，β 为自然坡度，γ 为土体重度。根据土体的受力情况可得土体自重为

$$W = \gamma h \frac{H - H_c}{\tan\beta} \tag{8.14}$$

滑动下滑力为

$$T = W\sin\beta \tag{8.15}$$

土体所受到的抗滑力为

$$N = c\frac{H - H_c}{\tan\beta\cos\beta} + W\cos\beta\tan\varphi \tag{8.16}$$

稳定性系数 F_s 为

$$F_s = \frac{N}{T} \tag{8.17}$$

式中：c 为黏聚力；φ 为内摩擦角。

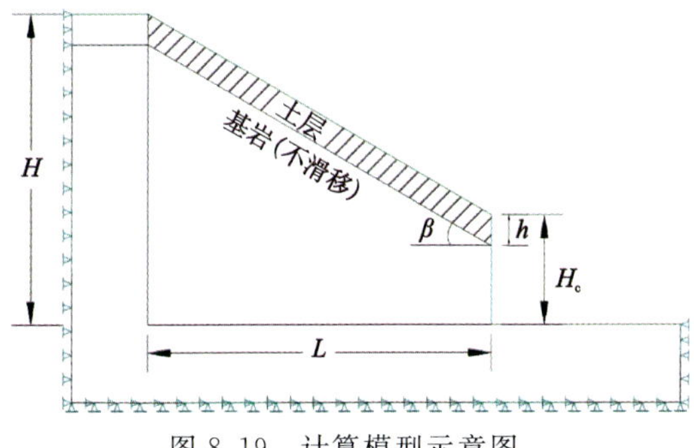

图 8.19　计算模型示意图

采用 GeoStudio 模拟验证公式准确性，设 H 为 20m，H_c 为 8m，h 为 3m，β 为 40°，γ 为 19.8kN/m²，c 为 13.2kPa，φ 为 27°。由上述公式计算稳定性系数为

1.058，由 GeoStudio 模拟分析可得到最不利滑面顺着基覆界面直到坡顶，稳定性系数为1.080，误差约为2%，验证了公式的准确性。由公式可知，改变切坡高度和坡顶高度稳定性系数不会发生变化。通过 GeoStudio 模拟可知，切坡高度为6m时稳定性系数为1.067，最不利滑移面存在差异，但是整体趋势相同（图8.20）。如图8.21所示，采用单变量敏感性分析覆盖层厚度、自然坡度、黏聚力和内摩擦角，发现岩土混合切坡稳定性系数受自然坡度影响最大，其次为覆盖层厚度，最后为内摩擦角和黏聚力。

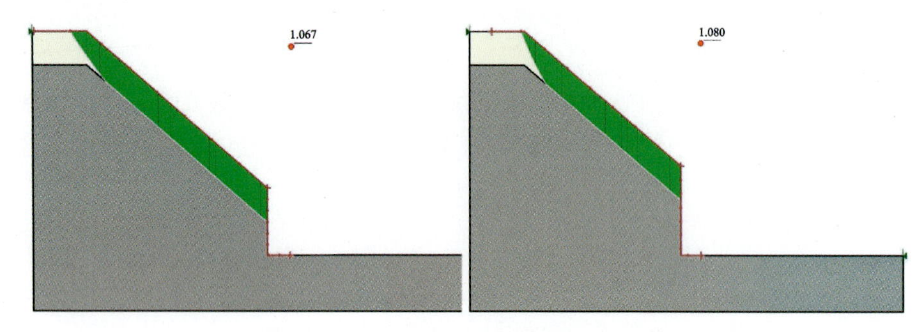

图8.20　岩土混合切坡数值模拟过程

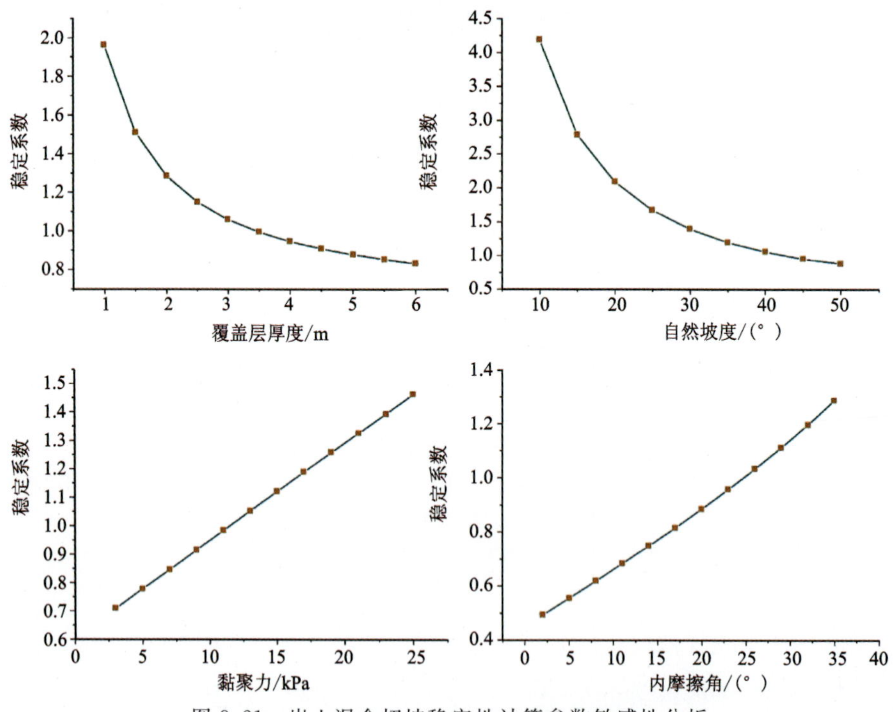

图8.21　岩土混合切坡稳定性计算参数敏感性分析

根据数值模拟结果，得到岩土混合切坡的切坡建议如图8.22所示。岩土混合切坡需考虑土质切坡存在的可能性，当切坡高度低于覆盖层厚度时按照土质切坡进行设计。例如覆盖层厚度达到4m，而切坡高度低于4m时应参考土质切坡建议。因此，最终的岩土混合切坡建议见表8.19。

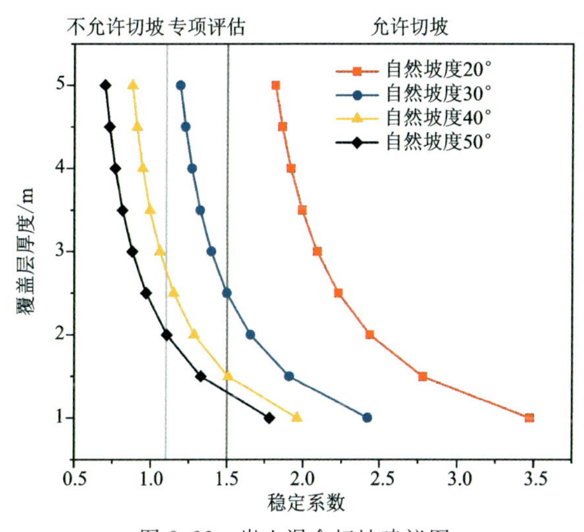

图8.22 岩土混合切坡建议图

表8.19 岩土混合切坡建议表

覆盖层厚度/m	自然坡度/(°)			
	≤20	(20,30]	(30,40]	>40
≤1	允许切坡	允许切坡	允许切坡	允许切坡
(1,2]	允许切坡	允许切坡	专项评估	专项评估
(2,3]	允许切坡	专项评估	专项评估	不允许切坡
(3,4]	专项评估	专项评估	不允许切坡	不允许切坡
>4	专项评估	专项评估	不允许切坡	不允许切坡

8.3.2 建房切坡安全距离分析

地质灾害的运动距离实际上反映了灾害风险的展布空间，提前预知灾害的风险空间能为灾害风险应急管理提供重要参考。基于经验统计的灾害运动距离成果，能服务于未开展任何灾害勘察工作的斜坡体风险调查与应急处置。

在收集已有资料的基础上，通过现场调查及照片比对，增加统计了滑坡前后缘高程及高差；滑坡规模（长度、宽度、厚度、面积、体积）；滑坡坡度（表面坡度、基岩面坡度）；岩土体特征性（基岩岩性、地层产状、风化程度）；运移范围（剪出口至堆积最前部距离、水平滑移距离、垂直滑落高差）；物理力学特性（重度、黏聚力、内摩擦角）等参数。统计庙源溪流域滑坡灾害现场调查数据，拟合得到切坡型滑坡灾害运动距离的公式为

$$d_{\text{move}} = 0.37298\,(V\tan\beta)^{0.53192} \tag{8.18}$$

通过数学模型建立以上滑动距离与潜在滑动方量和自然坡度的经验统计公式，将野外调查的数据进行拟合得到了滑动距离（图 8.23）。如图 8.24 所示，根据此区域的滑动距离可以构建房屋安全距离模型。居民可根据自身需求进行切坡选择，预留房屋的安全距离。建议在安全距离之内规划农田或者道路。如果用地不能满足预留安全距离，削坡后需对切坡后缘进行支护，降低滑坡的危险性。

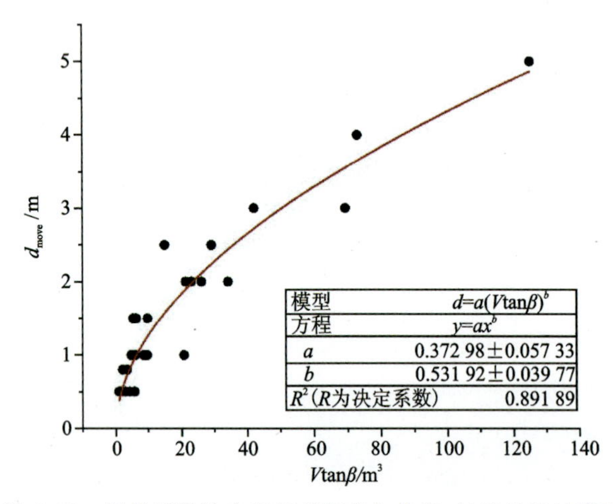

图 8.23　切坡型滑坡灾害运动距离与体积、坡度的统计模型

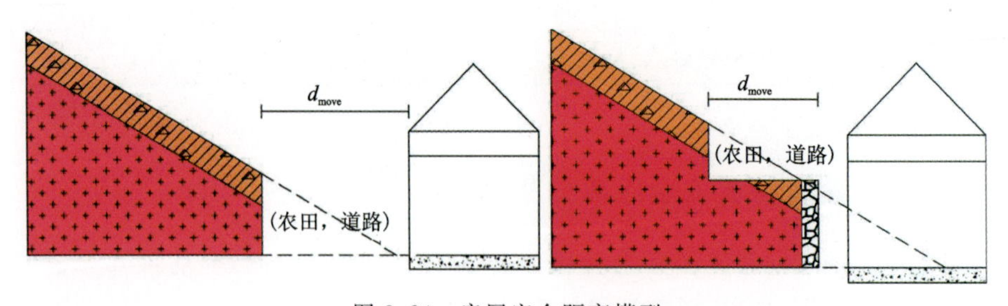

图 8.24　房屋安全距离模型

8.4 建房切坡防治工程及数字化平台建设

防护措施的实施主要考虑建房切坡风险等级。如图 8.25 所示，选定切坡设计方案后，针对具体的切坡类型，按照判断标准对切坡风险进行评价。针对不同的风险等级，采取不同的防治方案，通过稳定性验算判断防治方案对应稳定性是否大于安全阈值，如果大于则同意切坡建房，反之则返回防治工程方案库重新比选方案，直到通过为止。

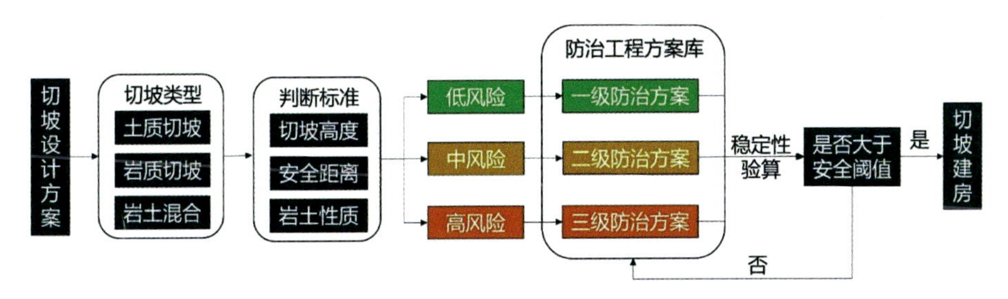

图 8.25 防治工程应用场景逻辑图

8.4.1 土质切坡

土质切坡土体抗剪强度弱，自稳性较差，受降雨影响大，应在工程允许范围内尽量放缓坡率，减少滑面上部土体容重。相应的防护措施如下：采取砌体护坡进行支挡，下滑力过大时可采用抗滑桩；植物护坡并设置截排水沟；对稳定性较差且高度较高的边坡宜采用放坡或分级放坡方式进行治理，每一级边坡不宜高于 2m。针对不同的坡高可以采取不同的防护措施，例如当坡高较小且没有足够的安全距离时，可以采取浆砌石挡墙＋适当的放坡措施[图 8.26(a)]；有足够的安全距离则可以采用放坡＋排水的非结构性护坡措施[图 8.26(b)]。如果需要更高的坡高，则需要采用悬臂式挡土墙等稳固的防护措施[图 8.26(c)]；预算足够的安全距离，也可以采用多级放坡加排水措施[图 8.26(d)]。根据判断标准给出土质切坡防治措施建议如表 8.20 所示。

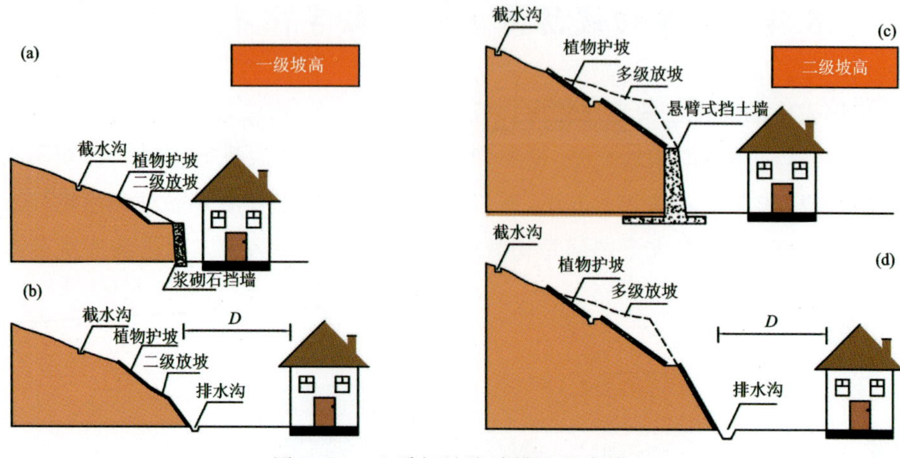

图 8.26　土质切坡防治措施示意图

(a)一级坡高采取防护措施;(b) 一级坡高不采取防护措施;

(c)二级坡高采取防护措施;(d) 二级坡高不采取防护措施

表 8.20　土质切坡防治措施建议

一级分类	切坡高度/m	二级分类	自然坡度/(°)	风险等级	防治措施
Ⅰ	$H<2$	Ⅰ$_1$	≤20	低风险	允许切坡,建议房屋安全距离大于 2m
		Ⅰ$_2$	(20,30]	低风险	允许切坡,建议房屋安全距离大于 2m
		Ⅰ$_3$	(30,40]	中风险	加强监测,房屋安全距离需大于 2m,削坡使得切坡坡度小于 60°
		Ⅰ$_4$	>40	中风险	加强监测,房屋安全距离需大于 2.5m,修筑干砌石或浆砌石挡土墙
Ⅱ	$2\leqslant H<4$	Ⅱ$_1$	≤20	低风险	允许切坡,建议房屋安全距离大于 2m
		Ⅱ$_2$	(20,30]	中风险	加强监测,房屋安全距离需大于 2.5m,削坡,修建浆砌截排水沟、干砌石浆砌石挡土墙

续表 8.20

一级分类	切坡高度/m	二级分类	自然坡度/(°)	风险等级	防治措施
Ⅱ	$2\leqslant H<4$	II_3	(30,40]	中风险	加强监测，房屋安全距离需大于2.5m，分级放坡，修建浆砌截排水沟、重力式挡土墙
		II_4	>40	高风险	不允许切坡
Ⅲ	$H\geqslant 4$	III_1	≤20	中风险	加强监测，房屋安全距离需大于2.5m，分级放坡，修建浆砌截排水沟、重力式挡土墙
		III_2	(20,30]	中风险	加强监测，房屋安全距离需大于3m，建议进行边坡稳定性计算和设计，用框架格构梁护坡及支挡工程等方案进行综合治理
		III_3	(30,40]	高风险	不允许切坡
		III_4	>40	高风险	不允许切坡

土质边坡的坡率由土质类型及切坡高度综合判断，如表8.21所示。

表 8.21　土质边坡坡率建议值

土质类型	状态	坡率建议值(高宽比)		
		坡高小于4m	坡高4~6m	坡高大于6m
碎石土	密实	1∶0.35~1∶0.50	1∶0.50~1∶0.75	一般要求坡率>1∶1.50或根据土质条件进行力学验算与特殊设计
	中密	1∶0.50~1∶0.75	1∶0.75~1∶1.00	
	稍密	1∶1.00~1∶1.25	1∶1.25~1∶1.50	
黏性土	坚硬	1∶0.75~1∶1.25	1∶1.25~1∶1.50	
	硬塑	1∶1.25~1∶1.50	1∶1.50~1∶1.75	

注：①碎石土的充填物为坚硬或硬塑状态的黏性土；②对于砂土或充填物为砂土的碎石土，边坡坡率允许值应按砂土或碎石土的自然休止角确定。

8.4.2 岩土混合切坡

岩土混合切坡下部基岩视为稳定层，属于表层残坡积土引起的浅层滑动。对于土质部分，应尽量放缓坡率，采用砂浆护坡措施；对于岩质部分，坡面较完整时可采用灌木护坡挂网进行绿化防护，存在外倾结构面时可采用重力式挡土墙支护，支护结构基础必须置于外倾结构面以下稳定地层内。针对不同的坡高可以采取不同的防护措施，例如当坡高较小且没有足够的安全距离时，可以采取浆砌石挡墙＋适当放坡措施[图 8.27(a)]；有足够的安全距离则可以采用放坡＋排水的非结构性护坡措施[图 8.27(b)]。如果需要更高的坡高，则需要采用重力式挡土墙等稳固的防护措施[图 8.27(c)]；预算足够的安全距离，也可以采用多级放坡＋排水措施[图 8.27(d)]。根据不同的切坡等级，防治措施建议如表 8.22 所示。需要注意的是，该表适用于切坡高度 8m 以下的岩土混合切坡，且当切坡高度低于覆盖层厚度时，应按照土质切坡进行设计。当切坡高度大于 8m 时，建议进行边坡稳定性计算和设计，用现浇混凝土格构＋锚杆(索)及支挡工程等方案进行综合治理。

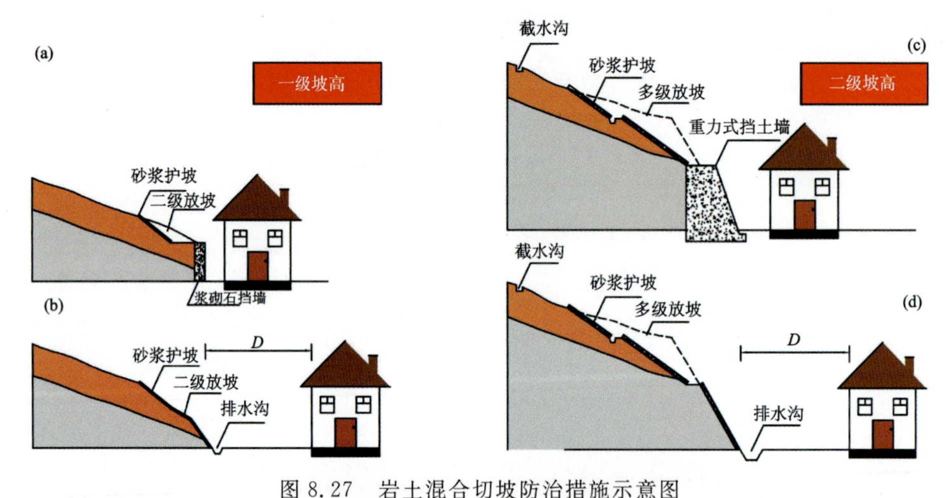

图 8.27 岩土混合切坡防治措施示意图

(a)一级坡高采取防护措施；(b) 一级坡高不采取防护措施；

(c)二级坡高采取防护措施；(d) 二级坡高不采取防护措施

对于下覆基岩，要确定切坡坡率，则需要根据结构面与斜坡的空间关系、结合程度、岩体完整程度等因素对切坡岩体类型进行划分，如表 8.23 所示。

表 8.22 岩土混合切坡防治措施建议

一级分类	覆盖层厚度/m	二级分类	自然坡度/(°)	风险等级	防治措施
Ⅰ	$h\leqslant1$	$Ⅰ_1$	≤20	低风险	允许切坡，建议房屋安全距离大于2m
		$Ⅰ_2$	(20,30]	低风险	允许切坡，建议房屋安全距离大于2m
		$Ⅰ_3$	(30,40]	低风险	允许切坡，建议房屋安全距离大于2m
		$Ⅰ_4$	>40	中风险	加强监测，房屋安全距离需大于2.5m，覆盖层削坡、砂浆护坡
Ⅱ	$1<h\leqslant2$	$Ⅱ_1$	≤20	低风险	允许切坡，建议房屋安全距离大于2.5m
		$Ⅱ_2$	(20,30]	低风险	允许切坡，建议房屋安全距离大于2.5m
		$Ⅱ_3$	(30,40]	中风险	加强监测，房屋安全距离需大于2.5m，覆盖层削坡、砂浆护坡
		$Ⅱ_4$	>40	中风险	加强监测，房屋安全距离需大于3m，覆盖层削坡、砂浆护坡
Ⅲ	$2<h\leqslant3$	$Ⅲ_1$	≤20	低风险	允许切坡，建议房屋安全距离大于2.5m
		$Ⅲ_2$	(20,30]	中风险	加强监测，房屋安全距离需大于3m，覆盖层削坡、砂浆护坡
		$Ⅲ_3$	(30,40]	中风险	加强监测，房屋安全距离需大于3.5m，实施坡改梯、分级处设置石垛，修建内倾砂浆抹面排水沟，在土岩接触面设修建泄水孔
		$Ⅲ_4$	>40	高风险	不允许开挖

续表 8.22

一级分类	覆盖层厚度/m	二级分类	自然坡度/(°)	风险等级	防治措施
Ⅳ	$3<h$	$Ⅳ_1$	≤20	中风险	加强监测，房屋安全距离需大于3m，建议进行边坡稳定性计算和设计，实施坡改梯、分级处设置石垛，修建内倾砂浆抹面排水沟，在土岩界面修建泄水孔
		$Ⅳ_2$	(20,30]	中风险	加强监测，房屋安全距离需大于3.5m，建议进行边坡稳定性计算和设计，实施坡改梯、分级处设置石垛，修建内倾砂浆抹面排水沟，在土岩界面修建泄水孔
		$Ⅳ_3$	(30,40]	高风险	不允许开挖
		$Ⅳ_4$	>40	高风险	不允许开挖

表 8.23 切坡岩体分级

切坡岩体分级	判定条件			
	岩体完整程度	结构面结合程度	结构面产状	切坡自稳能力
Ⅰ	完整	结构面结合良好或一般	外倾结构面或外倾不同结构面的组合线倾角>75°或<27°	30m高的边坡长期稳定，偶有掉块
Ⅱ	完整	结构面结合良好或一般	外倾结构面或外倾不同结构面的组合线倾角27°～75°	15m高的边坡长期稳定，15～30m高的边坡欠稳定
		结构面结合差	外倾结构面或外倾不同结构面的组合线倾角>75°或<27°	15m高的边坡长期稳定，15～30m高的边坡欠稳定
	较完整	结构面结合良好或一般	外倾结构面或外倾不同结构面的组合线倾角>75°或<27°	边坡局部出现掉块

续表 8.23

切坡岩体分级	判定条件			
	岩体完整程度	结构面结合程度	结构面产状	切坡自稳能力
Ⅲ	完整	结构面结合差	外倾结构面或外倾不同结构面的组合线倾角 27°～75°	8m 高的边坡长期稳定，15m 高的边坡欠稳定
	较完整	结构面结合良好或一般	外倾结构面或外倾不同结构面的组合线倾角 27°～75°	8m 高的边坡长期稳定，15m 高的边坡欠稳定
		结构面结合差	外倾结构面或外倾不同结构面的组合线倾角＞75°或＜27°	8m 高的边坡长期稳定，15m 高的边坡欠稳定
	较破碎	结构面结合良好或一般	外倾结构面或外倾不同结构面的组合线倾角＞75°或＜27°	8m 高的边坡长期稳定，15m 高的边坡欠稳定
		结构面结合良好或一般	结构面无明显规律	8m 高的边坡长期稳定，15m 高的边坡欠稳定
Ⅳ	较完整	结构面结合差或很差	外倾结构面以层面为主，倾角多为 27°～75°	8m 高的边坡不稳定
	较破碎	结构面结合一般或很差	外倾结构面或外倾不同结构面的组合线倾角 27°～75°	8m 高的边坡不稳定
	破碎	碎块间结合很差	结构面无明显规律	8m 高的边坡不稳定

在边坡保持整体稳定的条件下，基岩开挖的坡率允许值可以参考相关规范和当地现有成功岩质边坡治理工程经验。对无外倾软弱结构面的边坡，削坡坡率建议值如表 8.24 所示。

对于有外倾结构面的岩土混合边坡、土质较软的边坡、坡顶边缘有较大荷载的边坡以及高度超过上述范围的边坡应通过稳定性计算确定其坡率值。

表 8.24　无外倾软弱结构面边坡坡率建议值

切坡岩体类型	状态	坡率建议值(高宽比)		
		坡高小于 4m	坡高 4～8m	坡高大于 8m
Ⅰ类	微风化	1∶0.00～1∶0.01	1∶0.10～1∶0.15	1∶0.15～1∶0.25
	中风化	1∶0.10～1∶0.15	1∶0.15～1∶0.25	1∶0.25～1∶0.35
Ⅱ类	微风化	1∶0.10～1∶0.15	1∶0.15～1∶0.25	1∶0.25～1∶0.35
	中风化	1∶0. 15～1∶0.25	1∶0.25～1∶0.35	1∶0.35～1∶0.50
Ⅲ类	微风化	1∶0.25～1∶0.35	1∶0.35～1∶0.50	—
	中风化	1∶0.35～1∶0.50	1∶0.50～1∶0.75	—
Ⅳ类	中风化	1∶0.50～1∶0.75	1∶0.75～1∶1.00	—
	强风化	1∶0.75～1∶1.00	—	—

建房切坡可以按边坡整体高度进行放坡，也可以采取不同坡率进行分级放坡。边坡坡顶、坡面、坡脚和水平台阶应设排水沟，并做好坡脚防护；在坡顶外围应设截水沟。当坡表有积水、坡脚有地下水渗出或地下水露头时，应根据情况设置外倾排水孔、排水盲沟或加强防护措施。

建房切坡坡面排水措施包括截水沟和排水沟，应结合地形和天然水系进行布设，并作好进出水口的位置选择。设计应符合以下规定：

(1)坡顶截水沟宜结合地形进行布设，且距挖方边坡坡口或潜在滑塌区后缘不应小于 5m，在多雨地区可设多道截水沟。

(2)需将截水沟、边坡附近低洼处汇集的水引向边坡范围外时，应设置排水沟。

(3)截排水沟的底宽和顶宽不宜小于 500mm，可采用梯形断面或矩形断面，沟底纵坡不宜小于 0.3%。

(4)截排水沟需进行防渗处理；砌筑砂浆强度等级不应低于 M7.5，块石、片石强度等级不应低于 MU30，现浇混凝土或预制混凝土强度等级不应低于 C20。采用浆砌块石、片石时，砂浆应饱满，沟底表面粗糙。截水沟和排水沟的水沟线形要平顺，转弯处宜为弧线形。

建房切坡支护结构形式应考虑场地地质和环境条件、切坡高度、切坡侧压力的大小和对边坡变形控制的难易程度等因素。支护结构的设计使用年限不应低于被保护的建筑物设计使用年限。支护结构可以采用的结构形式如表 8.25 所示。

表 8.25 支护结果应用条件

支护结构	条件		
	切坡环境条件	切坡高度	备注
重力式挡墙	场地允许，坡顶无重要建筑物	土质切坡，$H \leqslant 10$m，岩质边坡，$H \leqslant 12$m	不利于控制边坡变形，土方开挖后边坡稳定性较差时不宜使用
悬臂式、扶壁式挡土墙	填方区	悬臂式挡墙，$H \leqslant 6$m，扶壁式挡墙，$H \leqslant 10$m	适用于土质切坡
桩板式挡墙		悬臂式挡墙，$H \leqslant 15$m，锚拉式，$H \leqslant 25$m	桩嵌固段土质较差时不宜使用，当对挡墙变形要求较高时宜采用锚拉式桩板挡墙
岩石喷锚支护		Ⅰ类岩质边坡，$H \leqslant 30$m	适用于岩质边坡
		Ⅱ类岩质边坡，$H \leqslant 30$m	
		Ⅱ类岩质边坡，$H \leqslant 15$m	

8.4.3 建房切坡风险防控数字化平台建设

建房切坡风险防控数字化平台的建设能够控制建房切坡风险源，减少乱切乱挖导致的滑坡灾害风险。农村建房切坡风险防控数字化平台建设主要服务于农村建房切坡选址与切坡方案智能化设计和指导，为浙江省推动风险隐患双控提供科学手段。由图 8.28 可知，在区域危险性分区的基础上，针对高风险区域设计为不予建房，针对中、低风险区域设计为准许建房。居民选择了既定区域后，可以根据自身需求选择屋后切坡高度和切坡角度，平台依据建房切坡方案设计，提供屋后切坡可能的滑动距离、防治措施建议以及整体费用。

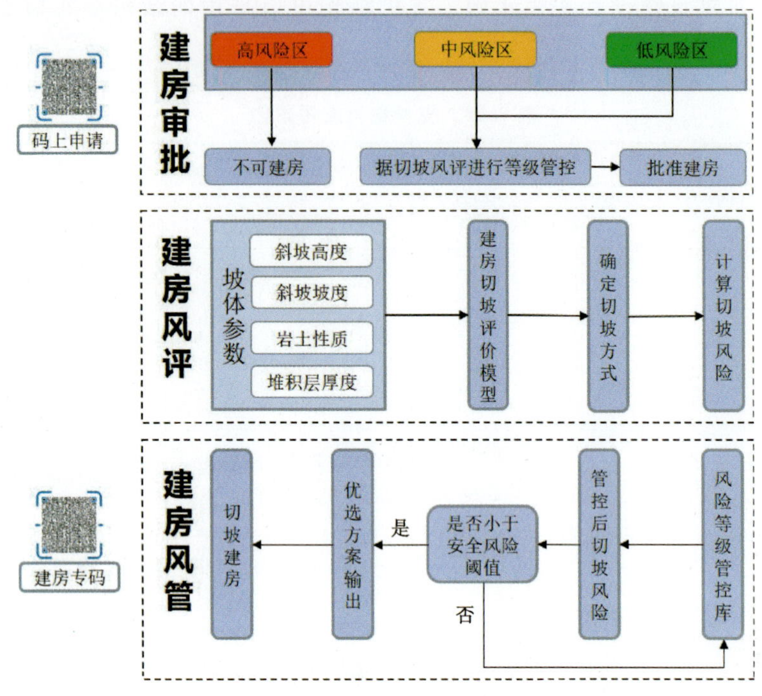

图 8.28　建房切坡风险防控数字化平台逻辑图

第9章　泥石流风险“一沟一卡”精细化调查与评价

9.1　小流域泥石流风险评价流程与方法

9.1.1　评价流程与方法

沟谷泥石流精细化风险评价主要包括源区易发性评价、危险性评价、承灾体易损性评价和风险评价。其中，泥石流的物源区易发性评价采用LiDAR手段进行源区范围解译，同时结合TRIGRS定量计算物源量的方法，将入渗模块、水文模块和暴雨的径流结合，基于网格计算降雨影响下的瞬态边坡安全系数。危险性评估采用FLO-2D软件进行计算，得到泥石流运动速度和最大流深，同时结合降雨工况及阈值进行不同降雨工况下的泥石流危险性计算。易损性评价针对沟谷内不同类型的承灾体(包括道路和房屋)，风险则通过前述章节的理论进行计算。

整个研究区共有60个沟谷单元。泥石流风险评估主要包括物源区易发性评价、危险性评价、承灾体易损性评价和风险评价，研究技术路线如图9.1所示，风险评价分为重点沟谷区域和整个流域区域。

9.1.2　泥石流易发性评价指标

泥石流易发性评价指标包含5个一级指标(表9.1)和13个二级指标(表9.2～表9.4)，专家根据传统的九标度法进行分层打分。汇总所有指标的打分结果如表9.5所示，共5个一级指标，13个二级指标。

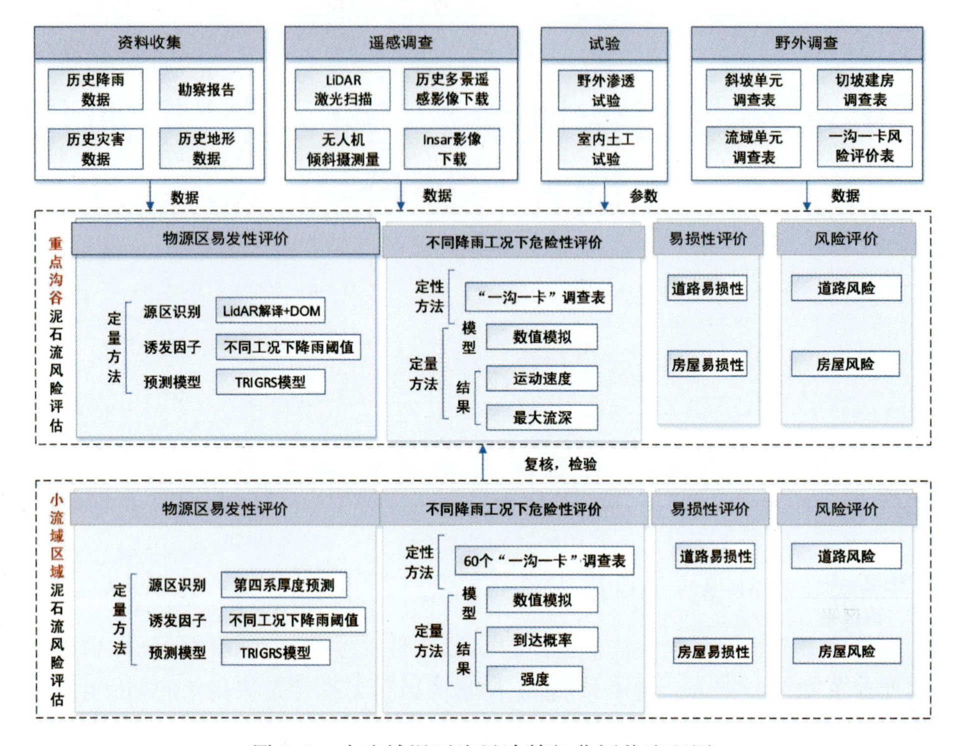

图 9.1　小流域泥石流风险精细化评价流程图

表 9.1　一级指标专家打分表

	物源	地形地貌	植被	发育历史	人类活动
物源	1	3	5	9	7
地形地貌	1/3	1	2	4	3
植被	1/5	1/2	1	3	2
发育历史	1/9	1/4	1/3	1	1/2
人类活动	1/7	1/3	1/2	2	1

表 9.2　物源二级指标打分表

	物源成分	物源成因	物源区覆盖层平均厚度/m	物源区面积/hm^2
物源成分	1	3	1/3	1/2
物源成因	1/3	1	1/9	1/5
物源区覆盖层平均厚度/m	3	9	1	2
物源区面积与流域面积比值/%	2	5	1/2	1

表 9.3　地形地貌二级指标打分表

	物源区平均坡度/(°)	物源区与堆积区高差/m	主沟纵坡降/‰	流域支沟密度/($km \cdot km^{-2}$)	主沟床弯曲程度
物源区平均坡度/(°)	1	5	7	2	9
物源区与堆积区高差/m	1/5	1	2	1/3	1/2
主沟纵坡降/‰	1/7	1/2	1	1/2	1/2
流域支沟密度/($km \cdot km^{-2}$)	1/2	3	2	1	4
主沟床弯曲程度	1/9	2	2	1/4	1

表 9.4　植被二级指标打分表

	植被类型	植被覆盖率/%
植被类型	1	1/3
植被覆盖率/%	3	1

表 9.5　小流域泥石流“一沟一卡”危险性程度数量化评分表

序号	一级指标	二级指标	三级指标	得分
1	物源	物源成分	巨石	2.57
			块石土	3.89
			碎石土	5.21
			黏土	7.78
2		物源成因	冲洪积	1.04
			残坡积	1.58
			崩滑堆积	2.12
			人工堆积	3.16
3		物源区覆盖层平均厚度/m	<0.5	11.22
			[0.5,1)	14.58
			[1,1.5)	17.95
			≥1.5	22.43
4		物源区面积与流域面积比值/%	<15	8.36
			15～30	10.87
			30～45	13.38
			>45	16.72
5	地形地貌	物源区平均坡度/(°)	<30	3.81
			30～40	7.62
			40～50	11.43
			>50	15.25
6		物源区与堆积区高差/m	0～150	1.90
			150～300	2.47
			300～450	3.03
			>450	3.79

续表 9.5

序号	一级指标	二级指标	三级指标	得分
7	地形地貌	主沟纵坡降/‰	<52(<3°)	5.19
			52～105(3°～6°)	6.75
			105～213(6°～12°)	8.31
			213(>12°)	10.39
8		流域支沟密度/($km \cdot km^{-2}$)	0～1.5	3.03
			1.5～3	3.93
			3～4.5	4.84
			>4.5	6.05
9		主沟床弯曲程度	1～1.1	1.81
			1.1～1.2	2.36
			1.2～1.3	2.90
			>1.3	3.62
10	植被	植被类型	乔木	0.57
			灌丛(竹林)	0.86
			草地	1.15
			裸地	1.72
11		植被覆盖率/%	>85	1.70
			(70,85]	2.58
			(55,70]	3.46
			≤55	5.16
12	发育历史	活动性次数	无	0.52
			一次	0.79
			两次	1.06
			多次	1.58

续表 9.5

序号	一级指标	二级指标	三级指标	得分
13	人类活动	工程活动	无	0.59
			农业开垦	1.18
			道路与房屋建设	1.77
			矿山开发	2.36

9.1.3 泥石流危险性评价方法

采用 FLOW-2D 数值模拟软件分析泥石流运动过程，获取单沟泥石流流速与流深，作为泥石流危险性分区的主要依据。基于上述两项基本参数，泥石流危险性评价方法能够衍生出单因素分区法、双因素分区法、综合因素分区法。

国内外自然资源管理机构与研究人员采用多种方法构建泥石流危险性评价判据，例如施邦筑(2001)、唐川(1993)和瑞士联邦政府(2000)采用单因素分区法；夏添(2013)基于二维非恒定流理论，依据泥石流流速和泥深双因素进行危险性等级划分；美国 OFEE(1997)与 Rickenmann(2002)采用综合因素分区法，详见表 9.6。

表 9.6 泥石流危险性等级划分标准

危险性等级	夏添(2013)	施邦筑(2001)	唐川(1993)	瑞士联邦政府(2000)	美国 OFEE(1997)	Rickenmann(2002)
高	$v_h \geqslant 1.7$ 或 $h' > 1.5$	$h' \geqslant 3$	$h' \geqslant 2.5$	$h' \geqslant 1$	$h \geqslant 1$ 或 $v_h \geqslant 1.0$	$h \geqslant 1.5$ 和 $v \geqslant 1.5$
中	$0.3 < v_h < 1.7$ 和 $0.3 < h' < 1.5$	$h' < 3$	$0.5 \leqslant h' < 2.5$	$h' < 1$	$h < 1$ 和 $v_h < 1.0$	$0.5 \leqslant h < 1.5$ 和 $0.5 < v < 1.5$
低	$v_h \leqslant 0.3$ 和 $h' < 0.3$		$h' < 0.01$			$h < 0.5$ 和 $v < 0.5$

注：h' 为泥石流堆积深度(m)；h 为泥石流的流动深度(m)；v 为泥石流的流动速度(m/s)；v_h 为单位宽度单位厚度泥石流的动量(m^2/s)。

9.1.4 泥石流风险评价方法

泥石流灾害风险一般由泥石流灾害的危险性和泥石流承灾体的易损性组成。但是关于泥石流灾害风险的具体计算方法存在众多不同的标准,一般以联合国对风险的定义为标准,即风险度和易损度的乘积。选择泥石流最大流深作为计算标准,参考以下易损性曲线计算建筑物易损性(图 9.2,表 9.7)。

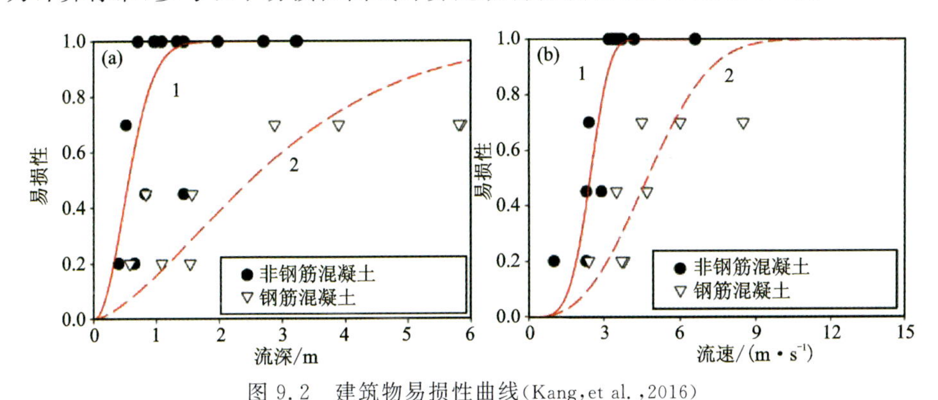

图 9.2 建筑物易损性曲线(Kang,et al.,2016)

1.非钢筋混凝土结构易损性拟合曲线;2.钢筋混凝土结构易损性拟合曲线

表 9.7 建筑物易损性计算公式

强度因子	易损性公式	
	非钢筋混凝土结构	钢筋混凝土结构
流速 $v/(\mathrm{m\cdot s^{-1}})$	$v=1-e^{(-0.014\times v^{4.368})}$	$v=1-e^{(-0.0094\times v^{2.775})}$
流深 d/m	$d=1-e^{(-2.2072\times v^{2.019})}$	$d=1-e^{(-0.1703\times v^{1.537})}$

9.2 九华乡小流域泥石流灾害风险精细化评价

9.2.1 泥石流风险野外初步评判

柯城区九华乡 2002 年 8 月 15 日发生的大后源泥石流灾害和 2020 年 6 月 4 日发生的小佃坞泥石流灾害造成了重大的人员伤亡和财产损失。根据此次野外地质调查、现场遥感解译、无人机航拍及地质测绘,对小流域内沟谷进行全面筛查,根据沟谷泥石流发育历史、沟道及沟口堆积物状况、沟谷内斜坡堆积物分布,野外初步判断的历史灾害泥石流和潜在泥石流隐患点分布如图 9.3 所示。

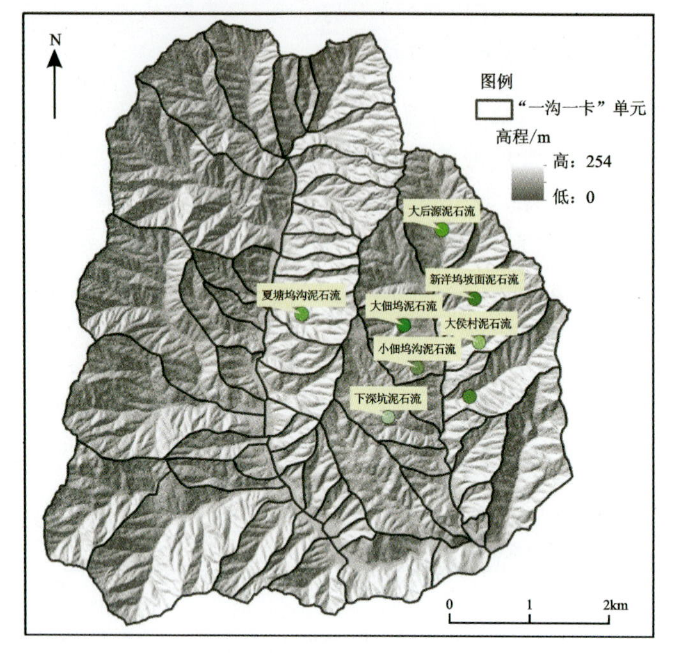

图 9.3　九华乡小流域历史泥石流灾害点和潜在隐患点分布图

从图 9.3 可以看出，泥石流灾害大多分布于大后源沟，包括大后源泥石流、新洋坞坡面泥石流、大佃坞泥石流、大侯村泥石流、小佃坞沟泥石流、下深坑泥石流以及夏塘坞沟泥石流。这些泥石流聚集性较强，在强降雨的诱发下很容易形成大型沟谷型汇聚泥石流，应该进行重点风险评估。

9.2.2　基于数值模拟的泥石流物源识别结果

TRIGRS 计算所需的主要数据包括高程数据（图 9.4）、坡度数据（图 9.5）、流向数据（图 9.6）、岩性分区数据（图 9.7）和第四系堆积层（土层）厚度数据（见第 4 章相关内容）。

由于 TRIGRS 计算对松散堆积层岩土体的物理力学及水力学参数精度要求较高，因此当研究区覆盖层岩土体类型有较大差异时，需进行分区计算，根据岩性特征将研究区分成了 5 个区域。

利用各因子进行泥石流物源区易发性评价，根据研究区降雨阈值结果，选取 50mm、80mm、125mm、180mm 四种降雨工况条件，分别计算不同降雨诱发条件下的斜坡不稳定物源区，其中斜坡稳定性小于 0.9 的区域可以被判定为潜在泥石流物源区，计算结果如图 9.8 所示。

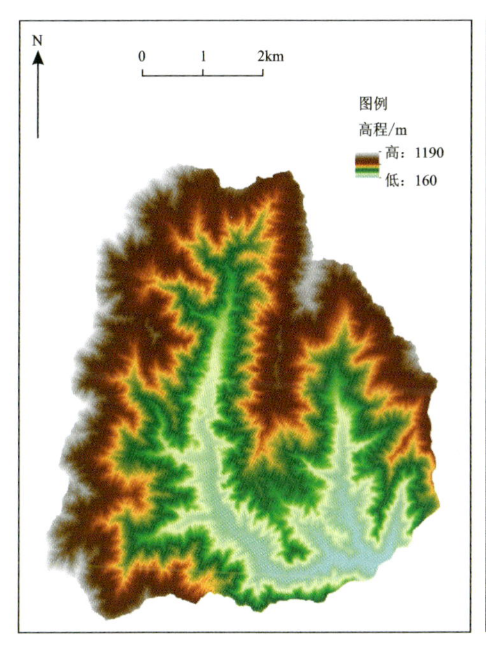

图 9.4 研究区高程分布图

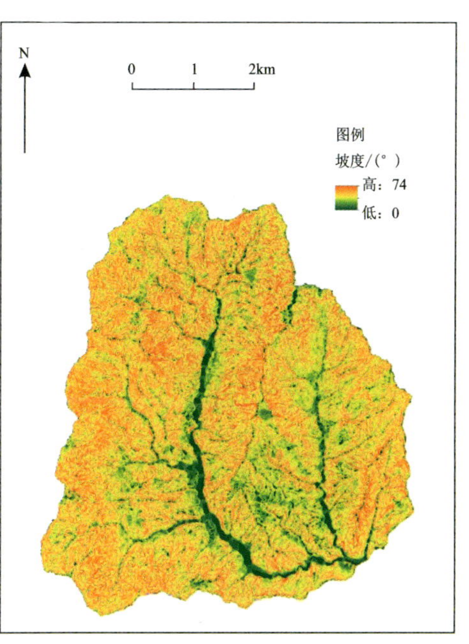

图 9.5 研究区坡度分布图

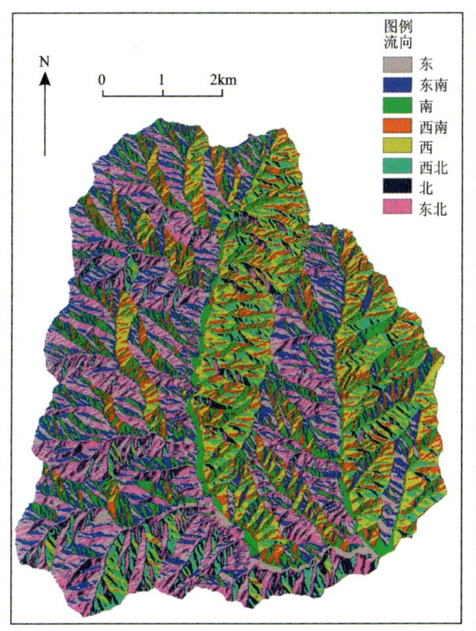

图 9.6 研究区流向分布图

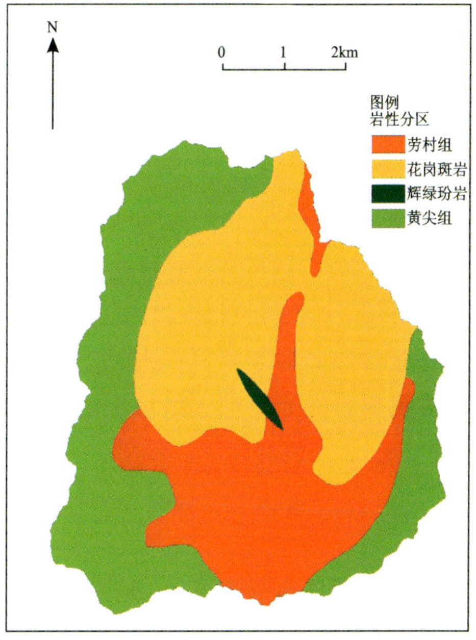

图 9.7 研究区岩性分区图

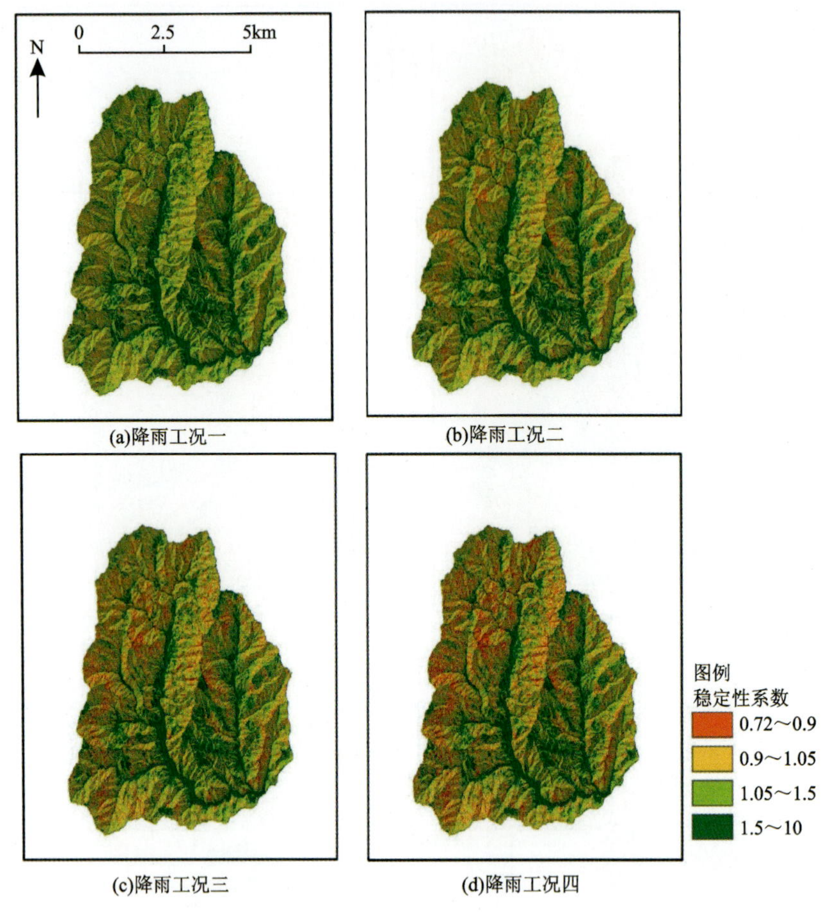

图 9.8　泥石流物源区危险性评价图

9.2.3　基于“一沟一卡”的泥石流危险性评价

根据定量化评判的结果，危险性等级分为极高、高、中等、低 4 个等级。对比图 9.3 和图 9.9，泥石流的危险性评价结果与野外调查初判基本吻合。野外初判的 8 个泥石流隐患单元均属于定量化危险性评价等级为极高、高和中的等级范围。

根据降雨阈值分析结果，选取 50mm、80mm、125mm、180mm 四种降雨工况条件，利用 Flow-R 软件对泥石流进行运动模拟得到到达概率结果如图 9.10 所示。

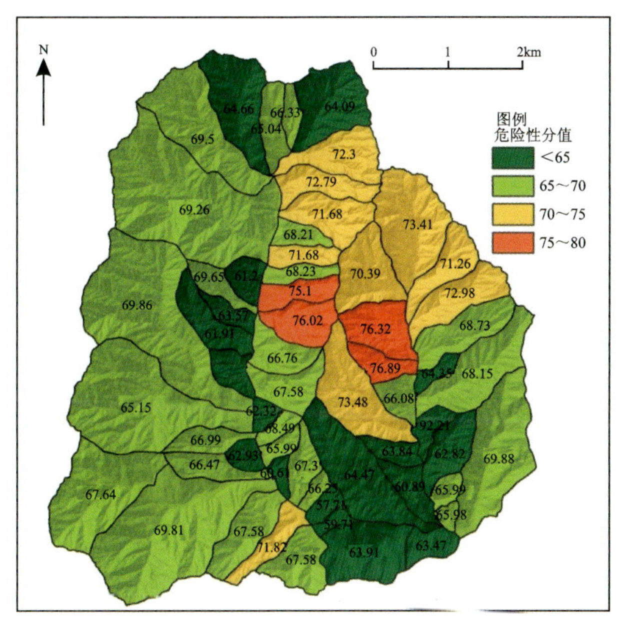

图 9.9 九华乡小流域基于“一沟一卡”的泥石流危险性分布图

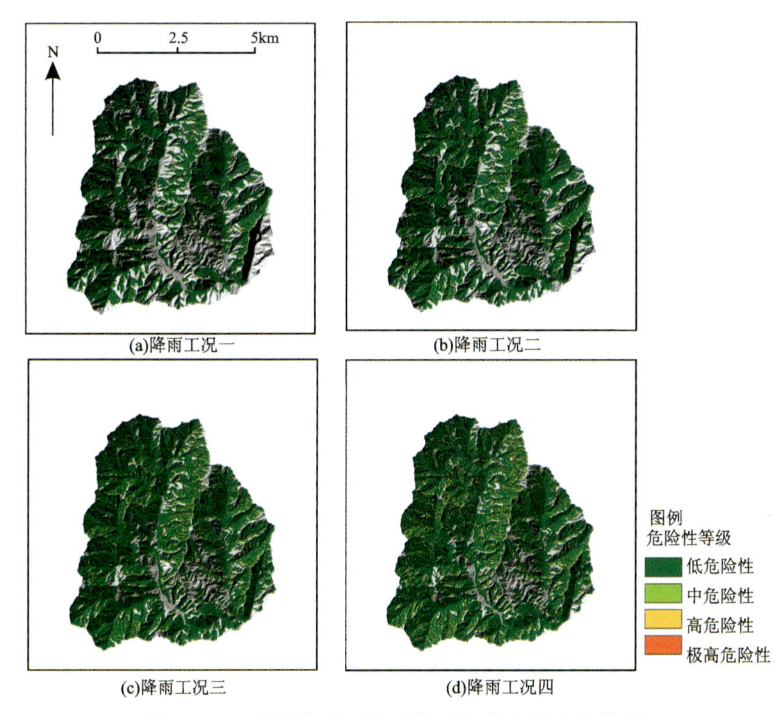

图 9.10 不同降雨工况下泥石流到达概率结果图

结合泥石流流域单元得到不同降雨工况下泥石流危险性评估结果如图 9.11 所示。

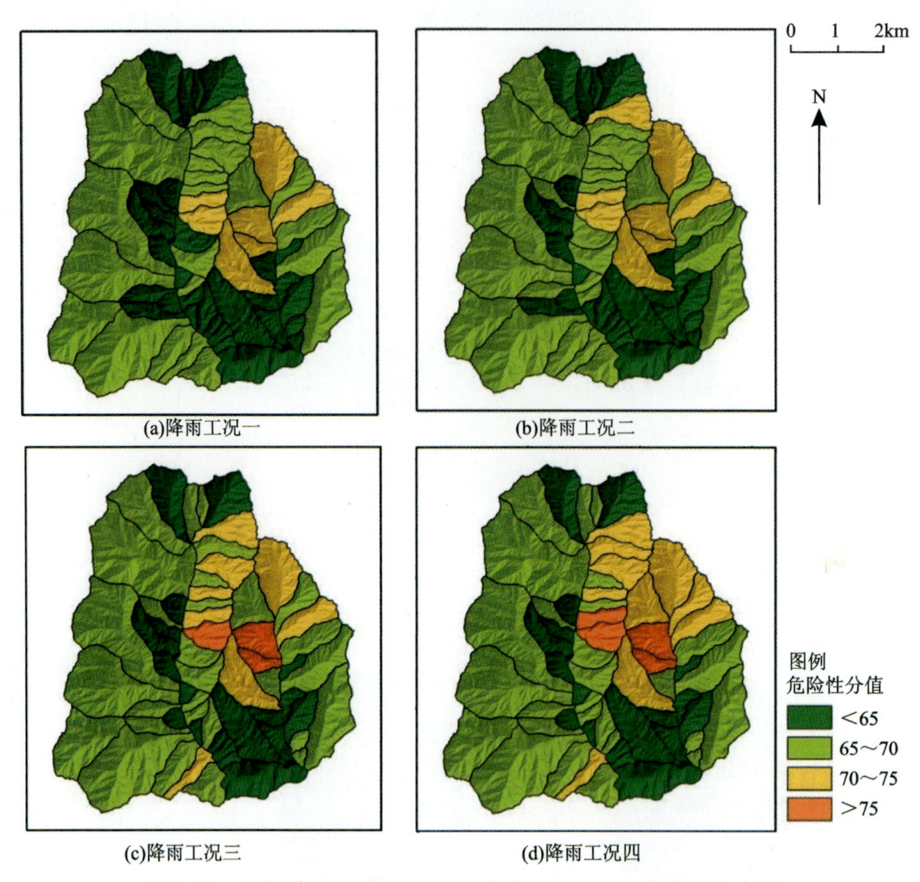

图 9.11　不同降雨工况下基于流域单元的泥石流危险性分布图

9.3　小佃坞泥石流风险评价

9.3.1　小佃坞泥石流物源识别

利用 DEM 生成坡度图、正开阔度图和天空视域因子等因子图，如图 9.12 所示。对比几种常规的 DEM 可视化方法，以目视解译的方法评估滑坡特征的可辨识度，[图 9.12(a)]为该区域的正射影像图。当太阳方位角为 45°[图 9.12(b)]、135°[图 9.12(c)]、225°[图 9.12(d)]时，图中斜坡的亮度通常表现为过高或过低。当太阳方位角为45°[图9.12(b)]、135°[图9.12(c)]时,在图中斜坡上的阴影较少,由于225°的太阳方位角与斜坡坡向一致,因此[图9.12(d)]中斜坡上的阴影过重,这些图均无法真实反映泥石流物源区的整体形态特征。在315°方位角下的滑坡特征相对最明显[图9.12(e)]。正开度图[图9.12(g)]和红色立体地图[图9.12(j)]均不受光源角度影响,能在一定程度上反映滑坡的边界特征[图9.12(j)],天空视域图[图9.12(i)]影像能清晰展示物源整体边界。

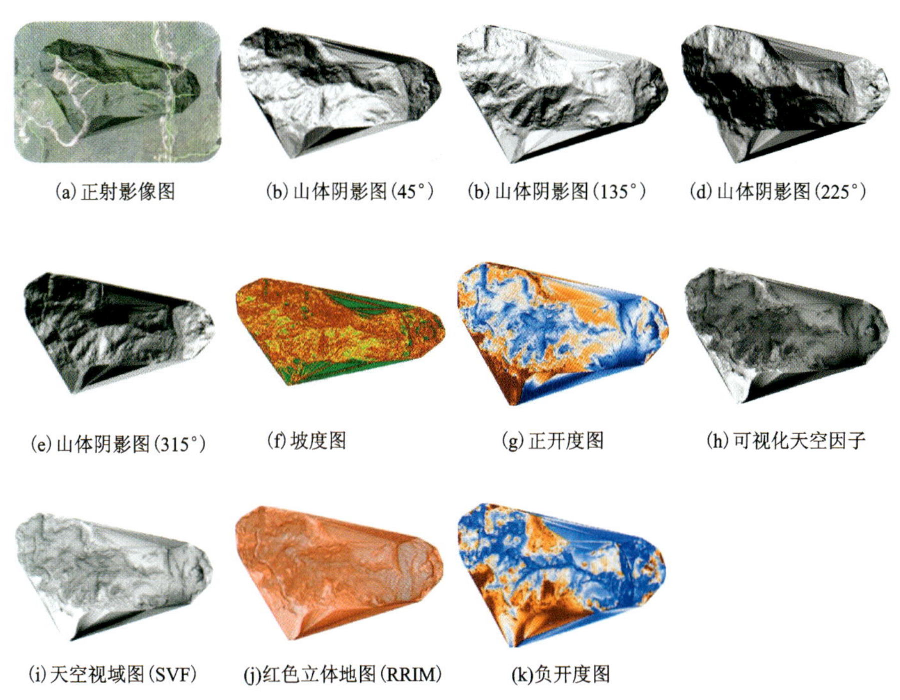

(a)正射影像图　(b)山体阴影图(45°)　(b)山体阴影图(135°)　(d)山体阴影图(225°)

(e)山体阴影图(315°)　(f)坡度图　(g)正开度图　(h)可视化天空因子

(i)天空视域图(SVF)　(j)红色立体地图(RRIM)　(k)负开度图

图9.12　不同DEM可视化方法对小佃坞物源特征呈现的差异图

通过高分辨率遥感影像可以发现一些裸露的地表有明显的滑移现象,这些也极有可能成为泥石流新的物源(图9.13)。

利用2012年4月22日和2021年7月9日的多期次DEM数据,将同一地点不同时间的DEM数据相减,得到小佃坞的高程变化结果(图9.14)。在高程变化图当中,红色表示为高程增加,为发生泥石流之后的堆积区,如图中两个椭圆圈表示区域。

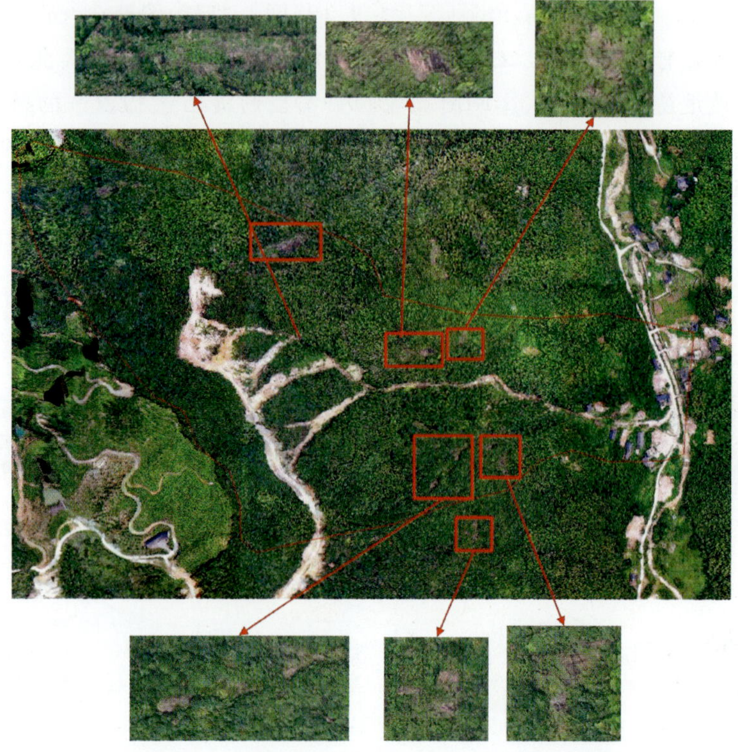

图 9.13　小佃坞泥石流物源区高分辨率遥感解译图

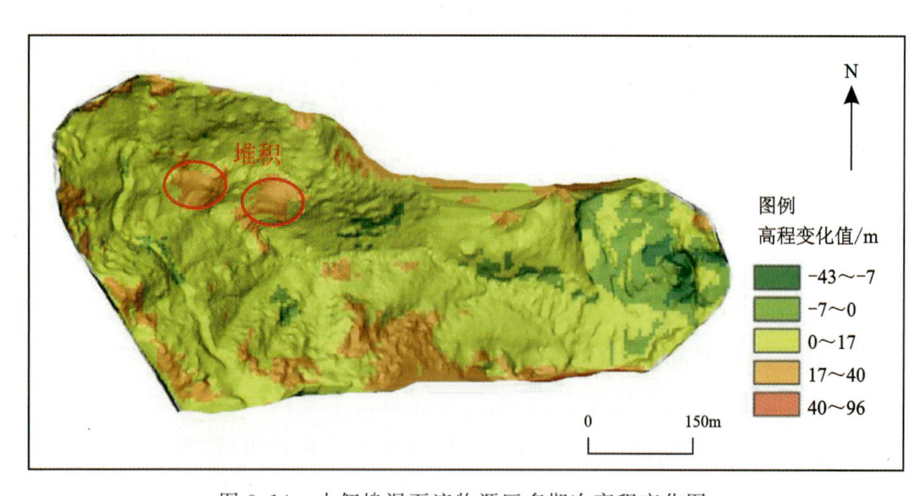

图 9.14　小佃坞泥石流物源区多期次高程变化图

先根据DEM计算出地形正开度、地形负开度及坡度，计算脊谷指数I，将坡度图层叠加在脊谷指数图层之上，调整两个图层的色带以及透明度，最后得到可以清晰辨认地质灾害边界的RRIM图(图9.15)。选用红色为底的原因是红色较为显眼，能最大限度地展现细微的地貌信息。图9.16反映了历史滑坡的圈椅状地貌，这些区域很有可能为物源区。

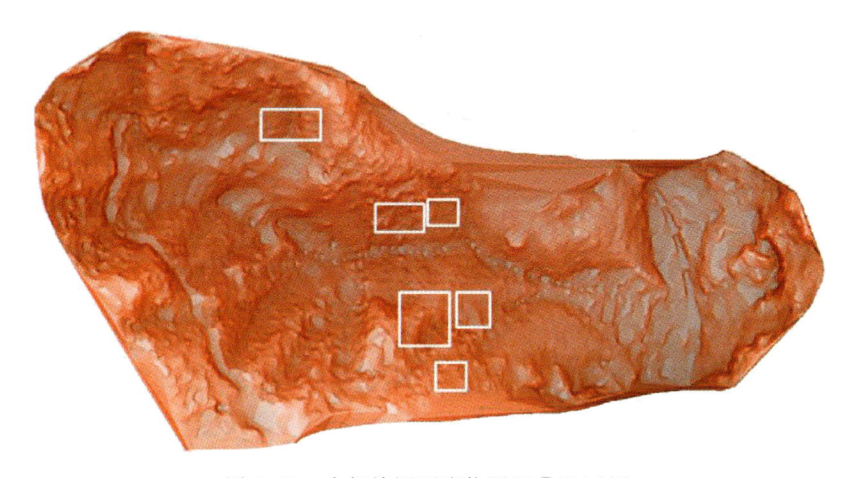

图9.15 小佃坞泥石流物源区RRIM图

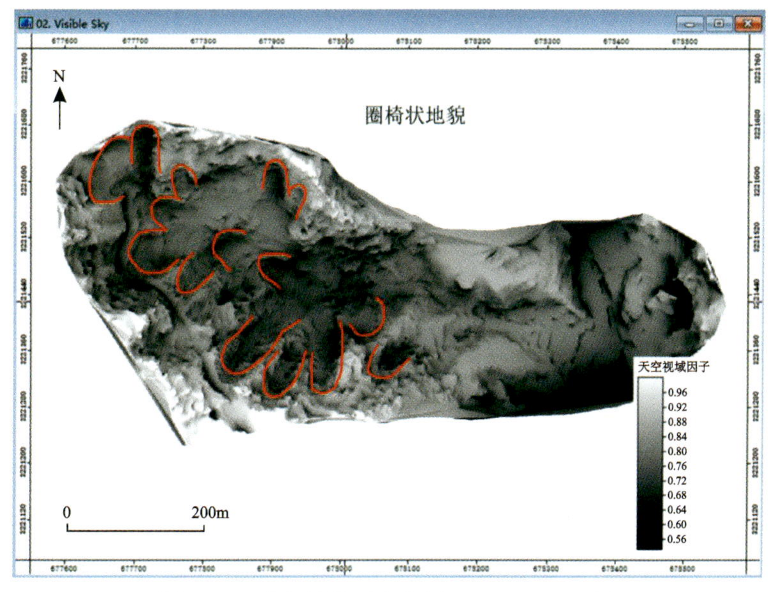

图9.16 小佃坞泥石流物源区Visible Sky图

采用人工目视解译方法对小佃坞泥石流物源进行识别，在天空视域因子图中可以看到整个区域地质上的丘状地貌(图 9.17)。

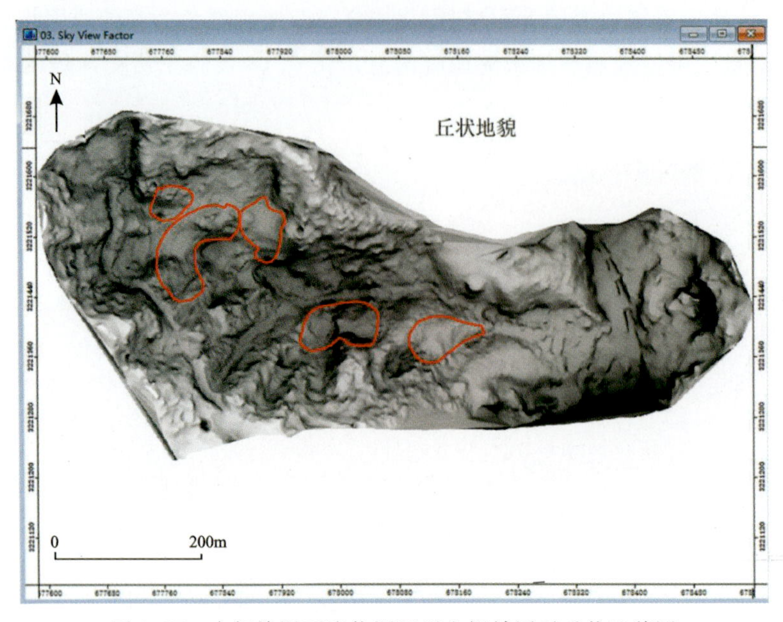

图 9.17 小佃坞泥石流物源区天空视域因子丘状地貌图

通过以上基于 DEM 的可视化分析，经过人工目视解译出小佃坞泥石流物源，分析出地质灾害地貌特征。结果表明，小佃坞泥石流的物源包括分布于公路边的边坡坡积物以及分布于斜坡坡面的堆积物和历史滑坡堆积物(图 9.18)。

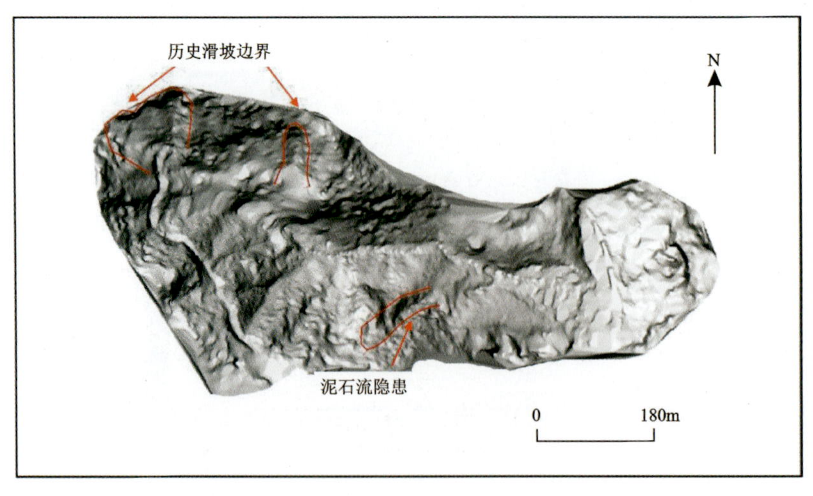

图 9.18 地质灾害地貌特征的解译结果图

利用野外渗透试验以及室内土工试验，获取与泥石流相关的8个参数：黏聚力、内摩擦角、土体容重、水力扩散率、饱和土垂向水力传导系数、饱和含水量、残余含水量和土壤粒径分布的拟合参数，反演结果如表9.8所示。

表9.8 试验获取参数结果表

	黏聚力/Pa	内摩擦角/(°)	土体容重/($N \cdot m^{-3}$)	水力扩散率/($m^2 \cdot s^{-1}$)	饱和土垂向水力传导系数/($m \cdot s^{-1}$)	饱和含水量	残余含水量	土壤粒径分布的拟合参数(毛细高度的倒数)
分区1 辉绿玢岩	2.55×10^4	29.4	1.93×10^4	2.55×10^{-5}	2.55×10^{-7}	0.4	0.05	−0.5
分区2 花岗斑岩	2.321×10^4	27.11	1.98×10^4	2.88×10^{-5}	2.88×10^{-7}	0.4	0.08	−0.5
分区3 劳村组	2.62×10^4	30	2.01×10^4	2.88×10^{-5}	2.88×10^{-7}	0.35	0.05	−0.5
分区4 劳村组	2.62×10^4	30	2.04×10^4	2.88×10^{-5}	2.88×10^{-7}	0.35	0.05	−0.5
分区5 黄尖组	1.4×10^4	27.4	1.8×10^4	2.88×10^{-5}	2.88×10^{-7}	0.45	0.05	−0.5

利用试验获取的参数并结合TRIGRS数值模拟软件，得到斜坡稳定性分布结果。通过对斜坡稳定性结果分析，基于降雨诱发的斜坡不稳定部分都会成为泥石流的潜在物源的原理，对小佃坞泥石流的物源量进行估算，如图9.19所示，稳定性低于1.05的区域被认为是潜在物源区。

9.3.2 泥石流危险性评价

对不同重现期等级工况泥石流运动参数模拟结果进行综合评价，并对危险性进行分级，获取4种降雨工况下小佃坞泥石流最大过流深度(图9.20)、最大流速(图9.21)以及危险性评价结果图(图9.22)。

结合4种降雨工况下泥石流最大过流深度、最大流速及危险性分区图可得出以下结论：

(1)降雨工况一。最大过流深度小于1.4m，最大流速小于1.4m/s，泥石流危险性低，仅在泥石流沟内分布极低危险区域，在该种工况下未有更高危险等级分布。

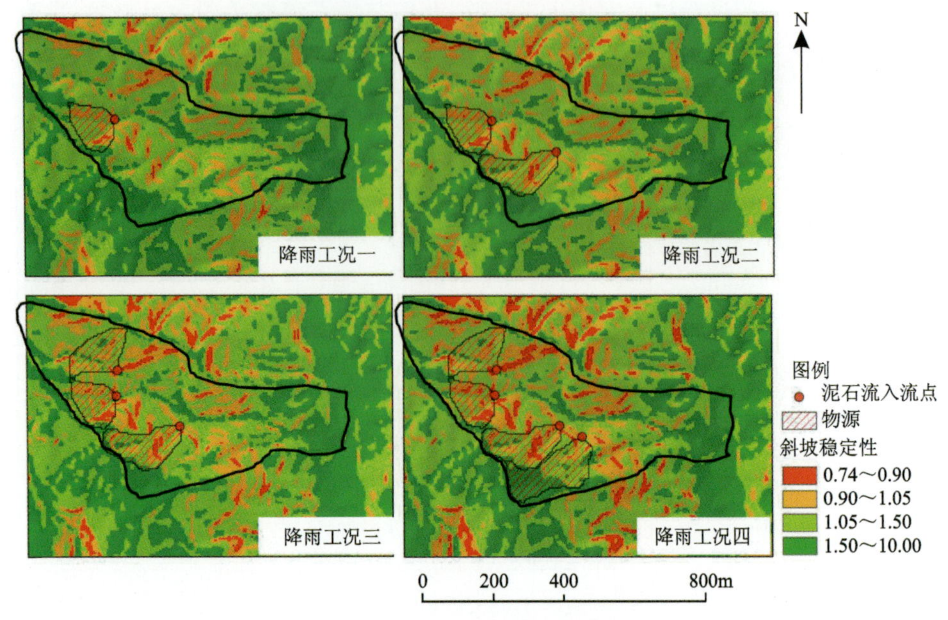

图 9.19 小佃坞物源稳定性分布图

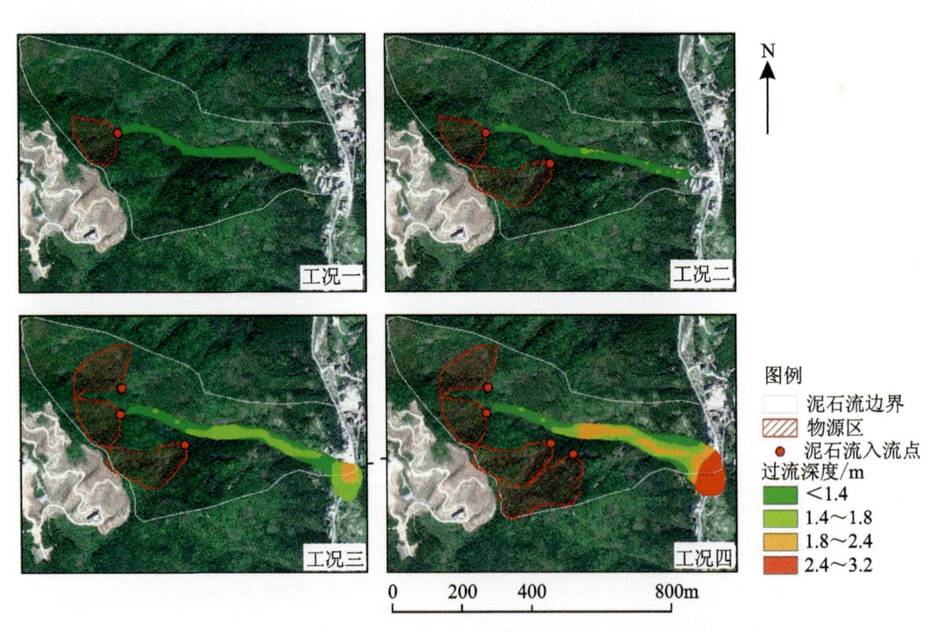

图 9.20 各降雨工况下小佃坞泥石流最大过流深度图

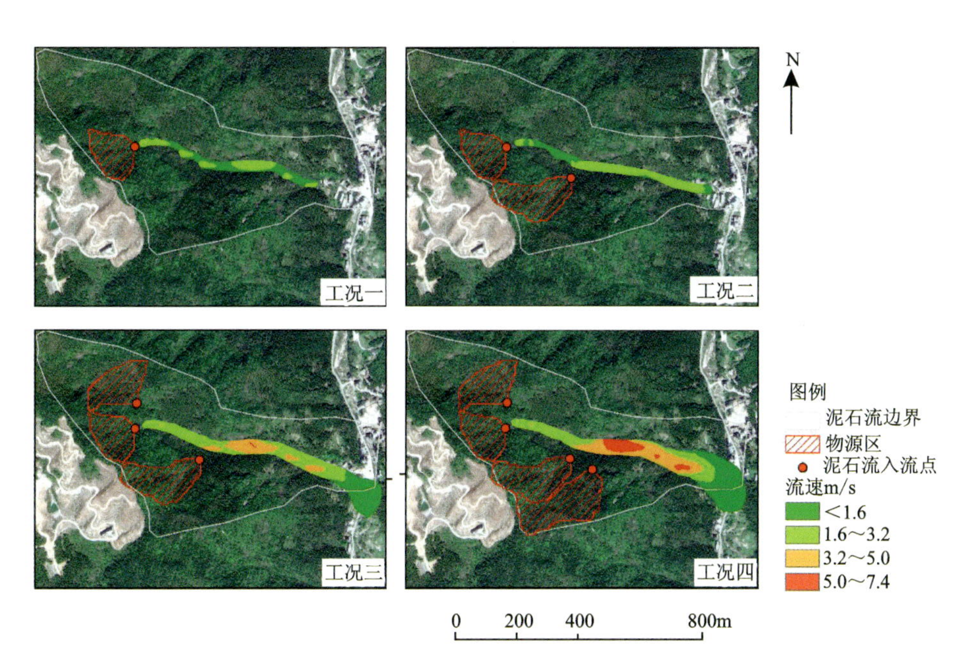

图 9.21 各降雨工况下小佃坞泥石流最大流速图

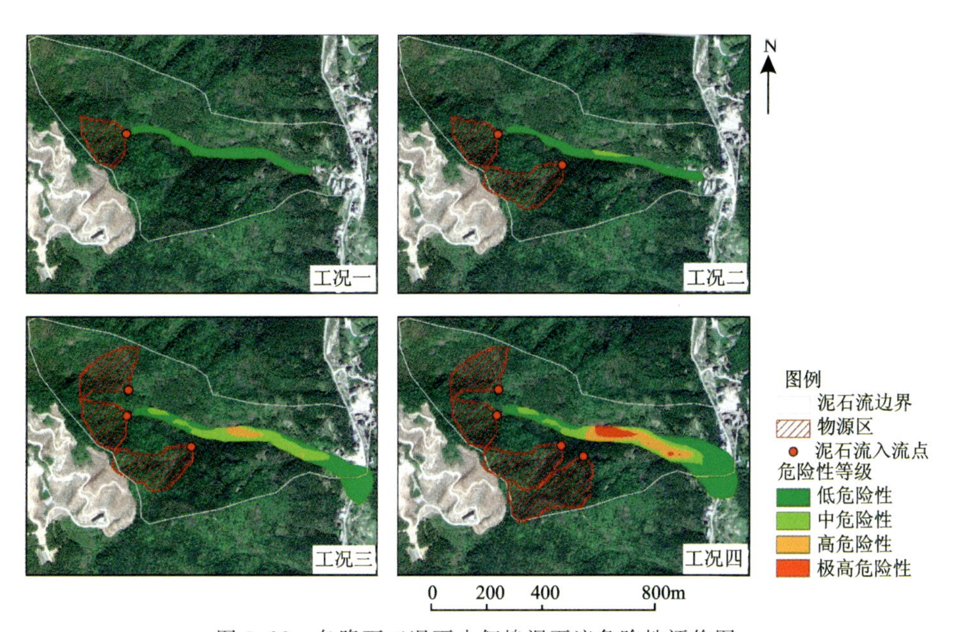

图 9.22 各降雨工况下小佃坞泥石流危险性评价图

(2)降雨工况二。泥石流最大过流深度增长至1.8m,最大流速小于3.2m/s,低危险性区域沿沟谷两侧分布。

(3)降雨工况三。最大过流深度、平均流速有不同程度增长,最大过流深度小于2.4m,最大流速达到5m/s,中危险性分布区域增大,并有高危险性区域零星分布。

(4)降雨工况四。泥石流危险性级别显著提高。高危险区域泥石流过流深度达3.2m,最大流速达7.4m/s,泥石流冲击力较大,对建筑物构成严重威胁。由于泥石流流量大,流通宽度受限,动量逐渐增大,最终沿沟谷中心出现泥石流高危险区—中危险区延伸分布现象。

9.3.3 泥石流风险评价

根据小佃坞泥石流区域的房屋分布情况,采用不同工况泥石流危险性预测评价结果,得到小佃坞沟泥石流在4种降雨工况下的风险评价结果,如图9.23所示。降雨工况三和降雨工况四在泥石流沟口有2个房屋以及公路处于高风险状态,这与2020年6月4日发生的泥石流危害结果是一致的。

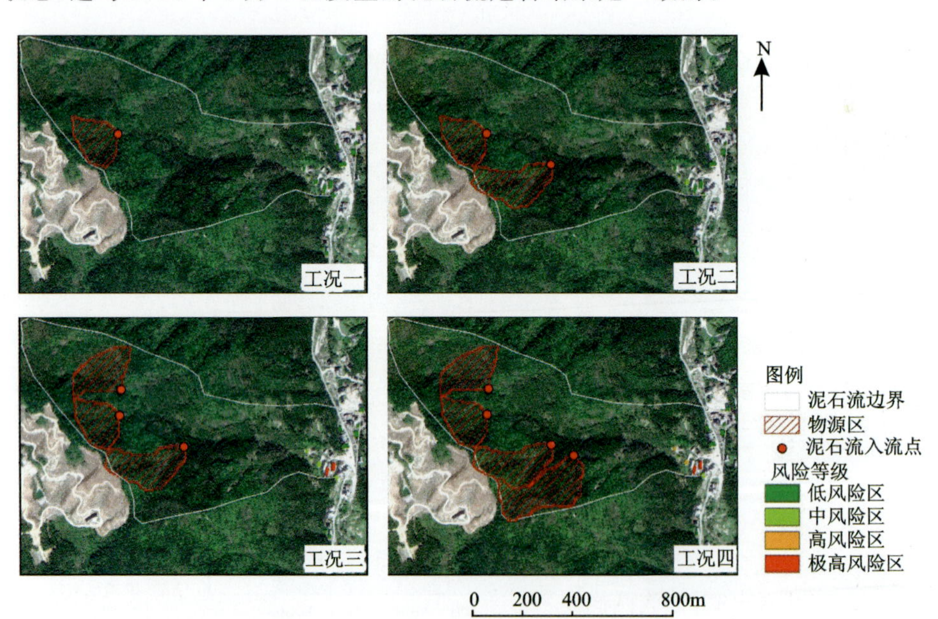

图9.23 各降雨工况下小佃坞泥石流风险评价图

9.4 大侯村泥石流风险评价

大侯村泥石流隐患位于九华乡大侯村，沟口地理坐标：东经 118°50′5″，北纬 29°06′39″。总沟道长约 1.6km，横断面呈"V"形，沟口高程 302m，沟源高程 936m，高差 634m，沟底纵坡降平均约为 396‰，沟谷狭长，支沟呈树杈状发育。流域面积约 0.49km²，水流从高至低汇入谷底，形成一条由东向西的沟底径流。据当地村民所述，溪沟水量随季节性变幅较大，主要受大气降水影响。沟谷两侧自然斜坡坡度 20°～35°，局部达 40°（图 9.24），坡面表层覆盖有残坡积含碎石粉质黏土和碎块石，370m 高程以上中风化基岩出露，岩性主要为花岗岩。沟域植被较发育，主要为毛竹、乔木、灌木、杂草，覆盖率约 90%以上。370m 高程以下全风化及坡体表层碎石土分别厚 2m、0.5～1m。

物源区以沟体后缘高程处边坡岩质崩塌块石及坡面残坡积、崩坡积层降雨冲蚀为主。物源区后缘存在较大面积平缓竹林地（图 9.25），坡度一般 20°～25°，崩坡积层平均厚 0.5～1m。基岩边坡较为陡直，形成崖壁，基岩裸露，仅剩余部分杂草，局部存在卸荷危岩体，易发生崩塌。

图 9.24 大侯村泥石流沟谷两侧后缘高陡岩质边坡

图 9.25 大侯村泥石流沟谷陡坡下部平缓竹林地

泥石流流通区分布于 350～414m 高程（图 9.26），沟道宽 4～5m，地形切割深 2～5m，沟底基岩出露，冲沟两侧岸坡可见基岩出露，岩体为块状结构，发育顺沟向节理，节理产状：①270°∠50°，延伸较长，间距约 0.5m，闭合；②90°∠60°，延伸短，间距约 0.5m，闭合。流通区 370～380m 高程之间可见沟道堆积砂砾及块石，方量 50～100m³（图 9.27）。高程约 410m 处见跌水瀑布，现状水流流量约 4L/s。

图 9.26 大侯村泥石流全貌图

图 9.27 泥石流沟口堆积块石

泥石流堆积区位于高程 350m 以下，沟口地形坡度平缓，人工修建沟渠宽约 2m，深 2m。据村民描述，汛期沟渠有水流漫出，导致房屋浸水。沟口房屋多为土木结构，部分新建住宅为砖混结构。沟口修建人工梯田种植果树、叶菜等农作物。

9.4.1 泥石流物源识别

图 9.28～图 9.31 为大侯村泥石流隐患点 LiDAR 点云数据生成的结果图。

通过无人机倾斜摄影生成的高分辨率遥感影像可以看出植被茂密地区裸露的地表明显的滑移现象，极有可能成为泥石流新的物源(图 9.32)。

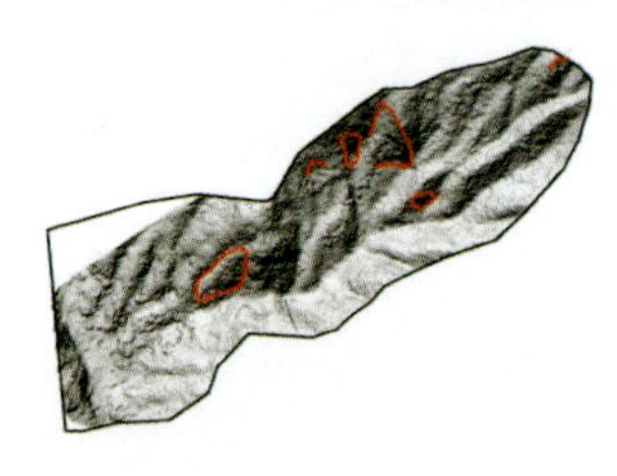

(a)方位角 315°、高度角 65°

(b)方位角 45°、高度角 65°

(c)方位角 135°、高度角 45°

图 9.28 山体阴影

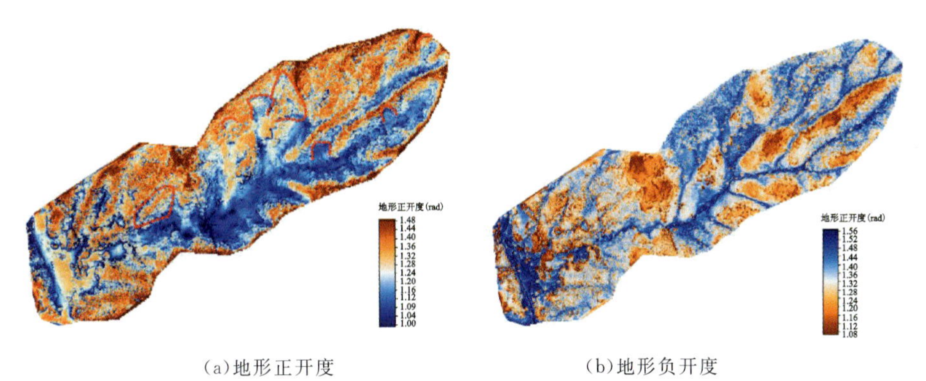

(a)地形正开度　　(b)地形负开度

图 9.29　地形开度图

图 9.30　天空视域因子

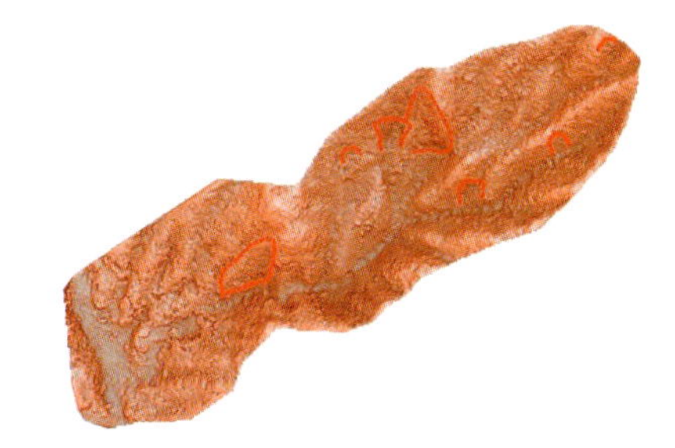

图 9.31　RRIM 图

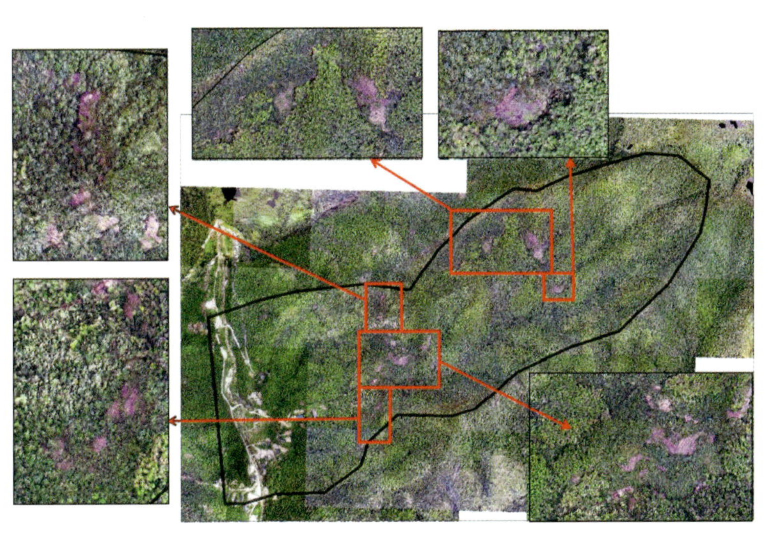

图 9.32　倾斜摄影下的正射影像信息

泥石流的物源分析采用的是 TRIGRS 软件计算出来的斜坡稳定性结果。降雨工况为第五章得到的降雨阈值结果，基于降雨阈值选取 50mm、80mm、125mm、180mm 四种降雨工况条件，进行泥石流风险评估。

图 9.33 为 TRIGRS 模拟的大侯村泥石流物源区稳定性计算结果，可以看出，大侯村泥石流在蓝色预警降雨工况下比较稳定，因此，后续评价中不考虑该工况下的风险；橙色和红色预警降雨工况下，不稳定区域主要分布在沟谷中部冲沟汇集处。

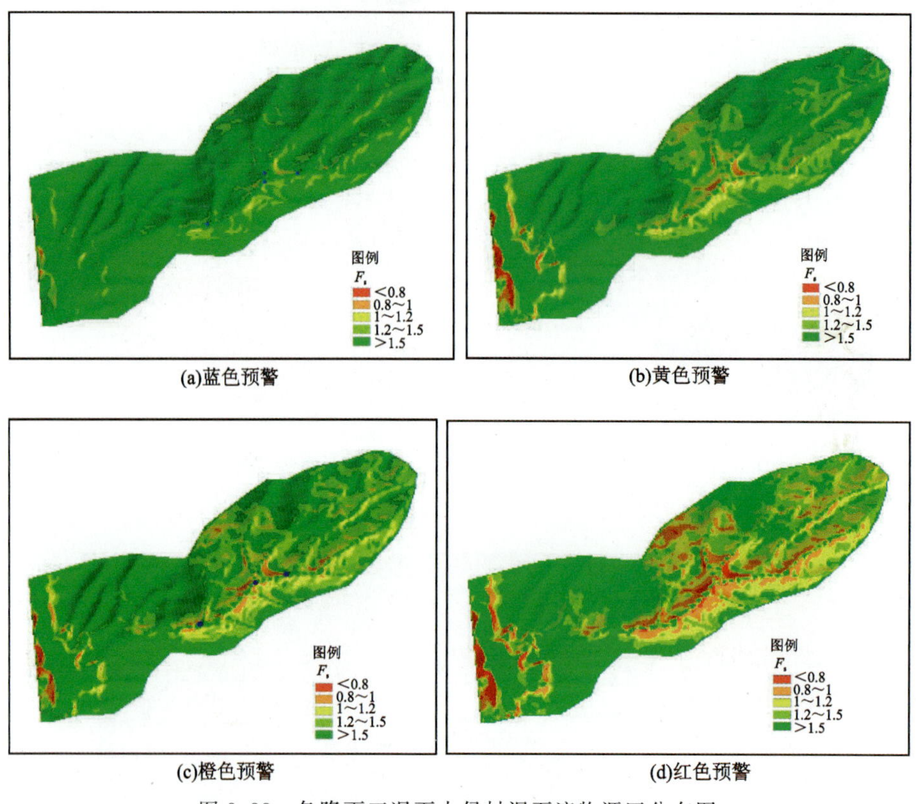

图 9.33 各降雨工况下大侯村泥石流物源区分布图

9.4.2 泥石流危险性评价

图 9.34 为黄色预警—红色预警情况下模拟得到的大侯村泥石流最大流深和最大流速评价结果，图 9.35 为大侯村泥石流危险性分区图，根据泥石流危险性等级划分标准可得出如下结论：

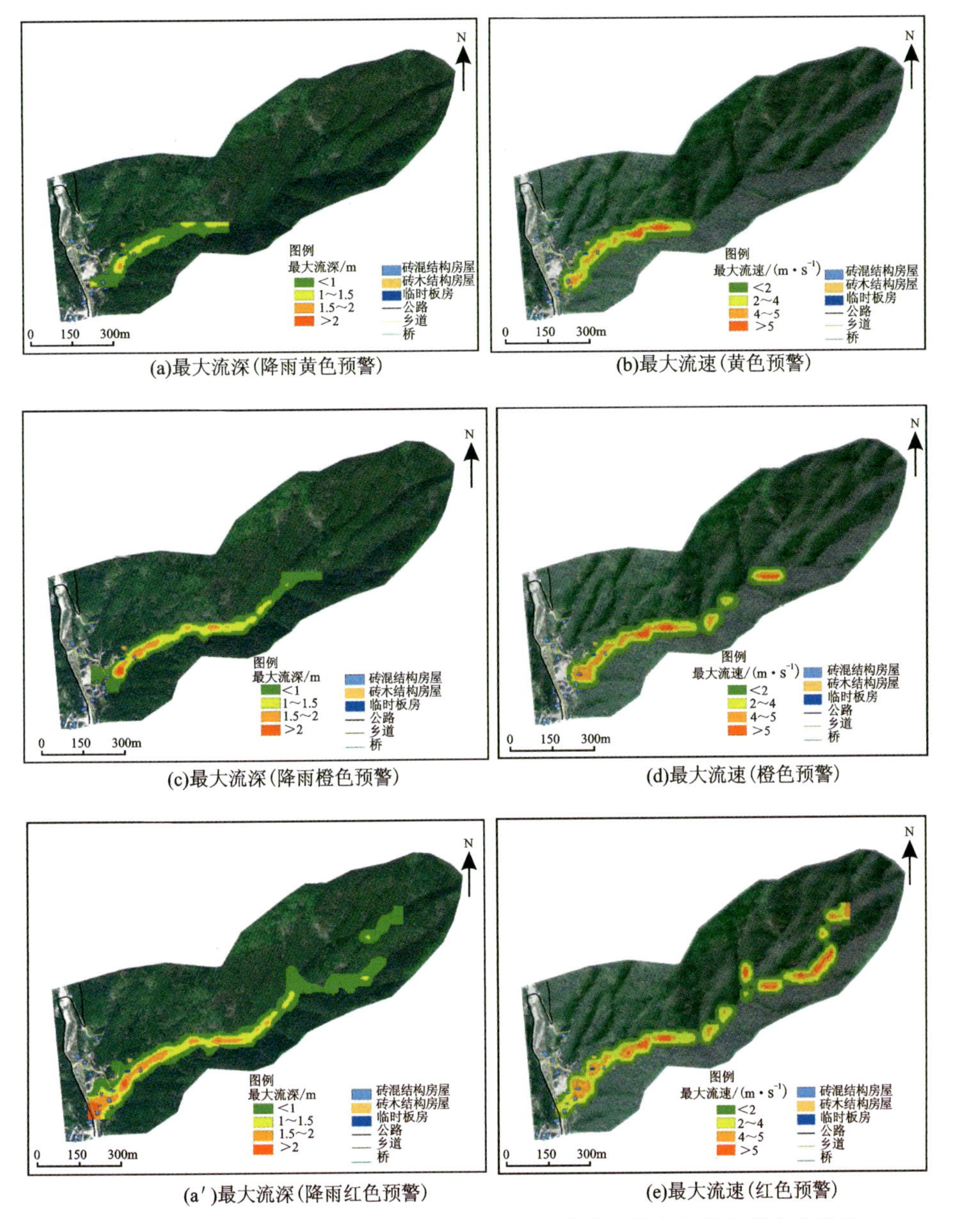

(a)最大流深(降雨黄色预警)　(b)最大流速(黄色预警)

(c)最大流深(降雨橙色预警)　(d)最大流速(橙色预警)

(a′)最大流深(降雨红色预警)　(e)最大流速(红色预警)

图 9.34　各降雨工况下大侯村泥石流 6h 时最大过流深度与最大流速分区图

(1)黄色预警时,大侯村沟最大流深为 1.7m,最大流速为 5.42m/s,整体危险性等级较低,影响范围较小。

(2)橙色预警时,大侯村沟最大流深为 2.4m,最大流速为 5.61m/s,危险性

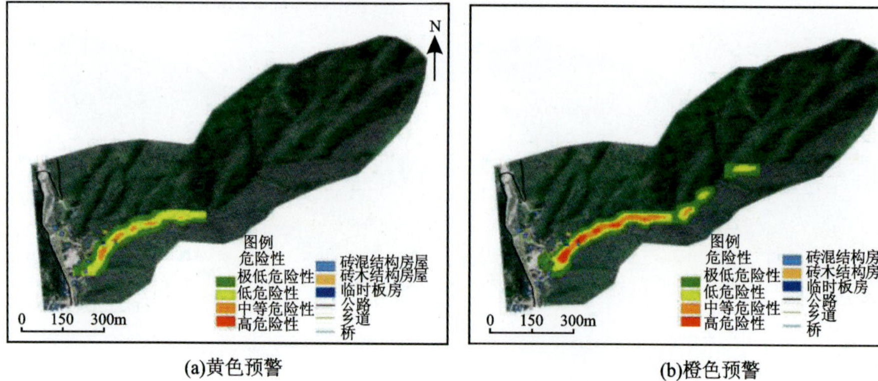

(a)黄色预警　　(b)橙色预警

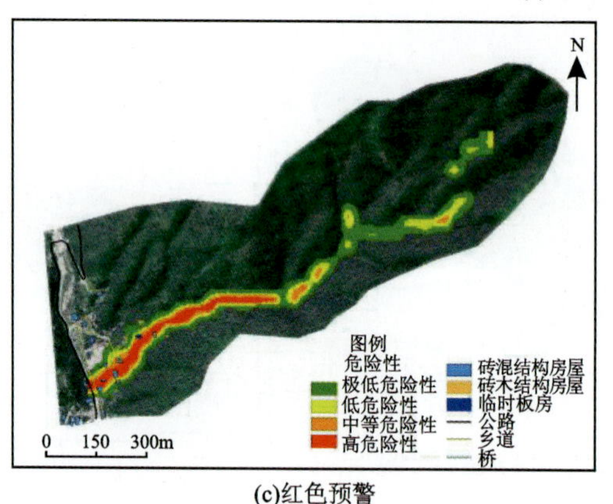

(c)红色预警

图 9.35　大侯村泥石流 6h 时危险性分区图

升高，极高危险性区域主要集中在沟口，下部居住区域覆盖范围较少。

(3)红色预警时，大侯沟最大过流深度为 2.99m，最大流速为 6.03m/s，危险性升高，极高危险性区域主要集中在沟口及下部居住区域，泥石流到达对面坡脚，主要堆积在沟底居民区处。

9.4.3　泥石流风险评价

根据野外调查，泥石流区域主要为非钢筋混凝土建筑物。选择泥石流最大过流深度作为泥石流区域建筑物易损性计算的输入强度，得到大侯村泥石流风险分区结果如图 9.36 所示。

由图 9.36 可以看出，黄色预警时，建筑物风险整体较低，最高为中等风险；橙色预警时，总体风险仍然较低，仅沟口的一幢建筑物为极高风险，靠近沟口一幢房屋为高风险，其他房屋仍然为中低风险；红色预警时，极高风险房屋增多到 6

幢，主要分布于下部堆积区域的南部，高风险房屋有9幢，分布于居民区东南边沟口到下部堆积区处。

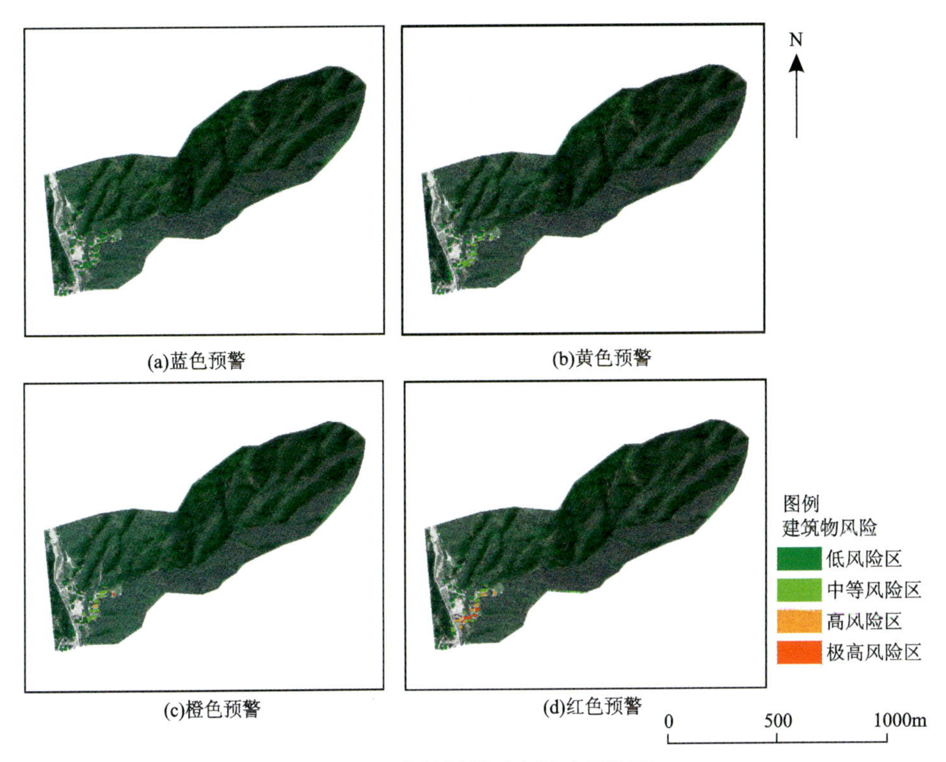

图9.36 大侯村泥石流风险预警图

致谢

本项目研究过程中得到了浙江省自然资源厅、浙江省地质研究院、衢州市自然资源和规划局以及柯城分局的大力支持，衢州市自然资源和规划局柯城分局周志平（原局长）、林湘军（原副局长）以及吴莉萍科长对项目的研究与管理付出了无私的奉献，从立项、野外调查、资料收集等重要环节给予了大力支持，在此深表感谢。

浙江华东岩土勘察设计研究院有限公司、中国冶金地质总局浙江地质勘查院、浙江省浙南综合勘察测绘院有限公司、浙江地质大数据应用中心有限公司等单位，一起在柯城区开展地质灾害调查、研究工作，对他们提供的有力支撑和友好合作表示衷心感谢。

项目研究过程中，中国地质大学（武汉）的汪洋教授、李德营教授、吴益平教授、杜娟副教授、王伟副教授，博士后李烨、陈琴、刘书豪，研究生龚泉冰、邬礼扬、赵玉、廖映雪、朱世林、胡超超、谢洋义、陈虹、朱宇航等做了大量的具体工作，在此一并致谢。

主要参考文献

鲍其云，麻土华，李长江，等，2016. 浙江 62 个丘陵山区县引发滑坡的降雨强度—历时阈值[J]. 科技通报，32(5)：48-55＋95.

曹颖，2016. 单体滑坡灾害风险评价与预警预报[D]. 武汉：中国地质大学(武汉).

陈丽霞，2008. 三峡水库库岸单体滑坡灾害风险预测研究[D]. 武汉：中国地质大学(武汉).

陈丽霞，杜娟，张文，等，2020. 重庆市三峡库区滑坡涌浪灾害评价与风险评估技术要求[M]. 武汉：中国地质大学出版社.

陈丽霞，徐勇，李德营，等，2019. 武陵山区城镇地质灾害风险评估技术指南[M]. 武汉：中国地质大学出版社.

陈丽霞，殷坤龙，刘礼领，等，2008. 江西省滑坡与降雨的关系研究[J]. 岩土力学(4)：1114-1120.

杜娟，2012. 单体滑坡灾害风险评价研究[D]. 武汉：中国地质大学(武汉).

杜娟，殷坤龙，王佳佳，等，2019. 单体滑坡灾害风险评价研究[M]. 武汉：中国地质大学出版社.

高华喜，殷坤龙，2007. 降雨与滑坡灾害相关性分析及预警预报阈值之探讨[J]. 岩土力学(5)：1055-1060.

桂蕾，2014. 三峡库区万州区滑坡发育规律及风险研究 [D]. 武汉：中国地质大学(武汉).

郭子正，2021. 区域浅层滑坡危险性的评价模型研究及其应用[D]. 武汉：中国地质大学(武汉).

胡新丽，唐辉明，2002. GIS 支持的斜坡地质灾害空间预测系统框架设计[J]. 地质科技情报，(1)：99-103.

黄发明，曹中山，姚池，等，2021. 基于决策树和有效降雨强度的滑坡危险性预警[J]. 浙江大学学报(工学版),55(3):472-482.

黄发明,陈佳武,范宣梅,等. 降雨型滑坡时间概率的逻辑回归拟合及连续概率滑坡危险性建模[J/OL]. 地球科学:1-25(2021-11-02)[2022-05-30]. http://kns.cnki.net/kcms/detail/42.1874.P.20211101.2007.018.html

黄润秋,裴向军,李天斌,2008. 汶川地震触发大光包巨型滑坡基本特征及形成机理分析[J]. 工程地质学报,16(6):730-741.

李烨,2021. 三峡库区凉水井滑坡涌浪灾害链风险分析与管理研究[D]. 武汉:中国地质大学(武汉).

李媛,2005. 四川雅安市雨城区降雨诱发滑坡临界值初步研究[J]. 水文地质工程地质(1):26-29.

廖明生, 王腾,2014. 时间序列 InSAR 技术与应用[M]. 北京:科学出版社.

林巍,李远耀,徐勇,等,2020. 湖南慈利县滑坡灾害的临界降雨量阈值研究[J]. 长江科学院院报,37(2):48-54.

刘磊,殷坤龙,王佳佳,等,2016. 降雨影响下的区域滑坡危险性动态评价研究:以三峡库区万州主城区为例[J]. 岩石力学与工程学报,35(3):558-569.

刘礼领,殷坤龙,2008. 暴雨型滑坡降水入渗机理分析[J]. 岩土力学(4):1061-1066.

刘书豪,2022. 降雨条件下的输电线路滑坡风险评估与预警技术研究[D]. 武汉:中国地质大学(武汉).

刘谢攀,殷坤龙,肖常贵,等,2022. 基于 I-D-R 阈值模型的滑坡气象预警[J/OL]. 地球科学:1-15. http://kns.cnki.net/kcms/detail/42.1874.P.20220708.1511.002.html.

麻土华,李长江,孙乐玲,等,2011. 浙江地区引发滑坡的降雨强度-历时关系[J]. 中国地质灾害与防治学报,22(2):20-25.

穆鹏,董兰凤,吴玮江,2008. 兰州市九州石峡口滑坡形成机制与稳定性分析[J]. 地震工程学报,30(4):332-336.

彭满华,张海顺,唐祥达,2001. 滑坡地质灾害风险分析方法[J]. 岩土工程技术,(4):235-240.

三峡库区地质灾害防治工作指挥部,2014. 三峡库区地质灾害防治工程地质勘查技术要求[M]. 武汉:中国地质大学出版社.

唐川, 刘希林, 朱静,1993. 泥石流堆积泛滥区危险度的评价与应用[J]. 自然灾害学报,2(4):79-84.

王芳,2017. 万州区滑坡灾害风险评价与管理研究[D]. 武汉:中国地质大学

(武汉).

王芳,殷坤龙,桂蕾,等,2017.万州区滑坡灾害风险管理对策[J].安全与环境工程,24(5):31-36.

王佳佳,2015.三峡库区万州区滑坡灾害风险评估研究[D].武汉:中国地质大学(武汉).

王佳佳,殷坤龙,2014.基于WEBGIS和四库一体技术的三峡库区滑坡灾害预测预报系统研究[J].岩石力学与工程学报,33(5):1004-1013.

王佳佳,殷坤龙,肖莉丽,2014.基于GIS和信息量的滑坡灾害易发性评价:以三峡库区万州区为例[J].岩石力学与工程学报,33(4):797-808.

王运生,徐鸿彪,罗永红,等,2009.地震高位滑坡形成条件及抛射运动程式研究[J].岩石力学与工程学报,28(11):2360-2368.

吴树仁,石菊松,王涛,等,2012.滑坡风险评估理论与技术[M].北京:科学出版社.

吴益平,唐辉明,2001.滑坡灾害空间预测研究[J].地质科技情报,(2):87-90.

吴益平,张秋霞,唐辉明,等,2014.基于有效降雨强度的滑坡灾害危险性预警[J].地球科学(中国地质大学学报),39(7):889-895.

夏添,2013.震区泥石流危险性评价及预警减灾系统研究[D].成都:成都理工大学.

肖婷,2020.三峡库区万州区及重点库岸段滑坡灾害风险评价[D].武汉:中国地质大学(武汉).

谢剑明,2004.降雨对滑坡灾害的作用规律研究[D].武汉:中国地质大学(武汉).

谢剑明,刘礼领,殷坤龙,等,2003.浙江省滑坡灾害预警预报的降雨阈值研究[J].地质科技情报(4):101-105.

许强,郑光,李为乐,等,2018.2018年10月和11月金沙江白格两次滑坡-堰塞堵江事件分析研究[J].工程地质学报,26(6):1534-1551.

殷坤龙,陈丽霞,张桂荣,2007.区域滑坡灾害预测预警与风险评价[J].地学前缘,(6):85-97.

殷坤龙,刘艺梁,汪洋,等,2012.三峡水库库岸滑坡涌浪物理模型试验[J].地球科学(中国地质大学学报),37(5):1067-1074.

殷坤龙,汪洋,唐仲华,2002.降雨对滑坡的作用机理及动态模拟研究[J].地质科技情报(1):75-78.

殷坤龙,张桂荣,2003.地质灾害风险区划与综合防治对策[J].安全与环境学报,10(1):32-35.

殷坤龙,张桂荣,陈丽霞,等,2010. 滑坡灾害风险分析[M]. 北京:科学出版社.

殷坤龙,张宇,汪洋,2022.水库滑坡涌浪风险研究现状和灾害链风险管控实践[J].地质科技通报,41(2):1-12.

殷坤龙,赵斌滨,周永强,等,2021. 输电线路杆塔基础滑坡风险评估和防护技术研究[M]. 武汉:中国地质大学出版社.

殷坤龙,朱良峰,2001.滑坡灾害空间区划及GIS应用研究[J].地学前缘,(2):279-284.

殷跃平,2000.西藏波密易贡高速巨型滑坡特征及减灾研究[J].水文地质工程地质(4):8-11.

殷跃平,王文沛,张楠,等,2017.强震区高位滑坡远程灾害特征研究:以四川茂县新磨滑坡为例[J].中国地质,44(5):827-841.

张桂荣,2006.基于WEBGIS的滑坡灾害预测预报与风险管理[D].武汉:中国地质大学(武汉).

张梁,1998.地质灾害灾情评估理论与实践[M].北京:地质出版社.

张珍,李世海,马力,2005.重庆地区滑坡与降雨关系的概率分析[J].岩石力学与工程学报(17):3185-3191.

赵海燕,殷坤龙,陈丽霞,等,2020.基于有效降雨阈值的澧源镇滑坡灾害危险性分析[J].地质科技通报,39(4):85-93.

周超,2018.集成时间序列InSAR技术的滑坡早期识别与预测研究[D].武汉:中国地质大学(武汉).

朱良峰,殷坤龙,2001.基于GIS技术的区域地质灾害信息分析系统研究[J].中国地质灾害与防治学报(3):82-86.

朱良峰,殷坤龙,张梁,等,2002.基于GIS技术的地质灾害风险分析系统研究[J].工程地质学报,10(4):428-433.

BAUM R L, GODT J W, SAVAGE W Z,2010. Estimating the timing and location of shallow rainfall-induced landslides using a model for transient, unsaturated infiltration[J]. Journal Geophysical Research(115):1-26.

BERARDINO P, FORNARO G, LANARI R, et al., 2002. A New

Algorithm for Surface Deformation Monitoring Based on Small Baseline Differential SAR Interferograms [J]. IEEE Transactions on Geoscience & Remote Sensing, 40(11): 2375-2383.

BRIDEAU M A, PEDRAZZINI A, STEAD D, et al., 2010. Three-dimensional slope stability analysis of South Peak, Crowsnest Pass, Alberta, Canada[J]. Landslides,8(2): 139 - 158.

BRUNETTI M T, PERUCCACCI S, ROSSI M, et al., 2010. Rainfall thresholds for the possible occurrence of landslides in Italy[J]. Natural Hazards and Earth System Sciences, 10(3): 447-458.

CAINE N, 1980. The rainfall intensity-duration control of shallow landslides and debris flows [J]. Geografiska Annaler: Series A, Physical Geography, 62(1-2): 23-27.

CASCINI L ,FORNARO G ,PEDUTO D, 2010. Advanced low and full-resolution DInSAR map generation for slow-moving landslide analysis at different scales[J]. Engineering Geology, 112(1-4):29-42.

CASCINI L, CIURLEO M, DI NOCERA S, et al., 2015. A new-old approach for shallow landslide analysis and susceptibility zoning in fine-grained weathered soils of southern Italy[J]. Geomorphology(241):371-381.

CATANE S G, CABRIA H B, JR C P T, et al., 2007. Catastrophic rockslide-debris avalanche at St. Bernard, Southern Leyte, Philippines [J]. Landslides, 4(1): 85-90.

CATANE S G, CABRIA H B, ZARCO M A H, et al., 2008. The 17 February 2006 Guinsaugon rock slide-debris avalanche, Southern Leyte, Philippines: deposit characteristics and failure mechanism [J]. Bulletin of Engineering Geology and the Environment, 67(3), 305 - 320.

COROMINAS J, van WESTEN C J, FRATTINI P, et al., 2014. Recommendations for the quantitative analysis of landslide risk[J]. Bulletin of Engineering Geology and the Environment,73(2): 209-263.

CRUDEN D M, VARNES D J, 1996. Landslide Types and Processes [M]// Landslide investigation and mitigation. Washington: National Academy Press: 36-75.

DIKSHIT A, SARKAR R, PRADHAN B, et al., 2019. Estimating

rainfall thresholds for landslide occurrence in the Bhutan Himalayas[J]. Water, 11(8): 1616.

DONG X, YU Z, CAO W, et al., 2020. A survey on ensemble learning [J]. Frontiers of Computer Science, 14(2):241-258.

DU J, GLADE T, WOLDAI T, et al., 2020. Landslide susceptibility assessment based on an incomplete landslide inventory in the Jilong Valley, Tibet, Chinese Himalayas[J]. Engineering geology(270): 105572.

DU J, YIN K, LACASSE S, et al., 2014. Quantitative vulnerability estimation of structures for individual landslide: Application to the metropolitan area of San Salvador, El Salvado [J]. Electronic Journal of Geotechnical Engineering, 19(4): 1251-1264.

FELL R, COROMINAS J, BONNARD C, et al., 2008. Guidelines for landslide susceptibility, hazard and risk zoning for land use planning [J]. Engineering Geology, 102(3-4): 85-98.

FREDLUND D G, XING A, FREDLUND M D, et al., 1996. The relationship of the unsaturated soil shear strength to the soil — water characteristic curve[J]. Canadian geotechnical journal, 33(3): 440-448.

FREDLUND D G, MORGENSTERN N R, 1977. Stress state variables for unsaturated soils[J]. Journal of the geotechnical engineering division, 103(5): 447-466.

GLADE T, CROZIER M J, 2005. Landslide hazard and risk: issues, concepts and approach[M]. West Sussex: John Wiley& Sons, Ltd: 1-40.

GUO Z, CHEN L, YIN K, et al., 2020. Quantitative risk assessment of slow-moving landslides from the viewpoint of decision-making: A case study of the Three Gorges Reservoir in China[J]. Engineering Geology(273):105667.

GUZZETTI F, PERUCCACCI S, ROSSI M, et al., 2007. Rainfall thresholds for the initiation of landslides in central and southern Europe[J]. Meteorology and Atmospheric Physics, 98(3-4): 239-267.

GUZZETTI F, REICHENBACH P, ARDIZZONE F, et al., 2006. Estimating the quality of landslide susceptibility models[J]. Geomorphology, 81 (1-2):166-184.

GUZZETTIF, PERUCCACCI S, ROSSI M, et al., 2008. The rainfall intensity - duration control of shallow landslides and debris flows: An update [J]. Landslides, 5(1): 3-17.

HA N D, SAYAMA T, SASSA K, et al., 2020. A coupled hydrological-geotechnical framework for forecasting shallow landslide hazard—a case study in Halong City, Vietnam[J]. Landslides,17(7):1619-1634.

HE J, QIU H, QU F, et al., 2021. Prediction of spatiotemporal stability and rainfall threshold of shallow landslides using the TRIGRS and Scoops3D models[J]. CATENA(197):104999.

HE S, WANG J, LIU S, 2020. Rainfall event-duration thresholds for landslide occurrences in China[J]. Water, 12(2): 494.

HEIM,1932[12]Heim A. Bergsturz und Menschenleben[R]. Fretz und Wasmuth, Z urich,1932.

HENGL T, HEUVELINK G B M, STEIN A,2004. A generic framework for spatial prediction of soil variablesbased on regression-kriging [J]. Geoderma,120(1-2):75-93.

HERRERA G , GUTIERREZ F, GARCIA-DAVALILLO J C, et al., 2013. Multi-sensor advanced DInSAR monitoring of very slow landslides: The Tena Valley case study (Central Spanish Pyrenees)[J]. Remote Sensing of Environment, 128(none):31-43.

HORTON P , JABOYEDOFF M , RUDAZ B , et al., 2013. Flow-R, a model for susceptibility mapping of debris flows and other gravitational hazards at a regional scale[J]. Natural hazards and earth system sciences, 13(4): 869-885.

HUANG F, CHEN J, LIU W, et al., 2022. Regional rainfall-induced landslide hazard warning based on landslide susceptibility mapping and a critical rainfall threshold[J]. Geomorphology(408): 108236.

HUNGR O, FELL R, COUTURE R, EBERHARDT E, 2005. Landslide risk management[M]. Boca Raton: CRC Press.

HUSSAIN Y, SCHLÖGEL R, INNOCENTI A, et al., 2022. Review on the geophysical and UAV-based methods applied to landslides[J]. Remote Sensing,14(18):4564.

HUTCHINSON J N, 1988. Landslides: Causes, consequences and

environment[J]. Quaternary Science Reviews, 7(1): 107-108.

KANG H, KIM Y, 2016. The physical vulnerability of different types of building structure to debris flow events[J]. Natural Hazards(80): 1475-1493.

KEEFER D K, WILSON R C, MARK R K, et al., 1987. Real-time landslide warning during heavy rainfall[J]. Science, 238(4829): 921-925.

KIM S W, CHUN K W, KIM M, et al., 2021. Effect of antecedent rainfall conditions and their variations on shallow landslide-triggering rainfall thresholds in South Korea[J]. Landslides, 18(2): 569-582.

KONG V W W, KWAN J S H, PUN W K, 2020. Hong Kong's landslip warning system-40 years of progress[J]. Landslides, 17(6): 1453-1463.

LEE E M, JONES D K, 2023. Landslide risk assessment[M]. London: ICE publishing.

LI A, TAN X, WU W, et al., 2017. Predicting active-layer soil thickness using to pographic variables at a small watershed scale[J]. PLOS ONE,12(9): e183742.

LI W, LIU C, SCAIONI M, et al., 2017. Spatio-temporal analysis and simulation on shallow rainfall-induced landslides in China using landslide susceptibility dynamics and rainfall I-D thresholds[J]. Science China Earth Sciences, 60(4): 720-732.

LI Y, CHEN L, YIN K, et al.,2021. Quantitative risk analysis of the hazard chain triggered by a landslide and the generated tsunami in the Three Gorges Reservoir area[J]. Landslides, 18(2):667-680.

LIU Y, YIN K, CHEN L, et al., 2016. A community-based disaster risk reduction system in Wanzhou, China[J]. International journal of disaster risk reduction(19): 379-389.

LUO H, ZHANG L, WANG H, et al., 2020. Multi-hazard vulnerability of buildings to debris flows[J]. Engineering geology(279):105859.

MA T, LI C, LU Z, et al., 2015. Rainfall intensity - duration thresholds for the initiation of landslides in Zhejiang Province, China[J]. Geomorphology (245): 193-206.

MARCO UZIELLI, FARROKH NADIM, SUZANNE LACASSE, AMIR M, 2008. Kaynia, a conceptual framework for quantitative estimation of physical vulnerability to landslides[J]. Engineering Geology(102): 251-256.

MARIN R J, GARCÍA E F, ARISTIZÁBAL E, 2021. Assessing the effectiveness of TRIGRS for predicting unstable areas in a Tropical Mountain Basin (Colombian Andes)[J]. Geotechnical and Geological Engineering, 39(3): 2329-2346.

MARIN R J, VELÁSQUEZ M F, GARCÍA E F, et al., 2021. Assessing two methods of defining rainfall intensity and duration thresholds for shallow landslides in data-scarce catchments of the Colombian Andean Mountains[J]. Catena(206): 105563.

MELILLO M, BRUNETTI M T, PERUCCACCI S, et al., 2016. Rainfall thresholds for the possible landslide occurrence in Sicily (Southern Italy) based on the automatic reconstruction of rainfall events[J]. Landslides, 13(1): 165-172.

MERGHADI A, YUNUS A P, DOU J, et al., 2020. Machine learning methods for landslide susceptibility studies: A comparative overview of algorithm performance[J]. Earth-Science Reviews(207): 103225.

MORA O, MALLORQUI J J, BROQUETAS A, 2003. Linear and nonlinear terrain deformation maps from a reduced set of interferometric SAR images[J]. IEEE Transactions on Geoscience and Remote Sensing(41): 2243 - 2253.

ONODERA T, YOSHINAKA R, KAZAMA H, 1974. Slope failures caused by heavy rainfall in Japan[J]. Journal of the Japan Society of Engineering Geology, 15(4): 191-200.

OSANAI N, SHIMIZU T, KURAMOTO K, et al., 2010. Japanese early-warning for debris flows and slope failures using rainfall indices with Radial Basis Function Network[J]. Landslides, 7(3): 325-338.

PICIULLO L, CALVELLO M, CEPEDA J M, 2018. Territorial early warning systems for rainfall-induced landslides[J]. Earth-Science Reviews (179): 228-247.

RAHARDJO H, ONG T H, REZAUR R B, et al., 2007. Factors controlling instability of homogeneous soil slopes under rainfall[J]. Journal of geotechnical and geoenvironmental engineering, 133(12): 1532-1543.

RAHIMI A, RAHARDJO H, LEONG E C, 2011. Effect of antecedent rainfall patterns on rainfall-induced slope failure[J]. Journal of Geotechnical and Geoenvironmental Engineering, 137(5): 483-491.

REICHENBACH P, ROSSI M, MALAMUD B D, et al., 2018. A review of statistically-based landslide susceptibility models[J]. Earth-Science Reviews (180):60-91.

RICKENMANN D, 2002. Alpine debris flows [J]. Wasser und Boden, 54 (4):23-26.

ROSSI G, TANTERI L, TOFANI V, et al., 2018. Multitemporal UAV surveys for landslide mapping and characterization[J]. Landslides, 15 (5): 1045-1052.

ROSSI M, LUCIANI S, VALIGI D, et al., 2017. Statistical approaches for the definition of landslide rainfall thresholds and their uncertainty using rain gauge and satellite data[J]. Geomorphology(285): 16-27.

SARKAR S, ROY A K, MARTHA T R, 2013. Soil depth estimation through soil-landscape modelling using regression kriging in a Himalayan terrain[J]. International Journal of Geographical Information Science, 27(12): 2436-2454.

SCHILIRO L, CEVASCO A, ESPOSITO C, et al., 2018. Shallow landslide initiation on terraced slopes: inferences from a physically based approach[J]. Geomatics Natural Hazards & Risk, 9(1):295-324.

SCHMIDT D A, BÜRGMANN R, 2003. Time-dependent land uplift and subsidence in the Santa Clara valley, California, from a large interferometric synthetic aperture radar data set[J]. Journal of Geophysical Research Solid Earth, 108(B9):147-159.

SEGONIS, ROSSI G, ROSI A, et al., 2014. Landslides triggered by rainfall: A semi-automated procedure to define consistent intensity - duration thresholds[J]. Computers & Geosciences(63): 123-131.

SHOU K, CHEN J, 2021. On the rainfall induced deep-seated and shallow landslide hazard in Taiwan[J]. Engineering Geology(288):106156.

SOCIETY A G, 2007. A national landslide risk management framework for Australia[J]. Australian Geomechanics Journal, 42(1): 1-11.

STANCANELLI L M, PERES D J, CANCELLIERE A, et al., 2017. A combined triggering-propagation modeling approach for the assessment of rainfall induced debris flow susceptibility[J]. Journal of Hydrology(550): 130-143.

SUI H, HU R, GAO W, et al., 2020. Risk assessment of individual landslide based on the risk acceptable model: a case study of the Shiyantan landslide in Mayang County, China[J]. Human and ecological risk assessment, 26(9): 2500-2519.

TRAN T V, ALVIOLI M, LEE G, et al., 2018. Three-dimensional, time-dependent modeling of rainfall-induced landslides over a digital landscape: A case study[J]. Landslides,15(6):1071-1084.

USAI S,2003. A least squares database approach for SAR interferometric data[J]. IEEE Transactions on Geoscience and Remote Sensing, 41(4): 753-760.

UZIELLI M, NADIM F, LACASSE S, et al., 2008. A conceptual framework for quantitative estimation of physical vulnerability to landslides[J]. Engineering Geology, 102(3-4): 251-256.

WANG H, ZHANG L, YIN K, et al., 2021. Landslide identification using machine learning[J]. Geoscience Frontiers,12(1):351-364.

WESTEN C J,RENGERS N,TERLIEN M T J, 1997. Prediction of the occurrence of slope instability phenomena through GIS-based hazard zonation [J]. Geol Rundsch(86): 404-414.

WHITELEY J S, WATLET A, UHLEMANN S, et al., 2021. Rapid characterisation of landslide heterogeneity using unsupervised classification of electrical resistivity and seismic refraction surveys[J]. Engineering Geology (290):106189.

WIEGAND C, KRINGER K, GEITNER C, et al., 2013. Regolith structure analysis-A contribution to understanding the local occurrence of shallow landslides (Austrian Tyrol)[J]. Geomorphology(183):5-13.

XU J, JIANG Y, YANG C, 2022. Landslide displacement prediction during the sliding process using XGBoost, SVR and RNNs[J]. Applied Sciences,12(12):6056.

YIN K L, CHEN L X, MA F, et al., 2016. Practice and thinking of landslide risk management considering their secondary consequences in the Three-Gorges Reservoir[M]. Landslides and engineered slopes. Florida: CRC Press: 2097-2105.

YIN Y P, CHENG Y L, LIANG J T, et al., 2016. Heavy-rainfall-induced catastrophic rockslide- debris flow at Sanxicun, Dujiangyan, after the Wenchuan Ms 8.0 earthquake[J]. Landslides,13(1): 9-23.

YIN Y P, ZHENG W M, LI X C, 2011a. Catastropic landslides associated with the M8.0 Wenchuan earthuqake[J]. Bulletin of engineering Geology & the Environment, 70(1):15-32.

YOUSSEF A M, POURGHASEMI H R, POURTAGHI Z S, et al., 2016. Landslide susceptibility mapping using random forest, boosted regression tree, classification and regression tree, and general linear models and comparison of their performance at Wadi Tayyah Basin, Asir Region, Saudi Arabia[J]. Landslides,13(5):839-856.

ZAKŠEK K, OŠTIR K, KOKALJ Ž, 2011. Sky-view factor as a relief visualization technique[J]. Remote Sensing(3): 398-415.

ZAPICO I, MOLINA A, LARONNE J B, et al., 2020. Stabilization by geomorphic reclamation of a rotational landslide in an abandoned mine next to the Alto Tajo Natural Park[J]. Engineering Geology(264):105321.

ZHANG S, LIU G, CHEN S, et al., 2021. Assessing soil thickness in a black soil watershed in northeast China using random forest and field observations[J]. International Soil and Water Conservation Research, 9(1): 49-57.

ZHOU C, CAO Y, HU X, et al., 2022. Enhanced dynamic landslide hazard mapping using MT-InSAR method in the Three Gorges Reservoir Area [J]. Landslides(7):19.

ÁVILA F F, ALVALÁ R C, MENDES R M, et al., 2021. The influence of land use/land cover variability and rainfall intensity in triggering landslides: A back-analysis study via physically based models[J]. Natural Hazards, 105 (1):1139-1161.